BIOGRAFIA

Nelson Alberto Gómez Rojas, nació en la Vereda Campo Hermoso, corregimiento de Santiago Pérez, municipio de Ataco, departamento del Tolima, república de Colombia.

Terminó sus estudios secundarios en el Instituto Nacional "Isidro Parra" del Líbano Tolima, y posteriormente, se desplazó a la ciudad de Bogotá donde ingresó a la facultad de derecho de la Universidad "Autónoma de Colombia", donde se graduó de abogado y se especializó en Derecho del Trabajo.

El autor de esta obra tiene una larga experiencia en el ejercicio profesional como abogado litigante, así como en el servicio público colombiano, habiendo sido funcionario del Ministerio de Minas y Energía, Contraloría General de la República, Personería de Bogotá, Inurbe, Instituto Colombiano de Bienestar Familiar, Gobernación del Tolima y Alcaldía de Ibagué, así como Asesor Jurídico externo de varias entidades del Estado, profesor del Itfip de la ciudad del Espinal y finalmente Defensor Público de la Defensoría del Pueblo. Incursionó en política partidista, habiendo sido Concejal de su municipio y Diputado a la Asamblea del Tolima.

Una de sus mayores aficiones, la lectura y la música y quizá por su vena artística tiene en su haber algunas composiciones musicales aún inéditas, sobre el folclor tolimense y la música colombiana, así como de otros géneros musicales.

Es autor del poemario "Huracán de Pasiones", publicado en el año 2000, así como de su complemento literario titulado "Manantial de Pasiones" próximo a publicar, donde continúa profundizando acerca del ámbito costumbrista y popular, en un género romántico muy propio de su estilo.

Así mismo su obra cumbre que tituló "Incendio en el Cielo: Realidad, Ciencia y Ficción", donde desea dejarle un mensaje importante a todos los habitantes del Planeta Tierra, no solo del presente sino del futuro, llamando poderosamente la atención acerca de la degradación del planeta tierra a través de la destrucción del medio ambiente y su consecuente cambio climático, cuyas consecuencias se sienten todos los días en todos los rincones del mundo, porque se acentúa mas peligrosamente el problema sobre la vida en general. Este es un SOS dirigido a la humanidad entera, para que tome conciencia del papel fundamental que juega en su desarrollo, avance, implicaciones y efectos, para que los habitantes del presente y del futuro, colaboren mas para detener su acelerado aniquilamiento, so pena de estar inmersos en la gran devastación y catástrofe que desde hace tiempos se viene sintiendo sobre muchos puntos del planeta y que no le paramos bolas, como si se tratara de la llegada anticipada de ese gran cataclismo bíblico para el género humano, que se anuncia en el Apocalipsis, donde se predice su destrucción y muerte.

Nada mas me resta por hacer en

esta vida,

que gozarla…

Las demás cosas se me dieron en

abundancia"

NELSON ALBERTO GOMEZ
ROJAS

PRESENTACION

Esta obra está dirigida a todos los ecologistas y conservacionistas del mundo, así como a todas las generaciones presentes y futuras de la tercera edad, jóvenes y niños que vivirán en el planeta tierra, que han puesto en duda la magnitud del acelerado deterioro ambiental y la degradación y destrucción en la que cayó el planeta tierra en los últimos Quinientos años, situación esta que nos parece muy preocupante, y con mayor razón para aquellas generaciones que habrán de nacer cuando llegue el siglo XXV.

En consecuencia este es otro de los muchos campanazos de alerta que sobre el tema de la degradación del medio ambiente, el calentamiento global y la perdida de la capa de ozono, se ha dicho, temas estos sobre los cuales se ha escrito bastante, que está dirigido a sensibilizar a toda la humanidad sin distingo político, credo o raza, posición social etc., en el sentido que, si no tratamos en buscar que el problema de deterioro ambiental, sea tratado con seriedad por todos los humanos, buscando la pronta solución a tan importante y delicado asunto, mas temprano que tarde estaremos llorando y padeciendo aún mas, la gran catástrofe ambiental en que la raza humana sumió al planeta tierra.

Igualmente, si no participamos todos en la preservación del medio ambiente y paramos su acelerada destrucción, muy pronto el planeta tierra se va a acabar, y entonces no habrá poder humano que impida la consolidación de ese gran cataclismo climático, que es precisamente lo que está por ocurrir, si cada uno de los seres humanos que pueblan al planeta tierra, no colocan su granito de arena en procura de poder evitarlo.

Es que el planeta tierra fue diseñado y creado para que exista en el sistema solar, pero colmado de vida, convertido en un verdadero paraíso terrenal como bíblicamente fue indicado alguna vez en un determinado punto de ella, pero que debemos tomar dicha figura como el conjunto de todo el planeta tierra, si es que verdaderamente la queremos y apreciamos en la dimensión de lo que significa para la raza humana y demás seres vivos.

Los actuales habitantes del planeta tierra, deben poner todo lo que esté a su alcance para preservar los ecosistemas, la flora y la fauna, haciendo mas grato el hábitat donde el género humano ha vivido y debe continuar viviendo, concientización esta en la cual no puede haber ninguna excepción, pues todos los habitantes del planeta estamos obligados a tomar atenta nota acerca del acelerado calentamiento global, y con dicho fenómeno la crisis climática que se acentúa aún mas sobre el planeta, y si no contribuimos a frenar la permanente autodestrucción del medio ambiente con las desmesuradas emisiones de gas de efecto invernadero – GEI que a diario estamos vertiéndole a la atmósfera terrestre, – que dicho sea de paso, su preservación se constituye en la médula fundamental para la vida y la subsistencia de la raza humana, animal, vegetal y micro orgánica en general -, y debido a ese permanente deterioro, la razón de la vida en el planeta tierra se encuentra en serio peligro de desaparecer.

La acelerada destrucción de los bosques y su transformación en pastizales y desiertos, el continuo vertedero de los desechos químicos a las aguas y la saturación de la atmósfera, así como la polución ambiental, son entre otros, los múltiples factores del deterioro acelerado del medio ambiente, y querámoslo o no, su preservación constituye el pilar fundamental para que la vida deba ser preservada en cualesquiera de sus manifestaciones y se prolongue sobre la faz de la tierra como hasta ahora en abundancia lo ha venido haciendo, preservándose todo ese legado de diversidad ecológica que aún existe, pero que cada vez mas va camino de su extinción total, porque se han alterado ostensiblemente los patrones climáticos que han sostenido la vida sobre el planeta, previéndose entonces que de continuar con ese acelerado proceso de extinción, para el siglo XXV o antes, los fenómenos violentos tales como tsunamis, tornados, tifones, huracanes, tempestades, temblores etc., serán el pan de cada día.

Si bien es cierto, por una parte, que para la realización de esta obra hemos tomado la magnitud del problema climático que para comienzos del siglo XXI sufre el planeta tierra, y nos hemos remontado hacia el futuro cinco siglos, haciendo del cambio climático y el calentamiento global, quizá menos tenebroso de lo que en la práctica va a suceder, también lo es, que hacia los tiempos que se dirige aceleradamente la humanidad llevando consigo todo ese lastre de cosas positivas y negativas, que a la postre, muchas de las recomendaciones aquí indicadas, van a ser las que podrán servirle a la humanidad como solución a los graves problemas que padecerá hacia el futuro, en el contexto del sistema solar y de la Galaxia de la vía láctea, para el siglo XXV.

Así mismo, podemos avizorar que si no tomamos en cuenta la magnitud de los problemas actuales en el mundo, fácilmente habremos de presagiar que las dificultades del futuro serán aún mas complejas, tenebrosas y difíciles en su solución, al punto que, si la humanidad entera no pone en practica toda clase de medidas dirigidas a frenar el deterioro ambiental que lo constituye el desmesurado aumento de emisiones de gas de efecto invernadero GEI, terminará la humanidad destruyendo al planeta, mas temprano de lo que científicamente está previsto que se produzca dentro de unos cuatro o cinco mil millones de años.

"Incendio en el Cielo: Realidad, ciencia y ficción", fueron los temas escogidos para colocarlos a la discusión de los lectores del mundo presente y futuro, los cuales constituyen la piedra angular del debate, y por eso, para darle un comienzo a la obra, hemos escogido todas esas realidades cotidianas que a diario vemos reflejadas en Colombia y en el mundo, donde los humedales, arroyos, quebradas y ríos, han sido transformados y convertidos en avenidas o en ciudades, así como en verdaderas cloacas, producto del vertedero irresponsable de los desechos químicos y orgánicos producidos por los seres humanos.

Igualmente hemos observado que ante los ojos de la humanidad entera, se han secado los afluentes de los grandes ríos y muchos arroyos que eran el deleite de chicos y grandes, terminaron convertidos sus lechos en polvorientos cauces, siendo un hecho notorio y cierto, que hasta los desiertos de la tierra se encuentran avanzando aceleradamente, bajo la falsa mirada de las potencias mundiales, quienes en un mayor grado han comprometido e incidido en el deterioro ambiental.

Los nevados, así como los glaciares de todo el planeta, se han derretido unos y los otros se encuentran avanzando inexorablemente hacia esa misma realidad, y la "pacha mama" como llaman a la tierra las comunidades ancestrales de Colombia, parece estar cansada, vale decir, ya no aguanta ni resiste mas, pues no puede regenerarse como antes lo hacía, prueba de ello, es que hoy en día los productos agrícolas para el sustento humano y animal, tienen que cultivarse a base de abonos químicos, porque los orgánicos casi no los asimila la tierra, lo cual también es preocupante en la medida como a la misma raza humana se le está enfermando y envenenando paulatinamente, y ello está reflejado en la aparición de plagas, nuevas enfermedades y pandemias, que es el resultado de la mayúscula influencia irresponsable del hombre sobre la faz del planeta, aunado a la desmesurada tala de los bosques y la saturación excesiva del efecto invernadero sobre la atmósfera, así como las demás causas de dicho deterioro que hemos dejado tangencialmente reseñadas, como abrebocas para la gran discusión sobre el calentamiento global y el cambio climático en el mundo que estamos planteando.

Esta situación es muy grave como para que no le demos mas vueltas al asunto, y desde ya, todos los seres humanos en el mundo, deben proponerse seriamente a contribuir por restaurar lo que por milenios de años hemos destruido, lo contrario será, que empecemos a arrancarnos los cabellos e igualmente demos comienzo a cavar nuestras propias tumbas, pues si no frenamos el proceso de deterioro y calentamiento global en el planeta tierra, tenemos que admitir que vamos inexorablemente hacia una gran catástrofe o despeñadero sideral, que los pensadores del mundo no han querido alertar debidamente sobre ello, en la medida como se vienen tragando su propia candela, precisamente para favorecer a los sectores dominantes en el mundo, quienes son precisamente los mas comprometidos con dicho deterioro ambiental.

Igualmente nos hemos apoyado en toda la información de carácter científico que se tienen sobre estos temas, suministrados por la Internet, revistas especializadas, libros y publicaciones serios relacionadas con el universo, la Galaxia de la Vía Láctea, el sistema solar y el planeta tierra, para finalmente dejar plasmados algunos criterios relacionados con dicha temática, así sean todos ellos equivocados o desfasados y en los cuales se puede estar o no de acuerdo, pues en fin de cuentas de eso se trata; plantear un gran debate sobre la destrucción del medio ambiente en el mundo, así como poner nuestro granito de arena en las tesis sobre la creación del universo y nuestro mismo sistema solar.

Finalmente, nos hemos adentrado en un mundo exuberante y lleno de ficción, donde optamos por encontrar un tortuoso camino hacia lo desconocido, el cual a la postre, se convirtió en un verdadero atajo sideral, que en todo caso, nos condujo por el sendero de lo irreal, lo abismal, intrépido y hasta lo traído de los cabellos, hasta volver a aparecer en otro plano galáctico colmado de realidad, esplendor y belleza, luego de haber hecho un basto recorrido por una pequeñísima esquina del universo, desde donde también se pudo observar a un puñado de terrícolas que lloraron, padecieron y también disfrutaron de las sensaciones distintas que le ofrece el universo a los miembros de la raza humana, si es que alguna vez otros terrícolas pudieran llegar también a conquistarlo.

De esa manera es que podemos concluir a ultranza, que entre mas se quiera llegar, sobrepasar y conquistar lo mas insondable del cosmos, para el ser humano esa situación constituye apenas una muestra de lo pequeños y limitados que somos y que continuaremos siéndolo en el devenir de los tiempos, porque mientras seamos mortales e imperfectos, tenemos que admitir también que estamos dentro de un cascarón o caparazón sin salida, que nos impedirá por siempre, pensar o ir mas allá de las estrellas, desde donde precisamente se observa que ese mas allá, continúa siendo demasiado lejos y escurridizo de lo que nosotros podemos siquiera imaginar, y por ello, el cosmos es sencillamente insondable, inviolable e inconquistable, aunque usted señor lector, no lo crea.

Ese fue entonces un transito de lo irreal a lo real, vale decir, se invirtió la regla, porque en ese paseo sideral, la ficción llega el momento que desaparece y se convierte en una realidad, en el amanecer de un nuevo mundo muy distinto al conocido por el género humano, habiendo llegado el momento que llegamos a la Galaxia de la Vía Láctea, pasamos ilesos por un agujero negro que se encontraba en su centro, y posteriormente, continuamos hacia lo desconocido, precisamente hasta encontrar las sorpresas, todas ellas muy novedosas, las cuales habrán de ser las protagonistas para los humanoides y alienígenas en que finalmente se convertirá un puñado de terrícolas que pudieron desafiar las dificultades del viaje y llegar a conquistar un mundo nuevo, exuberante y cargado de rarezas fascinantes denominado "Fridón", un planeta lleno de otra clase de vida, luz y esplendor, ubicado en la galaxia "Iris Denia", que se encuentra a cincuenta millones de años luz de distancia de la Galaxia de la vía láctea.

Dicha galaxia   está situada   en otro de los rincones habitables que por millones pueblan el universo, el asunto doloroso para la raza humana, es que todavía no se han construido las naves adecuadas para poder llegar a esos mundos raros y tener la oportunidad de descubrirlos y ojala colonizarlos, quizá huyéndole a la desestabilización del planeta tierra, que por virtud de la destrucción del medio ambiente, terminó también por destruirse.

Entonces la vida en el universo es ingeniosa y prodigiosa a la vez, porque ella se encuentra diseminada en su interior, siendo también   otra de las fuerzas motrices para su evolución, y sin ella, todo lo creado no tendría sentido que existiera, por esa razón, es que mas allá de lo visible, también existe vida, porque no es dable que en la inmensidad del intrincado laberinto de ese basto cosmos que llega hasta el infinito, el género humano fuera el único que vive en una minúscula de sus partes, como perdido en el planeta tierra, viviendo mas allá de donde también pueden existir paradisíacos refugios en el universo desde su misma evolución y que constituye la parte enigmática colmada de energía, que nace, se desarrolla, fallece y se transforma nuevamente esa materia en una nueva, acorde con el medio donde se encuentre,   siendo ese desarrollo   lo que precisamente llamaron la evolución del universo.

EL AUTOR

CONTENIDO

Capítulo I

REFLEXIONES PARA UN MUNDO QUE SE MUERE

Eran las 10 de la mañana de aquel 5 de agosto del año 2.525, cuando en la ciudad de Bogotá Colombia, fue declarada abierta la sesión inaugural de la nonagésima primera reunión de la Conferencia Mundial del Medio Ambiente – CONMUDEMA, auspiciada por las Naciones Unidas Americanas, Naciones Unidas Europeas, Naciones Unidas Africanas, el Concejo Australiano del Medio Ambiente y las Naciones Unidas Asiáticas, así como por el Concejo Mayor de Naciones – CMN, que era el organismo mundial que aglutinaba todos los miembros de los citados organismos mundiales en el cual fue dividido políticamente el planeta, y que le había correspondido a esta ciudad ser la sede de tan magno evento mundial, debido a que la última reunión que se había celebrado en Ciudad del Cabo Sudáfrica, había escogido esta ciudad para llevar a cabo esta conferencia, la cual estaba dirigida a continuar debatiendo el acelerado deterioro del medio ambiente en que había caído el planeta tierra durante los últimos tiempos, haciendo énfasis en el deterioro ambiental del Continente Suramericano y el Caribe.

Su director general el Brasilero Gildardo Do Nacimento, se dispuso a declarar abierta la sesión, contando con la presencia de los veinticinco mil delegados de todas las naciones del orbe, entre los que se contaban a los mandatarios de toda la región, así como la representación de la mayoría de los países del mundo, ministros de asuntos exteriores, energía y cambio climático de todos los países del planeta, incluyendo a los directores de corporaciones regionales, ambientalistas y conservacionistas que igualmente se hicieron presentes, pronunciado el siguiente discurso de inauguración:

"Señores delegados de los gobiernos y pueblos del mundo:

Todos los hermanos del globo terráqueo que hoy estamos reunidos en este recinto, representando a cada uno de los respectivos países de la tierra, hemos sido convocados a este gran congreso o foro mundial, con el fin de buscar y encontrar saludables formulas dirigidas a poner freno al acelerado deterioro de nuestro entorno ambiental en este planeta, que dicho sea de paso, ya no constituye el hábitat que privilegiadamente tuvieron nuestros antepasados, sino que se erige como la antesala de la hecatombe que próximamente tendrá la tierra, el cual, seguramente tendremos que vivir mas temprano que tarde, y posiblemente tendremos nosotros que participar directamente de esa mega destrucción a la cual estamos abocados, y con ella, el desaparecimiento total de la raza humana, sino hacemos ingentes esfuerzos por detener el calentamiento global que hoy mas que nunca, afecta al globo terráqueo.

Surge pues, la necesidad de expresarle a esta importante asamblea internacional como es la gran Conferencia Mundial del Medio Ambiente - CONMUDEMA, unas reflexiones para un mundo que se muere, discusión esta que habrá de ser el comienzo del análisis descarnado que habremos de hacer, dirigido a una sociedad globalizada, a quienes les interesa bastante lo que habrá de ser el futuro del medio ambiente y el calentamiento global para los años futuros, ahora que estamos iniciando el segundo cuarto del siglo XXV.

Aquí estamos todos los representantes de la raza humana, al igual que las nuevas generaciones de clones, humanoides y los robots más avanzados que se han construido y desarrollado sobre la faz de la tierra, con el propósito de emprender una cruzada de gran confraternidad universal, que propugne por la defensa de nuestro agotado y debilitado medio ambiente en todo el orbe, haciendo énfasis en la problemática ambiental en que se encuentra sumido el Continente Suramericano y el Caribe, que va desde México hasta la tierra del fuego.

El planeta tierra nunca debió ser habitado por seres que lo maltrataran y destruyeran, por el contrario, el hecho de ser tan exuberante en su composición y estructura, debió haber sido declarado como un santuario ecológico del universo, vale decir, este planeta debió convertirse desde el primer momento de su evolución, en un parque de reserva natural o ecológica en la galaxia de la vía láctea, visitado únicamente por los naturalistas y conservacionistas del cosmos, que quisieran venir a degustar de unas merecidas vacaciones, con el fin que se preservara al planeta tierra para siempre y de esa manera se hubiera conservado intacta como lo fue en sus primeros tiempos, y por tanto, no se habría convertido como lo está ahora, en el espectáculo de destrucción, miseria y muerte, que es lo que en últimas se encuentra sumido el planeta en las últimas centurias, debido a la acción destructora de los hombres.

Porque en verdad el planeta tierra fue un préstamo de Dios o de Ala que le hizo a la raza humana, así como a todos los seres vivos que existieron y viven sobre ella, para que se beneficiaran y la cuidaran, así como también la protegieran como al tesoro mas preciado que existe en este sistema solar y posiblemente en toda la galaxia de la vía láctea, con el fin que perdurara para siempre, pero lamentablemente ello no fue así, porque la humanidad no supo hacer un uso racional de la naturaleza para explotarla y protegerla, sin tener que pisotearla y destruirla.

Por eso hoy con nostalgia estamos todos perplejos, presenciando y hasta participando de la autodestrucción del hombre por el hombre mismo a través del medio ambiente, y por esa razón, es que debemos trazar e incorporar en una resolución que nos pueda llevar a afrontar dentro de una mayor cooperación internacional dicho reto, con el fin de minimizar un problema que ya de por sí se nos salió de las manos, para frenar el acelerado cambio climático y el calentamiento global y poder preservar lo poco que nos queda del medio ambiente.

Tardíamente la humanidad se está dando cuenta, que las organizaciones mundiales junto con las normas que las crearon, estaban dirigidas a la preservación y conservación del medio ambiente, entre otras la misma Constitución Política de Colombia en su Art. 95, Leyes, Ordenanzas y Acuerdos, así como la Unión Internacional para la Conservación de la Naturaleza, Corporaciones Regionales, Ministerios del Medio Ambiente, Comités, Juntas de Acción Comunal, Guarda Bosques y otras autoridades en Colombia, al igual que la compilación de normas y organizaciones de distinto rango en el resto del mundo, no operaron, y si lo hicieron, tampoco fueron escuchados ni puestos en práctica sus observaciones y recomendaciones, ya que los planes y programas de preservación y conservación de la naturaleza y del medio ambiente, se quedaron apuntillados en las codificaciones y en los bolsillos de los administradores y dilapidadores de los recursos económicos asignados para dicha preservación y restauración, y por esas razones, no se vieron sus resultados en la conservación del planeta.

Quienes estaban mayormente obligados a preservar la naturaleza, las aguas, el oxigeno vital de nuestro planeta y por supuesto de la vida misma, como pilares fundamentales para la existencia de la raza humana y de todo el entorno que nos rodea para la preservación de *nuestros ecosistemas sobre la tierra, observamos ahora que todo lo hemos estropeado y acabado, habiéndose convertido toda la raza humana, en los mayores depredadores del planeta, con excepción de los grupos étnicos del mundo y de los defensores de la naturaleza, quienes siempre propugnaron porque la flora y la fauna se preservaran y respetaran y la "pancha mama", o madre tierra no se degradara y acabara.*

Hecha dicha salvedad, los demás seres humanos se dedicaron como cazadores furtivos, en una posición de acabar y destruir al planeta tierra sin ninguna consideración, convirtiéndose la humanidad en los mayores saqueadores de sus recursos, porque se dieron a la tarea de acabar con el hábitat humano, flora y fauna en general, que era precisamente el entorno apto para preservar la vida en todas sus manifestaciones sobre la faz de la tierra.

Este país Colombia, que es el anfitrión y sede de esta Conferencia Universal donde precisamente nos encontramos hoy, sirve como ejemplo para analizar el medio ambiente que tenía para comienzos del siglo XXI, así: Tenía 33 parques nacionales colmados de humedales, páramos nevados y lagunas que se constituyeron en santuarios de flora y fauna, con una biodiversidad que podría estar catalogada dentro de las mas grandes y ricas especies por unidad de área sobre el planeta, al punto que, los herbarios se clasificaron en 130.000 plantas, la variedad de flora y el tupido follaje que abundaron en los epifitas o plantas parasitarias, el llamado soto bosque, así como también en sus tres cordilleras donde nacieron en abundancia los frailejones, arbustos y árboles maderables, al igual que las palmeras de gran diversidad que a estas alturas buena parte de ellas ya se extinguieron, y en los escasos lugares donde aún existen, ya no tienen la misma consistencia y follaje que antes tuvieron, y las reservas naturales que dejaron, también los

17

saqueadores de tesoros en el mundo los pervirtieron, haciendo que los nacimientos de agua se secaran, con las graves consecuencias que estamos viviendo.

Esos bosques que eran los que producían el oxigeno vital, así como reciclaban las altas concentraciones de dióxido de carbono, hoy en día ya desaparecieron, y los microorganismos con que se alimentaban esos ecosistemas, las cuencas y micro cuencas del mundo, terminaron   por extinguirse debido a la acción destructora directa e indirecta del hombre y de los demás agentes creados por él y que influyeron en el desequilibrio del medio ambiente en el mundo.

No obstante esas circunstancias, a pesar del regeneramiento rápido   que ha tenido   la misma naturaleza para oponerse a su total destrucción, siempre ha tenido que terminar cediendo ante la fuerza bruta de los factores destructores que le impuso el ser humano, porque pudieron más esas fuerzas destructoras externas, que   su misma   auto conservación y regeneración.

Pareciera que en este planeta todo funcionó bien, hasta cuando el equilibrio de la naturaleza se alteró a todos los niveles, y de ahí en adelante, las cosas cambiaron por culpa de los seres humanos, que con el discurrir de los años, fueron acelerando la crisis climática que hoy estamos viviendo y soportando a todos los niveles, y por esas razones, nuestro mundo se encuentra paulatinamente agonizando y muere a medida que transcurren los días, si nosotros no hacemos nada para ayudarlo en su regeneración y sostenimiento.

Aquí hemos sido convocados para meditar, escuchar, debatir y plantear con absoluta franqueza, todas las fórmulas posibles, así como los mecanismos y salidas que la humanidad debe de implementar para frenar el problema que aflige a la vida en general, y con ella al planeta mismo, como es poner de presente la afrenta que se ha causado con la paulatina destrucción del medio ambiente, y por tanto, debemos rápidamente implementar serias y radicales soluciones con el fin de rescatarlo de su inexorable destrucción y muerte en que se encuentra sumido el planeta tierra.

Pues lo primero que todos y cada uno de los habitantes de la tierra deben hacer, es concientizarce del problema latente que vivimos, vale decir, es imperioso que todos los habitantes del globo terráqueo se sensibilicen del problema del cambio climático que nos afecta, para que conciten sus voluntades y se unan todos para mitigar el daño causado y eviten degradar mas con el uso diario la maltrecha naturaleza, causándole una mayor vulnerabilidad al medio ambiente y se busque poner en práctica políticas de mediano y largo plazo dirigidas a menguar sus connotaciones y repercusiones en nuestros respectivos entornos naturales, ya que poco a poco nos hemos familiarizando con los altos niveles de dióxido de carbono que se fue concentrando en el mundo, fuimos degradando el entorno ecológico de la naturaleza con la polución tóxica, poniendo en peligro la vida en general sobre el planeta, porque nos parecía que el problema nunca se iba a volver contra la humanidad, y por tanto, nunca nos afectaría.

Puedo afirmar sin temor a equivocarme, que las magnitudes del deterioro ambiental habrán de llevar inexorablemente al colapso de la raza humana, sino propugnamos por su sostenibilidad y urgentemente no ponemos en marcha unos mecanismos que impidan continuar con ese lento, pero seguro exterminio ambiental en el cual hemos caído.

Entonces todas estas preocupaciones nos llevan a preguntamos: ¿Cual será el final de las generaciones futuras si el planeta tierra se está muriendo?. Eso es lo que precisamente estamos aceleradamente presenciando, y lo que es mas grave, cada vez mas, conciente e inconcientemente toda la humanidad participa de esa autodestrucción, y a ese paso, mas temprano que tarde habrá de producirse la extinción masiva de la raza humana ya que la fuente de la vida como es el planeta junto con todo su entorno, también habrán colapsado.

Lo que hasta hace quinientos años nuestros antepasados llamaron "medio ambiente", de eso hoy solo nos quedan los rezagos o las sobras de todo aquello que todavía no se le ha podido arrebatar a la naturaleza, el cual se fue deteriorando paulatinamente por la acción permanente del hombre, quien ha venido siendo el causante o el acelerador principal de su gran devastación y exterminio, en la creencia equivocada por cierto, que la constante explotación y el abuso sobre la naturaleza con todos los adelantos científicos e industriales, hacía al hombre mas perfecto, mas lúcido, mas digno.

Por esas razones, es bueno decirlo en la apertura de este nuevo capítulo de la gran discusión mundial que sobre el medio ambiente y el calentamiento global o cambio climático que hoy nos congrega, que los verdaderos reyes que debieron ser coronados sobre la tierra, fueron las abundantes selvas que la mayoría ya se extinguió, cuyos árboles se elevaron en muchas partes del mundo hasta el cielo como queriéndole ofrendar al creador su follaje y corpulencia, aparte de brindarle a los demás seres vivos su sombra, frutos, corteza, madera, retuvieron el agua, asimilaron el dióxido de carbono, proporcionaron raíces, flores y frutos para la alimentación y ayudaron a mantener frío al planeta, entre otros aspectos positivos, sin los cuales este mundo sería un pobre desierto, solo y abandonado, comparado con los millones de planetas que existen en el universo, carentes de esplendor y belleza.

Desde hace muchos años es vox populi, que el fenómeno del cambio climático, es el producto del desmesurado aumento de emisiones de gas de efecto invernadero - GEI, acentuado por diversas causas, principalmente provocadas por el llamado adelanto industrial, que vino en siglos pasados a contaminar con sus altas emisiones de dióxido de carbono, todo lo que entonces se explotaba, habiéndose dado el comienzo del vertimiento provocado por desechos químicos y orgánicos a las quebradas, ríos, ciénagas, al igual que a la atmósfera de la tierra, conllevando al gran deterioro del medio ambiente en el mundo.

Ahora bien, poco a poco se fue contaminado el aire y las aguas, y debido a su degradación, estas terminaron pudriéndose, despidiendo fetidez y exhalando dióxido de carbono, mientras otros manantiales de agua, acabaron por evaporarse y causar gran sequía en el mundo, hasta que ese equilibrio que existía, se rompió, dándose comienzo al minado en cadena del medio ambiente, el cual para este siglo XXV, se encuentra mas que degradado y acabado, y por dichas preocupaciones, hoy comenzamos unas nuevas discusiones que nos habrán de dar mejores herramientas que las implementadas por los seres humanos en el pasado, dirigidas a frenar el acelerado deterioro de lo poco que aún nos queda, repito, de ese medio ambiente.

Resulta que de las grandes inundaciones causadas en muchas regiones de la tierra, se pasó a otras zonas azotadas por una gran sequía, los tornados y vientos aliceos que ya no llegan en los tiempos acostumbrados y lo hacen ahora con una intensidad inusitada y alocada en su comportamiento, todos esos trastornos del medio ambiente han venido creando las crecientes de sedimentación ocasionadas por la tala indiscriminada de los bosques o la explotación de minería legal e ilegal, la extracción de material de arrastre para la

21

construcción, son apenas el claro ejemplo de los diversos métodos con que se ha venido lastimando, deteriorando y saturando al planeta tierra durante los últimos tiempos.

El aire mismo se fue contaminando con los olores nauseabundos expelidos por la degradación y descomposición de las materias orgánicas y químicas con las cuales se enfermó y mató el medio ambiente, así como la polución que actualmente cobija a las grandes ciudades del mundo y continúa cada vez en aumento a medida que este desorden ambiental nos asfixia y mata, razón por la cual, si continuamos por el mismo camino, va a llegar el momento en que se amalgamen todos esos agentes químicos y orgánicos que se han vertido sobre el planeta, y entonces en poco tiempo vendrá la destrucción final; vale decir, estaremos ad portas de una gran hecatombe o conflagración de incalculables proporciones donde el planeta primero se va a oscurecer y ese será el campanazo final donde terminará la vida sobre la faz de la tierra.

Es mas, no hay que olvidar que debido al enloquecimiento del clima, hasta la misma naturaleza creó situaciones que también deterioraron el medio ambiente, y lo hizo produciendo fuertes sismos, tsunamis, tornados y tifones con los cuales se producen incendios de calderas, gasoductos, centrales nucleares etc., que no solo han cobrado muchísimas vidas, sino que con dicha furia se observan y se sienten los coletazos de la alteración del medio ambiente que como respuesta a su deterioro, la tierra se estremece como si se estuviera muriendo, dándole una señal a la humanidad que ese abuso y destrucción desmesurada de su propio hábitat, tiene unos efectos que muchos "llorarán como niños, lo que no supieron defender como adultos."

Lanzar un grito de alerta mundial o S.O.S, dirigido a salvar al planeta y su entorno de vida en general, ese debe ser el reto que compete a toda la raza humana, no solo para concientizarnos de la gravedad del problema, sino para aquellos países que son los mayores generadores de su degradación, así como de todos los demás habitantes de la tierra, para que verdaderamente busquen fórmulas encaminadas a que ese desmesurado aumento de gas de efecto invernadero GEI que produce el calentamiento global, sea frenado hasta en sus mínimas proporciones, y de esa manera, estaremos prolongando por unos siglos mas, la vida en general sobre el planeta tierra; lo contrario será, continuar con la danza de la autodestrucción que la humanidad se propuso realizar sobre la ecología del mundo desde el momento mismo que hizo su aparición sobre el globo terráqueo y que se agudizó con su desarrollo científico y tecnológico, así como el desmesurado aumento de la población en el mundo.

Abrigo la esperanza que para la discusión y el temario de esta Magna Asamblea que hoy se inicia, se tenga en cuenta en sus conclusiones, buena parte de las inquietudes, observaciones y tesis que aquí les vengo a exponer, con el propósito que no se vaya a diluir por mas tiempo las responsabilidades de aquellas naciones, empresas y personas en el mundo, quienes son los responsables del deterioro del medio ambiente y el cambio climático sobre la tierra.

Es que honorables delegados: Conforme ha sucedido en anteriores Conferencias o Cumbres Mundiales sobre el Medio Ambiente y el Cambio Climático que se han realizado con anterioridad en el mundo, sus conclusiones resultaron ser un verdadero fiasco, debido a que los países que mas han estado comprometidos con el deterioro del medio ambiente y que han vertido mayores emisiones de gases de efecto invernadero GEI sobre la atmósfera, no se han declarado responsables

23

de esa catastrófica situación y siempre lo han minimizado o se van por las ramas del problema, sin avocar el verdadero meollo del asunto, y por esa razón, estas discusiones se convirtieron en aburridoras montoneras que de paseo llegan hasta estas asambleas mundiales, cuyas conclusiones y mandatos no despiertan declaraciones serias para que la humanidad las ponga en práctica, ni presentan fórmulas provechosas encaminadas a amainar el grado de deterioro ambiental en que se debate el planeta tierra.

El G - 150 o grupo que conforman los ciento cincuenta países mas industrializados y que constituyen las mega potencias del mundo, se dedicaron con sus adelantos científicos e industriales, a fomentar a gran escala la contaminación ambiental a todos los niveles, pero al momento de admitir su responsabilidad para contribuir proporcionalmente con sus recursos a disminuirlo o amainarlo, aplazan siempre la solución real a la crisis climática y se muestran tímidos, recelosos, locuaces, y lo que es mas, no se avienen a encontrar una cooperación para procurar restaurar y mermar ostensiblemente sus emisiones de dióxido de carbono, a cambio de una contribución real en favor de la restauración del medio ambiente, lo que contradice su posición dentro del ceno de naciones, ya que su responsabilidad debe ser diferenciada, vale decir, que cada uno de los países con mayor incidencia en el comprometimiento del medio ambiente en el mundo, deben ser los mayormente obligados a contribuir en su restablecimiento, no como haciendo un favor, ni ofreciéndo una dadiva u obsequio que generosamente puedan hacer como si fuera una ayuda humanitaria: ¿Acaso el problema del cambio climático no ha tenido su mayor incidencia debido a su papel en el concierto de las naciones?.

Pues bien, creemos que su contribución debe ser el pago o contraprestación que mínimamente están

24

obligados a hacer cada uno de los países avanzados, por el menoscabo causado al medio ambiente, porque fue el desarrollo de sus adelantos científicos, fábricas, así como sus empresas en todo el mundo, las que vertieron a la atmósfera sus mayores emisión de gas de efecto invernadero - GEI, y por ese motivo, ellos son quienes tienen un mayor compromiso que deben asumir hoy, con miras a que verdaderamente se sumen a la gran cruzada mundial en favor de la preservación y restauración del medio ambiente que aquí les venimos a reclamar.

Así mismo, es bueno que también se tenga en cuenta al momento de la toma de desiciones por parte de esta Magna Asamblea, en el sentido que se hace necesario imponer fuertes sanciones a todos aquellos países que se hagan los de la vista gorda y no contribuyan con sus legislaciones internas, a cumplir con los mandatos de esta conferencia, pues si ello no es así, nuevamente nos estamos reuniendo para perder el tiempo, desgastándonos y botando corriente inútilmente mas de la que precisamente debemos ahorrar, si es que verdaderamente queremos legislar para que se les mejore la calidad de vida que se encuentra en ese debilitado medio ambiente en todas las regiones del mundo.

Toda la humanidad desde el momento que se hicieron grandes avances en la ciencia y la tecnología, -que por estos tiempos del siglo XXV ha alcanzado niveles insospechados-, con lo cual se demuestra que el ser humano ha logrado alcanzar elevados niveles de sapiencia y desarrollo, pero a la par de ello, también tenemos que admitir que, desde los inicios de la gran revolución industrial, los seres humanos han venido jugando irresponsablemente con la suerte del planeta, en la medida como la humanidad entera se dedicó a la tala indiscriminada de los bosques, deforestación esta, que nunca fue contrarrestada con una fuerte reforestación, bosques esos que fueron talando e incinerando y que utilizaron en la construcción de múltiples plantas de carbón para producir energía e instalaron grandes chimeneas hasta en los aviones y en los mismos trenes del mundo, antes que dichos recursos renovables y no renovables se agotaran; mas lo que hicieron con todo eso, fue que no cesaron de verterle a la atmósfera esos componentes tóxicos que llevó a que el medio ambiente se convirtiera en el colapso que hoy nos está matando, debido al desastre ecológico en que cayó el planeta por las miles de toneladas de emisión de gas de efecto invernadero - GEI, con las cuales a diario se fue saturando la atmósfera terrestre y elevando su temperatura natural.

Es que no se estableció diferencia alguna, entre el desarrollo industrial y económico, con el papel muy importante que juega el medio ambiente en el mundo, y por ello, se generó su degradación a medida que se explotaron indiscriminadamente sus recursos naturales, lo cual fue un craso error que pagaremos por siempre, ya que el desarrollo industrial y los adelantos científicos que la humanidad ha tenido en el devenir de los tiempos, debieron ser previamente conciliados, planificados y concertados con el medio ambiente, vale decir, se debió aprender a convivir con la naturaleza ayudándola en su conservación, en lugar de convertirnos en la mayor causa de su destrucción y muerte.

El equilibrio que en principio tuvo el planeta tierra, fue alterado gravemente en la medida como la insensatez de la especie humana, desde cuando se comenzaron a verter a la atmósfera unas altas concentraciones de dióxido de carbono, fueron haciendo que se produjera lo que en los últimos siglos se formo, como fue el acelerado calentamiento global, haciendo que los bosques no pudieran producir mas oxigeno, conduciendo a que ellos en gran medida se secaran *ante la sobresaturación de dicho gas debilitándose la capa de ozono, y aunado a ello, el permaflos contenido en las capas antiguas de los vegetales que se encontraban por debajo de los glaciares y que al producirse el deshielo debido a su mismo recalentamiento, fueron siendo lieberados a la atmósfera en unas mayores concentraciones de gas metano, elevando los niveles normales y terminando con el invernadero natural que se había convertido el planeta desde sus comienzos, afectando la biosfera como fuente importante y fundamental para el desarrollo y sostenibilidad de la vida en general sobre la tierra.*

Cuando la gran variedad de peces, diversidad de fauna y flora que en abundancia existía en todo el mundo, se extinguieron ante la mirada complaciente de las mismas autoridades que fueron creadas para preservarlos, fueron talados los bosques y destruido al hábitat natural donde nacían los ríos para que se preservara la vida microbiana sobre la tierra y hasta los mismos manglares se acabaron y la piangua que se escondía en medio de sus raíces y que servía de alimentación a los ciudadanos mas pobres del mundo, también ya se extinguió por completo. Surgió luego la explotación agrícola industrial y se cambio las montañas por pastizales, que si bien es cierto, multiplicó las cosechas para la alimentación humana y animal, también es verdad, que ese desarrollo sirvió para consumir el agua y los humedales, habiéndose multiplicado los desiertos en el mundo.

Pienso que en los siglos pasados los famosos Mozart, Beethoven, Bach y otros músicos destacados del mundo, afinaron primero sus instrumentos en el centro de los bosques cuando los hubo, porque fue allí donde se empezaron a escribir las primeras operas y se escucharon los primeros sonidos emitidos por la sinfonía de la naturaleza y donde precisamente sus espíritus sosegados por el aroma de la selva, pudieron descansar del gran ruido y contaminación producido hoy por las grandes urbes del mundo.

Que bueno que al planeta tierra se le diera otra oportunidad y todos los habitantes que se encuentran diseminados en sus latitudes, le diéramos la mano para que se volviera a sentir renovado en todo el esplendor y belleza como lo fue en el pasado, de esa manera todos nos sentiríamos satisfechos de ver regresar al planeta nuevamente a su rejuvenecimiento, para lo cual seguramente, quedaría eternamente agradecido con el género humano por ese nuevo regeneramiento, y de esa manera, volvería a reverdecer y florecer conforme lo hizo en los primeros tiempos de su historia.

Igualmente estamos convencidos también, que los animales y la plantas retornarían por virtud de la evolución; aparecerían los humedales, las quebradas y los ríos volverían a correr y humedecer toda la faz de la tierra, así como las montañas se extenderían hasta los confines del mundo y los helados páramos, las altas cumbres al igual que los blancos glaciares, aparecerían de nuevo para engalanar junto con sus nubes, todo lo mas exuberante y bello de lo que fue el planeta tierra.

Los arrecifes de coral, las algas marinas, así como el plancton entre millones de plantas y especies naturales, brotarían en abundancia, y las ballenas, tiburones, caimanes, entre miles de especimenes hoy extintos, estarían dichosos de regresar a vivir y reiniciar el equilibrio ambiental y ecológico que entonces existió, ocupando nuevamente el espacio perdido a costa del salvajismo ejercido por los seres humanos en el mundo.

De toda esa bellaza natural que ya se extinguió, solo le va quedando a esta pobre humanidad, un recuerdo que se constituye como en un sueño, no solo porque ese mundo exuberante que antes hubo, se extinguió y se transformó, precisamente por la incidencia de la acción *humana en la producción de las mayores emisiones de gas de efecto invernadero - GEI, conllevando al calentamiento global, el cual dio como resultado que toda la humanidad se encuentre ahora sumida bajo la mas difícil tragedia ambiental, ad portas de una catástrofe de incalculables proporciones siderales.*

Ahora mismo, son muchos los pueblos del planeta que están deambulando de un lado para otro por el mundo entero, en busca de alimentos y de ese líquido vital como es el agua, para encontrar su supervivencia ya que existe una gran sobrepoblación, los cuales se han venido convirtiendo con el discurrir de los tiempos, en los nuevos desplazados del planeta, porque carecen de esos vitales medios de vida para prodigarse su propia subsistencia y no hallan para donde partir, máxime cuando ahora, hasta las grandes islas que existían sobre el planeta fueron inundadas, debido a los permanentes deshielos a que fue sometida la tierra por el fenómeno de dicho calentamiento cuyo paulatino proceso se ha venido haciendo mas fuerte durante los últimos quinientos años. Los perros aúllan y los gatos corren despavoridos por los tejados, previendo que el planeta tierra está por desaparecer, ante los ojos de los seres humanos quienes se las pican de ser mas inteligentes que ellos.

Ahora bien, si analizamos detenidamente los factores externos ocurridos en los siglos pasados y que también influyeron para que se acelerara el calentamiento global, podemos mencionar entre otros, los incendios forestales causados en su gran mayoría por la acción destructora e irresponsable del hombre, incendio de fábricas, oleoductos, derrames de petróleo, barcazas cargadas de petróleo o minerales como carbón, componentes químicos, basuras no biodegradables, que cayeron en ríos y mares entre otros, que no solo llevó a destruir la flora y la fauna, sino que volvió mas árida la tierra, aparte de las emisiones de dióxido de carbono

29

que fueron vertidas a la atmósfera, con lo cual, se atizó mas la hoguera para que ese calentamiento global se acelerara, y por tanto, esas fueron otras de las causas cuyas consecuencias hoy estamos pagando, porque el daño fue irreparable, siendo ya demasiado tarde el buscarle solución al problema, no obstante ello, continuar llorando sobre la leche derramada, no es la salida, haciéndose necesario continuar seriamente buscando alternativas que nos puedan llevar a amainar el problema del deterioro ambiental que recae sobre todo el globo terráqueo.

No entiendo de que le sirvió a la humanidad haber creado organismos de carácter estatal, al igual que organizaciones no gubernamentales, veedurías ciudadanas, así mismo, la mayoría de los gobiernos del mundo crearon también ministerios y corporaciones regionales dirigidos todos, dizque a la preservación del medio ambiente, así mismo, desde hace muchos años se han venido reuniendo los representantes y autoridades de la mayoría de los gobiernos del mundo para participar en sendas conferencias como esta, con el fin de trazar políticas de mejoramiento y preservación del medio ambiente, las cuales no han servido para nada.

Solo nos vasta recordar como, a raíz de los protocolos de Kyoto, Conferencias de Copenhague, Cancún, Durban en Sudáfrica y Río de Janeiro y las Conferencias marco que antaño patrocinó Naciones Unidas, que sirvieron de base para que se continuaran estas discusiones en el mundo, así como muchas otras conferencias, tratados y protocolos internacionales hasta llegar a la que se instala en el día de hoy, con el único propósito de encontrar las fórmulas salomónicas a tan delicado asunto, situación esta que por estos tiempos del siglo XXV, se ha mostrado mas difícil y compleja la situación, requiriendo entonces implantar una política pública en cada uno de los países de la *tierra, que nos ayude a frenar el problema que estamos afrontando..*

Es bueno que el mundo lo sepa, que en gran medida todo lo que se ha hecho, discutido y conciliado hasta ahora, no ha pasado de ser una mera retórica y buenas intenciones, pues en verdad el papel pudo con todo, porque resulta que la gran mayoría de los gobiernos de todo el orbe, pero principalmente las llamadas potencias mundiales que no adhirieron a los protocolos, fueron pasando por encima de dichos convenios internacionales y ante la mirada permisiva de sus mismas autoridades ambientales, ese bien preciado y vital que se proponían preservar y defender para bien de la humanidad y de todos los seres vivos que existían sobre la tierra, se fue esfumando porque pisotearon y acabaron con el medio ambiente, con el agravante que ellos lo sabían todo acerca de su deterioro y muerte, la prueba fue que en anteriores conferencias, no aceptaron enmiendas ni castigos severos para que fueran censurados los países comprometidos con las mayores emisiones de gas de efecto invernadero - GEI en el mundo, pues primaron mas sus propios intereses que los de la humanidad entera.

Entonces observamos como, se ha venido atentando contra los mismos derechos humanos, porque si en verdad queremos respetar y preservar la vida humana sobre el planeta, debemos demostrar que amamos a la raza humana y con ella al planeta mismo, y por tanto, las verdaderas causas del problema, ahí están vivas con tendencia a volverse el peor enemigo del genero humano, requiriéndose que esta Conferencia de Naciones, desenmascare y ponga en cintura a todos los actores que han causado el deterioro del medio ambiente y el desequilibrio climático en que cayó el planeta desde finales del siglo XVIII hasta nuestros días, ordenando en una resolución, que obligue a todos por

31

igual, a que se ponga freno al peligro mundial en contra de la vida sobre el planeta, que precisamente por la acción irresponsable de la raza humana, es que se ha venido cocinando paulatinamente..

Los tiempos se agotan aceleradamente y si queremos continuar viviendo, debemos hacer ingentes esfuerzos por llegar a un gran consenso político y económico, dirigido a que las emisiones antropogénicas que han incidido en el aumento masivo de gas de efecto invernadero – GEI, pueda ser frenado ostensiblemente, y en el mejor de los casos debemos llevarlo a su extinción, y para ello, cada uno de los habitantes del planeta, se tienen que comprometer a no encender bombillas innecesariamente, no utilizar mas productos aerosoles, recoger las basuras y lixiviados, plásticos, latas, celulares etc., poniendo en práctica el reciclaje hasta de sus propios excrementos, ahorrando el líquido vital como es el agua, el cual deberá ser utilizado con gotero, si es que los seres humanos desean prolongar su respiración mas allá de los tiempos que dicen estar preparados para vivir.

Debo advertir ahora, que el problema del deterioro paulatino del medio ambiente y su cambio climático, no podrá resolverse de la noche a la mañana, pues para volverlo a restaurar y que podamos respirar aire puro, procurando que las temperaturas sobre el planeta bajen nuevamente a los 2° centígrados, se requiere no sólo del apoyo decidido de todos los seres humanos diseminados por el mundo, de sus gobiernos y demás autoridades ambientales, sino de los cientos de años que habrán de transcurrir para que dicho proceso se reverse, y nuevamente, las altas temperaturas puedan descender de los 8° grados centígrados y mas a que llegó a comienzos de este siglo XXV, hasta bajar a las citadas temperaturas anteriormente propuestas.

Desde hace varios siglos hemos venido participando de las grandes crisis mundiales, sean estas económicas, energéticas o climáticas que a todos nos han afectado en mayor o menor grado, que se globalizaron a medida que los fenómenos fueron apareciendo, porque cambiaron paulatinamente los esquemas o patrones tradicionales que la humanidad tenía y estrangularon la estabilización climática que existía, todo como consecuencia del paulatino deterioro ambiental en que fue cayendo el globo terráqueo.

No se trata entonces de impedir el desarrollo, ni que los habitantes de la tierra se abstengan de producir el sustento diario, ni continúen con el desarrollo científico y tecnológico, de lo que se trata, es que el ser humano pueda convivir con la naturaleza que es de donde nace el equilibrio vital para la sostenibilidad de la vida sobre el planeta, prueba de ello es que cuando una ese equilibrio se rompió con la desmesurada deforestación y abuso, el medio ambiente en general se vino a pique con las consecuencias catastróficas que hoy vivimos y que continuarán acelerándose, con esa cadena interminable de desastre ecológico que se vive.

Los mismos clorofluorcarbonados son otra de las causas para producir elevadas temperaturas con los rayos del sol y la aparición de inesperadas precipitaciones o súbitas elevaciones de temperatura apareciendo los fuetes maremotos, son la clara muestra del menoscabo del medio ambiente, y por eso, la aparición de dichos fenómenos climáticos, lo cual nos revela que vivimos un desmesurado desequilibrio de temperatura que produce un inusual cambio global que ahora todos estamos padeciendo.

Es en este punto es donde encontramos esa mayúscula contradicción entre las autoridades ambientales en el mundo, porque mientras que, por una parte, se le decía a la humanidad que se estaban conservando y preservando los recursos naturales y el medio ambiente, por otra parte, los mismos gobiernos invirtieron astronómicas sumas de dinero en la construcción de centrales nucleares, exploraciones petroleras aún en el mismo fondo de los oséanos, explotación de minas de esmeraldas, diamantes, etc., amén del desarrollo científico y tecnológico, habiendo vertido al espacio toneladas de basura espacial, haciéndole creer al mundo que toda esa chatarra espacial no terminaba por afectar al medio ambiente, lo cual fue una garrafal mentira.

Es mas, fueron creados los llamados partidos verdes en el mundo, como medio de simbolizar políticamente el tema de la naturaleza y del medio ambiente, asi como de buscar que la humanidad tomara conciencia del papel importante que estaba jugando en la preservación del planeta, pero eso tampoco fue posible que se tendiera una red universal en la defensa de la naturaleza.

Igualmente del otorgamiento de permisos para la explotación a gran escala de los distintos minerales que existen sobre la tierra tales como carbón mineral, níquel, plata, cobre, oro, esmeraldas, perlas, o simplemente canteras para la explotación de areneras y demás materiales para la construcción, en el convencimiento que su desarrollo constituía un gran avance para la sociedad, pero que igualmente también influyeron en mayor grado en ayudar a contaminar y deteriorar el medio ambiente del planeta.

Esas acciones son las que han conducido a que los nacimientos de agua dulce que por torrentes hermosas producía en enormes cantidades el planeta tierra, se fueran secando, y por tanto, todas esas consecuencias las hemos venido pagado con creses quienes vivimos a comienzos de este siglo XXV, así como las generaciones futuras que también continuarán pagando ese alto precio, pues los frecuentes cambios climáticos que hoy en día hacen estremecer al planeta, fue otra de las *causas que conllevó a que se incrementaran los temblores, tornados, ciclones, borrascas, tifones, tsunamis y huracanes entre muchos fenómenos climáticos, los cuales fueron deformando el comportamiento global del medio ambiente sobre la tierra, a medida que el planeta se va cocinando lentamente, hasta cuando llegue el momento que ya no pueda sostenerse mas y termine por desequilibrarse, estrellándose anticipadamente contra el sol, como la consolidación final de este proceso de deterioro ambiental.*

Lo que le sucede ahora a la humanidad, son apenas las secuelas de lo que generaciones pasadas heredaron, como fueron los habitantes del siglo XX y siguientes, quienes no padecieron los altos niveles de contaminación ambiental y radiación solar, ni las altas temperaturas a que condujo el calentamiento global, elevación de temperatura esta que en el último milenio subió a ocho grados centígrados sobre el planeta, lo que dista mucho cuando por aquellos tiempos la temperatura promedio no pasaba de los dos grados y medio, lo que significa que el cambio climático se elevó ostensiblemente sobre la faz del planeta, haciendo que la tierra se convirtiera en el sauna de esta parte del sistema solar.

La gran explosión demográfica que se aceleró desde los siglos XVIII al XXIII, hizo que el planeta tierra se sobre poblara con doce mil millones de habitantes, conllevando a que se produjera el acelerado deterioro ambiental y todos esos cambios demográficos hizo que la humanidad entera actuara como una verdadera legión depredadora de langostas, que terminaron por abalanzarse sobre la naturaleza, destruyendo los bosques y con él la flora y la fauna, al igual que las aguas, terminando por extinguir las especies y produciendo un grave desequilibrio ambiental que es lo que estamos viviendo, y por tanto, el crecimiento de la natalidad debe variarse, por un aumento en el promedio de vejez que deba tener todo ser humano, dirigido a que la juventud se afiance y la vejez disminuya, vale decir, es necesario prolongar la edad del individuo a los trescientos años y mas, para que sea productivo por muchos mas años de los que hasta ahora se estima pueda vivir, sin que necesariamente este planeta llegue a ser un mundo de viejos, pues la tercera edad puede contribuir mejor a los avances productivos del mundo, si se le ofrece una vida organizada y vigorosa a sus habitantes.

Ahora bien, si analizamos acerca de la problemática ambiental que se produjo en siglos pasados, entonces ¿como no podemos estar preocupados por los efectos climáticos a estas alturas de comienzos del siglo XXV?. Ahora vivimos unos tiempos mas tenebrosos, complejos y llenos de horrores en el diario vivir, aunado a lo poco que le queda al planeta del medio ambiente, se advierte que la tierra que hoy tenemos, está rodeada de agua en un 60%, las ciudades copan un 10%, los desiertos en un 18%, por manera que el 12% de tierra cultivable, es una porción demasiado pequeña como para sostener la demanda alimentaría de los habitantes del mundo, lo que conllevó a la gran hecatombe demográfica que hoy pesa sobre los hombros de todos los gobiernos del orbe.

Debido al aumento del desgaste ambiental, buena parte de las ciudades costeras e islas que habían sobre la tierra, fueron inundadas por el mar, ahora que se produjo todo el deshielo del planeta, no solo las cumbres nevadas, sino los glaciares terminaron por derretirse, conduciendo a que el aumento del agua dulce en la salinidad marina, influyera en las corrientes oceánicas, constituyéndose en el detonante del calentamiento global, porque el reflejo de los rayos del sol que debían llevarse a cabo, con la ausencia de esos glaciares, ya no pudo reflejarse, incidiendo también en el aumento de las altas temperaturas terrestres.

Las cosas han cambiado tanto, que los seres humanos en el mundo, nos hemos visto en la obligación de cavar grandes cavernas donde se han construido nuevos pueblos y ciudades, las cuales son utilizadas para la supervivencia humana, y por dicha razón, se hizo necesario construir muchas ciudades en el fondo de los océanos, como otra alternativa mas practica de preservar las bajas temperaturas y con ella hacer mas llevadera la vida sobre la tierra.

Cuando existían los hidrocarburos, el mundo se fue minando con vehículos de todas las denominaciones, formas y tamaños, que igualmente hizo saturar con el dióxido de carbono que expelieron, así como por la proliferación que de ellos se hizo para que circularan sobre el planeta, los que hicieron invivible la tierra, no solo por el ruido, sino por la degradación ambiental, y toda esa situación aunada a los demás agentes contaminantes autodestructores anteriormente citados, hizo que la raza humana fuera la causante para que se produjeran las mayores emisiones de gas de efecto invernadero – GEI, que se constituyó en el factor acelerante del deterioro del medio ambiente en el mundo.

Ahora bien, si repasamos un poco la historia de la humanidad, podemos recordar como, durante los siglos XX y XXI, se produjeron grandes catástrofes causadas por la rotura de oleoductos submarinos que vertieron a los mares millones de barriles de petróleo crudo, cuya penalidad y castigo quedó en la impunidad, así como muchísimas tragedias parecidas ocasionadas con el hundimiento de buques cisterna cargadas de diversos combustibles y sustancias químicas, ataques a oleoductos, volcamientos de carro tanques etc., porque no existían leyes coercitivas que condujeran a que los *gobiernos, empresas o personas culpables de dichos actos atroces contra el medio ambiente, fueran obligados a resarcirle a la humanidad de los daños y perjuicios ambientales causados.*

Igualmente los seres humanos se dedicaron a construir ciudades y pueblos sobre el planeta en forma desordenada, vale decir, sin ninguna planificación ambiental, permitiendo que empresas grandes y pequeñas construyeran sus sedes a orillas de las quebradas, ríos y mares, para que sus aguas residuales terminaran convirtiéndose en verdaderas cloacas que infestaron al mundo con su contaminación, apareciendo entonces nuevos virus, enfermedades pandémicas y plagas, que fue el producto de la mayor degradación del medio ambiente que precisamente es lo que se vive en este primer cuarto del siglo XXV.

La humanidad entera fue la encargada de acabar con los ecosistemas, así como con la biodiversidad de vida que existió sobre el planeta tierra y lo que ahora contemplamos, no son sino los pocos residuos de la vitalidad que entonces existió sobre nuestro planeta, como demostración que fuimos pródigos en abundancia de vida en millones de especies animales y vegetales, hoy extintos.

Es que el planeta tierra nunca tuvo dolientes, con excepción de los grupos étnicos a que antes se hizo mención y de los ecologistas y naturalistas del mundo, quienes se constituyeron en los verdaderos quijotes para liderar la preservación y conservación del medio ambiente, los cuales tampoco fueron escuchados, ni tenidas en cuenta sus recomendaciones y consejos, y por tanto, la humanidad no previó desde un comienzo su planificación y adecuado uso, razón por la cual, con el correr de los años, ese abuso se transformó en esta cruel realidad que hoy en día se revirtió en contra de la misma supervivencia humana, animal y vegetal, conllevando al colapso generalizado en el mismo sistema solar, donde posiblemente está próximo a producirse, si no actuamos o hacemos algo para evitarlo.

Todos los discursos del pasado acerca de la defensa del medio ambiente, también se convirtieron en una verdadera retórica y culto a la bandera, porque nada se puso en práctica y de ahí la gran frustración de la humanidad para debatir estos temas, por tanto, la hora ha llegado para que entre todos nos la juguemos en favor del medio ambiente, como única razón para la existencia de la vida sobre el planeta.

Los seres humanos creyeron desde sus primeros tiempos, que la naturaleza había sido hecha para ponerla al servicio del hombre, pero resulta que ella se hizo fue para que hiciera pareja con toda la humanidad, y por esa razón, el medio ambiente está enfadado por el uso y el abuso ejercido sobre el medio ambiente al destruirlo y pervertirlo irresponsablemente con todos los residuos químicos habidos y por haber, y por tanto, esa situación conduce a que afirmemos que se está acercando un gran cataclismo climático de incalculables proporciones sobre los seres vivos que se encuentran poblando el planeta tierra, como consecuencia de la unión de todos esos factores.

En ese mismo orden de ideas, el profesor Stephen Hawking de la Universidad de Cambridge Inglaterra, predijo hace muchos años, que el planeta tierra va a colapsar en este milenio que estamos viviendo, porque cada vez se vuelve invivible por la acción del sol, ya sea por el choque de un asteroide, o que vayamos a caer en un agujero u hoyo negro, y por esa razón, la tierra se volverá inhabitable, debiendo el género humano liberarse prontamente del planeta tierra, siendo menester buscar encontrar un nuevo sistema planetario apto para albergar la vida y colonizarlo, so pena que la humanidad desaparezca del resto del universo.

Pues yo me permito agregarle a dicha tesis científica, que todas esa predicciones van a ocurrir, adicionándole lo relativo al gran deterioro del medio ambiente, ya que en la medida como el ser humano continúe su alocada autodestrucción de su entorno planetario y no se concientice del papel tan importante que juega en su conservación y preservación, las cenizas de este planeta volaran en mil pedazos, mucho antes que deje de brillar el sol, en del ocaso de este mismo quinquenio.

Hay que hacer claridad también, que en nuestro planeta a nadie educaron e instruyeron, ni siquiera lo culturizaron para que reciclaran sus propias basuras y evitaran verterlas a los caños para que no se taponaran, en la forma como lo hicieron con sus propias alcantarillas. En idéntico análisis, tampoco fue instruido al campesino para que cuando talara un árbol, sembrara tres como mínimo, ni fueron educados para que no cazaran la fauna y se preservara con la flora, y quizá por la necesidad alimentaria, no se inculcó a los pescadores del mundo para que no se pescara indiscriminadamente en los mares y ríos, sino con ciertos parámetros y límites para que la riqueza pesquera no se agotara, y si lo hicieron, se tomaron por la faja todas esas recomendaciones e instrucciones, situaciones elementales estas que fueron minando paulatinamente el medio ambiente hasta verlo hoy en día, que agoniza y muere.

Así mismo, muchas campañas de reforestación que a diario hicieron en todo el mundo, la mayoría de ellas iban dirigidas a reforestar para continuar talando dichas maderas y sacar la materias prima para transformarlas en papel o utilizarlas en el resto del comercio maderero, lo cual fue un contrasentido, porque lo que se debe pretender es que el planeta tierra, vuelva a reverdecer y así se quede para siempre, porque de esa manera es que produce el aire puro para los seres vivos y amaina las altas concentraciones de dióxido de carbono, que es precisamente lo que lentamente está matando a la humanidad.

Basta observar los polos del planeta que otrora fueron los llamados glaciares árticos y antárticos, así como las cumbres y nevados de la tierra, los cuales hoy se han constituido en frías y blanquecinas u oscuras rocas de acuerdo al sitio donde estén ubicados, las que vinieron a reemplazar los glaciares y las moles de témpanos de hielo, que alguna vez las recubrieron y que eran los generadores de los climas calidos o helados sobre el planeta tierra.

Ahora nos preguntamos: ¿donde están las inmensas montañas que generaciones pasadas denominaron como los "pulmones del mundo"?. ¿Acaso las selvas que hacían reverdecer al planeta desaparecieron por arte de magia?. Todo ello desapareció por la acción irresponsable de la humanidad, que se esmeraron en talar los bosques para sembradíos de coca, palma africana y pastos artificiales entre otros, los cuales dieron al traste con el deterioro ambiental y terminaron por erosionar la tierra, convirtiéndola en verdaderos desiertos, cuyas consecuencias del cambio climático hoy vivimos y sentimos.

Dolorosamente podemos afirmar que todo ello fue cosa de un pasado hermoso como hoy en día lo conservamos en las distintas tomas fotográficas que aún nos quedan en nuestros archivos como recuerdos gratos de ese pasado, que nos demuestra que este planeta fue tan bello, exuberante y lleno de vida, que en este Siglo XXV sentimos nostalgia por ese pasado y hasta envidia por esos primates que la habitaron y destruyeron, pues con las grandes concentraciones de dióxido de carbono, lo acabaron todo, debido a la tala indiscriminada de los

41

bosques y la explotación irresponsable que de ellos se hizo, que en su afán por explotarlo para su alimentación o para extraerle su materia prima y aumentar riquezas, lo que hicieron fue destruirlo, teniendo en sus manos el poder para preservar todos los ecosistemas del mundo, pero contrariamente a ello, lo único que nos dejaron fueron los desechos químicos putrefactos como muestra de su ingrato recuerdo.

Hoy solo nos quedan en las fotografías y archivos fílmicos, los hermosos paisajes y las vistas panorámicas que son las únicas realidades con que contamos, material este que demuestra que alguna vez existió sobre estos suelos polvorientos del planeta, unos cielos azules encantadores y unos mares cristalinos y llenos de vida animal y vegetal, así como abundante vida marina, pero que lastimosamente nada de eso nos queda, pues toda esa belleza de exhuberancia y encanto, fueron las que precisamente desde hace ya muchas décadas desaparecieron sobre la faz de la tierra.

Ahora se observa que el Continente Africano ya casi es cubierto en un 70% por el desierto del Sahara; Europa es una multimegalópolis de ciudades contiguas unas de otras y debido a la explosión demográfica y expansión urbana, acabaron con las bellas altiplanicies y montañas que reverdecían y adornaban el hábitat de los pueblos que los disfrutaron, así mismo, lo que fue de ese bello Continente Australiano, hoy en día solo queda un pequeño islote, ya que buena parte de dicho territorio fue sumergido por el mar y las demás islas pequeñas del planeta, quedaron desde hace muchos años en las mismas condiciones, y el Continente Asiático, tampoco es la excepción, pues hoy en día es un verdadero hacinamiento humano, camino de erigirse en un gran desierto al igual que otros pueblos del orbe que ya no están en condiciones que ellos mismos se prodiguen su *propia subsistencia alimentaria y se encuentran deambulando como los nuevos desplazados del mundo.*

¿Y que podemos decir entonces de América en general? El panorama no es diferente a los otros continentes citados anteriormente, igualmente como los otros territorios se encuentra moribundo, sencillamente acabado, pues todo se debe a la incomprensible acción directa de los seres humanos y los demás actores intervinientes, que en su desmedido uso y abuso en la utilización de los recursos naturales que se llevó a cabo en el pasado, fueron haciendo mella, acabando y debilitando todo cuanto el género humano fue encontrando a su paso, como la gran demostración que el hombre ha sido el mas destructor y depredador del planeta, y por ello, conculcar su problemática ambiental, es precisamente la parte que nos corresponde ahora, creando unas normas coercitivas, cuyas conclusiones deban de ofrecerle a los habitantes del orbe que den soluciones inmediatas al problema planteado. Así mismo, se hace necesario que se lleve a cabo un descarnado estudio ambiental en América Latina y el Caribe, en la misma forma como se hizo en su oportunidad con las demás Continentes del mundo, con el fin que se den unas recomendaciones para frenar el deterioro ambiental en esta región.

Por los tiempos que corren el medio ambiente lo encontramos acabado, porque la mayoría de los miembros de esta ciega humanidad, en forma irresponsable abrieron las compuertas de sus compañías y se dedicaron a verter sus desechos químicos, contaminando el aire y el agua, mientras que los demás talaban los bosques y los incineraban, araban incontroladamente la tierra, explotaban minas de oro y otros metales a cielo abierto con la utilización indiscriminada de mercurio y otros agentes contaminantes, contribuyendo gravemente a que el medio ambiente se enfermara y acabara.

Preguntarnos ahora: ¿que se hicieron los grandes ríos del mundo tales como el Nilo, Congo, Zambeze y Níger en el África; Darling en Australia; Indo, Ganges, Yangtzé, Huang, He, Amur, Lena, Yenisey, Ob, Volga, Dniéper, Eufrates y Tigris en Asia; Danubio, Elba, Rin, Sena, Loira, Ebro, Tajo y Támesis en Europa; Colorado, Misisipí, San Lorenzo y Makenzie en Norte América; Orinoco, Iguazú, Amazonas y Magdalena en Sudamérica, entre muchos otros?. Nos duele mucho tener que decirlo, pues muchos de ellos se secaron, mientras los otros ya son hilos de agua llenos de contaminación, vale decir, se han mermado precisamente por el uso y el abuso desmedido ejercido por el hombre sobre la naturaleza, y por dicha circunstancia, la alteración del medio ambiente se siente por todas partes.

Lo mismo podemos afirmar acerca de la extracción de materiales de río para la construcción o la explotación de canteras, apertura de carreteras o de avenidas en las ciudades y pueblos en general, que son otras fuentes que han contribuido al recalentamiento global, así como a multiplicar la polución en el mundo, elevando los estándares de contaminación durante los últimos quinientos años.

Así mismo, el desarrollo y utilización de los múltiples ensayos nucleares dizque con el fin de alcanzar la conquista de otros mundos, o el perfeccionamiento de un desarrollo científico que solo a unos pocos ha beneficiado, componentes estos con los cuales, se fueron constituyendo en los factores acelerantes para que se produjera el calentamiento global y con él la destrucción del medio ambiente, acabando con la capa de ozono y contaminando con sus desechos tóxicos, pesticidas y fungicidas, al igual que toda esa variedad de venenos y aerosoles que constituyen toda esa gama de agentes químicos que poco a poco se han venido acumulando en el planeta.

44

Todos esos agentes químicos contaminantes cuya utilización iba en contra de la naturaleza, el recubrimiento de la capa vegetal que fue cambiada por las moles de cemento, construcción de grandes avenidas en todo el mundo y ciudades cuyos rascacielos tropiezan con parte de la atmósfera, así como la demás gama de destrucción de esa capa vegetal en cultivos, son los que finalmente los seres humanos se empeñaron en destruir durante el transcurso de la historia del planeta tierra, con el fin de prodigarse adelanto científico y desarrollo económico y social.

Por esas razones hoy estamos pagando esos altos costos, y las generaciones del Siglo XXV deben pagar los platos que otros rompieron, y para la humanidad entera, cada día que pasa va siendo mas costoso su mantenimiento y supervivencia, al punto que, cada gobierno deberá subsidiar mas al ser humano, en la medida que este produzca menos, así mismo, es un imperativo imponer pesadas cargas de impuestos, a quienes se enriquecieron a costillas de la misma degradación del medio ambiente, lo que conllevará que hacia el futuro, se deba acabar con el armamentismo que incluye el desarrollo nuclear, y en su lugar, se busque la destrucción de la chatarra y basura espacial que se encuentra sobre la tierra y fuera de ella, con el fin de empezar a desintoxicarla.

Constituye un imperativo también, que se obligue a los gobiernos del mundo a dejar en sus presupuestos unos mayores recursos, así como a los grandes empresarios del mundo, para que destinen un porcentaje de sus ganancias, para que sean dedicados en la educación e instrucción de grandes y chicos, dirigido al aprendizaje, mantenimiento, protección y preservación del medio ambiente, buscando con ello la restauración pronta de lo dañado, frenando el abuso y la degradación del medio ambiente, que terminó en la crisis climática en que se debate el planeta, si es que en verdad queremos dejar algo bueno para que las generaciones futuras lo puedan disfrutar.

Porque todos los seres humanos del orbe, hemos sido los causantes de la degradación del medio ambiente en mayor o menor proporción, y por ello, estamos obligados a preservarlo y protegerlo, pues toda esa problemática no puede ser la responsabilidad de unos pocos en particular, sino que lo es de la totalidad de los seres humanos que habitamos y disfrutamos el planeta tierra, y de ahí, la importancia que esta Magna Asamblea se ocupe de toda esa temática para la cual fuimos convocados.

Tal vez esta sea la última oportunidad que tengamos, no solo para debatir la problemática global del medio ambiente en el mundo y en especial el de América Latina y el caribe, sino para que nos volvamos a reunir en una Asamblea como esta, porque el panorama futuro lo veo mas oscuro que las nubes contaminadas que nos circundan, además, al paso como van los tiempos, mas temprano que tarde el planeta ya no resistirá mas y entonces seremos víctimas inmediatos de un mayor calentamiento global, mucho mas de lo que hoy en día sentimos y padecemos, como el gran anticipado del Apocalipsis bíblico, anunciado para la raza humana.

Que no sea como hoy, que nos damos golpes de pecho y nos encontramos adoloridos y compungidos asistiendo a sus llantos preagónicos del planeta tierra, vale decir, somos testigos de su funeral, y por eso, mucho antes que pueda desaparecer el planeta tierra, nos corresponde a quienes aún vivimos sobre ella, buscar por todos los medios posibles, preservarla y protegerla, en la medida como en cada uno de los países y rincones del mundo podamos implementar rígidos planes de manejo, preservación y restauración del medio ambiente.

La situación es tan complicada, que la humanidad debe dedicarle más de un día al planeta, apagando todas las bombillas del mundo, electrodomésticos, aires acondicionados y demás electrodomésticos, y si dicho sacrificio se hace, es posible que se le esté dando una formidable ayuda o mano positiva al planeta.

Porque al paso que vamos, estamos asistiendo a una serie de cambios naturales, que pasamos de fuertes oleajes de calor, a borrascas e inundaciones insólitas, donde se advierte que todo ese cambio climático fue inducido por la humanidad, debido al uso y el abuso a gran escala y en todos los frentes, producido no solo por los combustibles fósiles que hoy en día ya se extinguieron, sino por la saturación del ser humano sobre la tierra, así como por el desmedido desarrollo agro industrial a que ha llegado la humanidad en los últimos tiempos.

Precisamente por el hecho de haber acabado con los humedales del mundo, cuyos terrenos fueron transformados en arados, calles o barrios de grandes ciudades, debido a la deforestación las montañas se desmoronaron y los ríos se desbordaron, haciendo que sobrevinieran las catástrofes que puso en vilo a muchos habitantes de la tierra, antes que sus fértiles suelos se transformaran en desierto.

Las fuentes de agua dulce se secaron, debido al uso y abuso contra el planeta, haciendo que éste se resintiera y poco a poco diera al traste hasta con el agotamiento de la capa de ozono, biosfera y estratosfera que la protegían y que nos suministraban la vida en abundancia, lo que hizo elevar el grado de calor permanente del planeta, apareciendo el calentamiento global sobre la tierra, haciéndola enloquecer y trastornándola en su desarrollo climático, al punto que, en el último milenio se han generando toda clase de sequías, ciclones, inundaciones, tornados, huracanes y tormentas devastadoras en la totalidad del planeta, que ha sido trastocado en su ciclo, así como variado en su proceso evolutivo apareciendo unos mayores volcanes en actividad, amén de presentarse innumerables tsunamis y temblores como consecuencia de los mismos efectos climáticos.

Por otra parte, como consecuencia de la acción destructora del hombre, con las trescientas mil toneladas de dióxido de carbono, aerosoles, gases radiactivos, metanoles y todos los desechos tóxicos vertidos diariamente a la atmósfera, entre otros, hizo que se produjera la perdida de la capa de ozono, así como su paulatina contaminación, que aunada con la polución expelida por tantos agentes contaminantes antes indicados, ya no se observen los cielos azules como los vieron nuestras generaciones anteriores, sino que hoy en día sean unos cielos ennegrecidos o grises, lo que nos preocupa y aterroriza.

De acuerdo con las estadísticas e informaciones que a diario suministran los satélites y estudiosos meteorólogos del mundo, en el sentido que nuestro planeta cada vez mas se recalienta y cocina lentamente, porque fue alterada ostensiblemente la química del medio ambiente y que los habitantes del planeta no le para bolas, vale decir, no muestran el interés necesario para ayudarlo y mas bien le volteamos la espalda al problema por considerar que esa situación no nos atañe, a ese paso, habremos de considerar que los sucesos que van a ocurrir dentro de unos cuatro mil a cinco mil millones de años, donde nuestro sol podrá convertirse en una enana blanca, mas temprano que tarde nuestro planeta se desestabilizará y perderá su fuerza centrifuga y centrípeta, debido a toda esa pluralidad de ingredientes contaminantes del medio ambiente y serán las que terminarán por desestabilizar al planeta tierra y la destruirán inexorablemente.

Ya no contamos con la seguridad y permanencia de aquellos tiempos que los antepasados denominaron cabañuelas, que fueron signos de probabilidad que los tiempos subsiguientes se irían a presentar conforme se les vaticinaba, y por ello, hasta el sol parece que hace su aparición diaria en una parte distinta donde antiguamente lo hacía, razones estas que nos revelan, que los fenómenos naturales han hecho variar el curso de la tierra, como los tornados, los temblores de tierra, los cuales no solo han aumentado, sino que pareciera que se ensañan contra el planeta tierra y se divierten con la destrucción de todos los objetos materiales que encuentran a su paso, incluyendo la vida humana y animal.

Ahora estamos abocados a que todos los fenómenos físicos puedan intempestivamente ocurrir y que los seres humanos sean las principales víctimas de esos fenómenos meteorológicos, y con ellos, del mismo desequilibrio del planeta tierra, y entonces, va a llegar el momento que se va a sentir como se profundiza en el abismo, el planeta tierra, junto con su satélite natural, atraída por la gravedad del sol que terminará por absorberla, todo como consecuencia del uso y el abuso desmedido que la humanidad ha ejercido sobre la faz del planeta.

Las naciones mas desarrolladas del mundo, así como las ocho organizaciones mundiales entre ellas la que patrocina este evento como es el Concejo Mayor de Naciones - CMN que es el Gran Organismo de Naciones, los organismos bilaterales y multilaterales de crédito y los llamados consorcios o de la banca internacional y las empresas privadas a todos los niveles en el ámbito mundial, son los que deben sentirse mayormente culpables y avergonzados por el desmesurado deterioro del medio ambiente, y por tanto, también deben ser ellos los que mayormente estén obligados a contribuir con buena parte de sus recursos, para que se inviertan y se ponga freno a ese deterioro ambiental, y poco a poco pueda llegar un paliativo de solución al problema en nuestro moribundo planeta.

Igualmente es indispensable, que con urgencia se ponga en practica la cooperación de los gobiernos y de los ciudadanos del mundo, para que todos juntos detengan el desbordamiento del calentamiento global, pues como ya se indicó, las grandes, medianas y pequeñas industrias fueron los mayores generadores de riqueza e inventos que han llevado a la proliferación y cualificación del problema, con beneficio exclusivo de sus propios intereses hegemónicos que han terminado por absorber las economías del mundo, y como contraprestación, colaboren a su pronta restauración.

Sea esta la oportunidad para dejar nuestra nota de protesta ante la faz de la tierra, contra los que conciente o inconcientemente envenenaron el medio ambiente, en procura que el ser humano tome mas conciencia del papel muy importante y protagónico que juega en el contexto del problema; pues ahí tenemos a las grandes megalópolis, ciudades y pueblos en general, convertidos en los mayores productores de residuos sólidos, los cuales se encuentran ahogados con sus propios desechos y no ubican el sitio donde colocarlos o destruirlos en hornos especiales, pues la humanidad no sabe que hacer con sus basuras, así como con sus torrentes de lixiviados que ellas producen y cuyo manejo lo realizan a campo abierto, y todo ello, también forma parte fundamental del deterioro del medio ambiente, agentes contaminantes estos que contribuyeron a volver focos de polución y podredumbre, los mares, ríos, quebradas y arroyos del planeta, que muchos de ellos son polvorientos causes.

Precisamente hoy quiero recordarles que la última guerra mundial que acaba de pasar, lo fue, precisamente porque unas naciones tenían mas agua potable que otras, ya que disponían de unos mayores recursos para quitarle la salinidad al agua del mar, y debido a ello, se suscitaron los problemas globales que en todo caso también contribuyeron a minar el medio ambiente cuyo análisis a profundidad hoy nos convoca.

Los continuos derramamientos accidentales y provocados de petróleo que hubo sobre la tierra, antes que dichos recursos naturales no renovables se extinguieran, así como el gas natural derramado en atentados contra oleoductos y poliductos cuando los hubo, derrames provocados y accidentales de materiales químicos sobre los mares, ríos y quebradas, fungicidas y aerosoles, hizo que el medio ambiente colapsara, sin que los gobiernos pusieran freno al asunto, pues mas les parecía que eso era producto de la impericia e imprudencia humana, que de la irresponsabilidad con que actuaron para degradarla y acabarla.

¿Y que decir de la flora y la fauna que también desapareció?. ¿Acaso esas riquezas naturales fueron privilegio de nuestros antepasados?. Posiblemente no. Lo que les faltó fue un mayor liderazgo a todos los niveles para abocar el problema y tomar desiciones puntuales, así como tener verdadera conciencia acerca del papel protagónico que cada uno de los humanos teníamos que desempeñar para preservarlos y conservarlos, y hoy en día, no tener que llorar ni lamentarnos por no haber tenido el valor y la gallardía de diseñar políticas públicas para evitarlo, en la seguridad que si todo eso lo hubiese hecho la humanidad entera, hoy viviríamos en un ambiente sano, armonioso y sostenible con la naturaleza.

Se nos dirá entonces que estamos criticando sin mesura ni objetividad la degradación del medio ambiente, a la que llegó el globo terráqueo; pero no, de lo que se trata, es que estamos obligados a hacer un mayor énfasis en esa problemática que a todos nos atañe y que debemos estar comprometidos para contribuir a su preservación, y además, es que este foro es el ideal para hacerlo, ya que de las conclusiones que de aquí salgan , deberán ser el repicar de las campanas o el sonido de las sirenas que nos habrán de dar la razón, dirigido a que los seres humanos del presente, revisemos los inconvenientes climáticos que nos afligen y diseñemos lo que habrá de ser el mundo del futuro, para que las generaciones del mañana, no vivan un día menos del que normal y humanamente nacieron para vivir.

Ahora mismo las capas protectoras del planeta tierra, unas están débiles y otras ya no operan, porque han enfermado de muerte debido a que las fuerzas gravitacionales que rigieron al planeta desde un comienzo, han disminuido ostensiblemente y las fuerzas de rotación y traslación se ven cada vez mas impotentes, no solo para estabilizar el planeta, sino para proseguir con su elipse alrededor del sol, hasta que llegará el momento que las fuerza centrípeta y centrifuga del planeta tierra, se habrá debilitado tanto,, que muy pronto llegará el momento que no garanticen su plena funcionalidad para la cual fueron creadas por la evolución del planeta, y entonces será la de Troya: Habrá de producirse toda una hecatombe cósmica de incalculables proporciones en el sistema solar, donde la tierra y su satélite natural no podrán continuar su camino y perecerán.

Basta ya de tanta retórica en el mundo, para defender lo que no se ha defendido como es la preservación del medio ambiente y nuestro hábitat como fuente de vida y prosigamos atentando contra lo que nos queda de la naturaleza, pues he venido a esta parte del Continente

Sudamericano del cual también soy oriundo, preocupado como ustedes acerca de la imperiosa necesidad que tenemos de preservar las pocas fortalezas que nos quedan del medio ambiente, en la seguridad que si procedemos como se requiere para crear las normas que el mundo necesita, esa postura podrá repercutir afirmativa o negativamente en el resto del planeta tierra durante los años por venir.

Por todo lo anterior, declaro abierta la cesión inaugural de la nonagésima primera reunión para la cual nos ha convocado la Conferencia Mundial del Medio Ambiente – CONMUDEMA de la cual me honro en presidir, organismo este auspiciado por el Consejo Mundial de Naciones que reemplazó hace muchos años a la antigua ONU, sólo me resta invitarlos a preparar las distintas ponencias cuyas numerosas discusiones habrán de plantearse y recabarse acerca de esta problemática mundial, las cuales deberán ser sometidas a la aprobación de esta Magna Asamblea, en la seguridad que, si reexaminamos la situación planteada y buscamos fórmulas atinentes a la preservación y restauración de nuestro medio ambiente, estaremos preservando y prolongando aún mas la vida sobre el planta tierra, para bien de aquellos que habrán de sucedernos."

Mas adelante y después de los quince días de agitadas deliberaciones e intensos debates críticos acerca del problema climático en el mundo, donde se produjeron muchas intervenciones y se llevaron a cabo múltiples discusiones relacionadas con las quinientas ponencias que fueron presentadas al seno de la Conferencia Mundial, y luego que fueran acogidas buena parte de las sugerencias expresadas por el Director General de la Asamblea, entre otras, fueron aprobadas las siguientes conclusiones, cuyos apartes principales de la Resolución que tiene el carácter de obligatoria, desición esta que debe dársele estricto e inmediato cumplimiento por las autoridades de todo el planeta, así lo ordena:

Primero.- Todos los gobiernos del mundo están obligados junto con sus connacionales, a implementar rígidos métodos y sanciones económicas y penales, para que todas las personas naturales o jurídicas que infrinjan esta resolución y que vivan en cada uno de sus territorios, sean severamente castigados, cuando los descubran contaminando y destruyendo el medio ambiente, así mismo, se ordena que todas las empresas están obligadas a contribuir con un impuesto especial, dirigido a la restauración y preservación del medio ambiente, el cual será reglamentado internamente en cada uno de los países de la tierra.

Segundo.- Todos los gobiernos del mundo se obligan desde ahora a desarrollar y poner en práctica, una política pública con el fin que sean destinados en sus respectivos presupuestos y se implemente en sus planes de desarrollo, unos mayores recursos económicos, dirigidos al manejo, preservación, mantenimiento y restauración del medio ambiente en cada uno de sus países.

Tercero.- La Conferencia de Naciones igualmente ordena, que debido al deterioro y degradación del medio ambiente en América Latina y el Caribe, se recomienda que un organismo especializado lleve a cabo un detenido estudio de medición científica, relacionada con las causas más importantes del desequilibrio ambiental en esta región, para conocer el grado de contaminación, polución y concentración de gas de efecto invernadero – GEI, producido en el Continente Sudamericano y el Caribe, con el fin que se ofrezcan a los gobiernos de la región, las respectivas conclusiones y se pueda encontrar su pronta solución, contando con la cooperación de los demás gobiernos del mundo.

Cuarto.- Se ordena que ningún país de la tierra puede desarrollar mas armas de destrucción masiva y tampoco podrán llevar a cabo mas experimentos nucleares sobre la tierra, así como es deber de las naciones que actualmente tienen basura espacial y tecnológica sobre la atmósfera de la tierra, que sea recogida e incinerada sobre la superficie de la luna, con el fin de evitar una mayor degradación e incidencia del deterioro ambiental que sufre el planeta.

Quinto.- Se ordena igualmente, que todos los países del mundo están obligados a frenar el control de la natalidad a un máximo de dos hijos por hogar, con el fin de frenar la sobrepoblación del género humano sobre el planeta tierra y continúe siendo este el factor principal que incide en la degradación y destrucción del medio ambiente, debiéndose masificar en todos los estratos sociales de la población del mundo, el producto "Rubodomina", como método y fórmula científica apropiada para prolongar la longevidad y la vida laboral de los seres humanos sobre la tierra.

Sexto.- Se ordena que todos los países del mundo están obligados a reducir sus emisiones de efecto invernadero - GEI, a unas proporciones mínimas, equivalentes a las que producía la humanidad a comienzos del siglo XIX, constituyendo su desacato, una afrenta contra los derechos humanos a nivel mundial, y por tanto, ese hecho será considerado como un delito de lesa humanidad, lo cual hará que el Consejo de Naciones imponga las respectivas sanciones económicas y penales a los gobiernos, en caso que internamente en el respectivo país no se haga justicia, haciendo que se castigue drásticamente a los gobiernos infractores, conminando a los que incumplan esta resolución, a pagar severas sanciones económicas que serán reinvertidas en la preservación del medio ambiente, sin importar la raza, creencias, colores y sistemas de gobierno en el mundo.

Por su parte el Director General de esta Conferencia Mundial, delegó el encargo de desarrollar y llevar a cabo el estudio científico sobre la degradación del medio ambiente en América Latina y el Caribe, en el Instituto Mundial Para la Adecuación del Medio Ambiente – IMPAMA, con sede en Agra, India, estudio este que deberá llevarse a cabo en el menor tiempo posible, teniendo como base y centro de operaciones a la ciudad de Bogotá, Colombia.

Capítulo II

ANALISIS DEL MEDIO AMBIENTE EN AMERICA LATINA Y EL CARIBE

El científico japonés Okono Mokito, Presidente del Instituto Mundial Para la Adecuación del Medio Ambiente – IMPAMA con sede en Agra, India, fue el encargado de llevar a cabo el respectivo estudio de exploración científica de carácter ambiental en América Latina y el Caribe, en compañía de otros cuatro expertos ambientalistas provenientes de Norte América, China, India e Inglaterra, quienes tenían a su cargo llevar a cabo una serie de inspecciones y observaciones por el Continente Sudamericano y el Caribe.

Su trabajo consistía en recoger un muestreo de todos los sedimentos y componentes químicos y orgánicos en descomposición, con los cuales se estuviera comprometiendo el medio ambiente en todas las capitales, ciudades y pueblos mas importantes de la región, al igual que sus ríos, comenzando por la Patagonia en Argentina y Chile, el Amazonas tomado desde su nacimiento hasta su desembocadura en Brasil, Paraguay, Uruguay, Perú, Ecuador, Bolivia, y Venezuela, todo Centroamérica hasta ciudad de México, entre otros, teniendo como sede principal a la ciudad de Bogotá, Colombia, así como el de verificar la contaminación de las aguas en las desembocaduras de los principales ríos de la región, entre otros el Orinoco, Iguazú, Magdalena, Cauca, Caquetá y los demás existentes en los Llanos Orientales, con el fin recapitular un profundo informe acerca de la degradación ambiental de la región y darlo a conocer a los respectivos gobiernos, así como los del resto del mundo para la búsqueda inmediata de fórmulas que pongan freno al deterioro del medio ambiente y el calentamiento global en esta parte del mundo, en cumplimiento del mandato ordenado por el presidente de la Conferencia Mundial del Medio Ambiente – CONMUDEMA, que meses antes le había encomendado llevar a cabo dicha misión.

El señor Okono quien no había estado por esta parte del planeta y que solo conocía la problemática ambiental de este continente por fotos y análisis e información satelital, en desarrollo del citado mandato ordenado por la gran Conferencia de Naciones, viajó a Colombia con el fin de llevar a cabo un detenido estudio de carácter científico, se apersonó de la situación, y para cumplir con su cometido, como era el de buscar las verdaderas causas de la degradación ambiental en esta parte del globo terráqueo, para ofrecer las respectivas recomendaciones a los gobiernos de la región con el fin que lo acataran e implementaran en sus respectivos países.

El señor Okono Mokito era un experto ambientalista que tenía profundos conocimientos relacionados con el deterioro ambiental y climatológico, que por muchos años se encontraba dirigiendo a Impama, organismos internacional que recientemente había llevado a cabo similares estudios relacionados con el deterioro del medio ambiente y calentamiento global en los demás continentes, cuyas capitales, ríos y regiones también había visitado y estudiado, de acuerdo a parecidos estudios que con anterioridad le fueron encomendados a solicitud de la citada Asamblea de Naciones, dándoles a conocer sus conclusiones a sus respectivos gobiernos sobre la magnitud del problema ambiental y el calentamiento global acelerado del planeta, por cuanto que dicho asunto no era de una sola región o país en particular, sino de todos los pueblos de la tierra, vale decir, el problema era de todo el género humano.

Por tal motivo, con fundamento en los conocimientos y experiencias que tenía, mas los distintos experimentos y estudios recopilados que a nivel mundial había realizado, dio inicio a esa extensa gira por toda Sur América y el Caribe, recopilando datos e indagando información relacionada con el deterioro del medio ambiente en esta parte del planeta, datos y muestras estas que eran fundamentales para el cumplimiento de su misión.

El día 1° de diciembre del año 2.525, el señor Okono Mokito llegó a la ciudad de Bogotá, Colombia, procedente de Agra, república de la India, donde tenía su sede principal el organismo que presidía. El citado científico llegó en su sofisticado vehículo oficial denominado "Esplendor", que lo transportó junto con su comitiva hasta el Aeropuerto "Delfín Rosado", de la capital colombiana.

Una vez llegó a esta parte del continente americano, fue alojado en el sofisticado laboratorio que tenía instalado la Universidad Nacional de Colombia, en una colina de la parte oriental de la ciudad, que le fue acondicionado con el propósito que llevara a cabo todo el desarrollo de sus experimentos y conclusiones, junto con el equipo de colaboradores científicos que traía, así como el grueso numero de expertos ambientalistas nacionales y extranjeros que lo esperaban, los cuales se le sumaron, al igual que el personal de ayudantes que el estado colombiano le puso a su servicio, para el buen desempeño de su misión científica.

El señor Okono Mokito era un avezado científico Japonés, que por varios años se encontraba al servicio de tan destacada organización científica internacional y quien venía con el propósito de llevar a cabo los respectivos estudios acerca de la degradación del medio ambiente y de establecer las causas del calentamiento global que estaba haciendo mella en el planeta, con el fin de hacer los parangones científicos de tales causas, estudios estos que surgieron de los análisis de las mas populosas ciudades de Europa, Asia, Africa, Australia y Norte América, por manera que, ya no quedaba pendiente de analizar sino esta parte correspondiente al Continente Sudamericano y el Caribe, y acorde con su cometido, la delegación de expertos así como los existentes en el país, se dispusieron a llevar cabo toda serie de observaciones y recolección de muestras en varias partes de la región, comenzando obviamente por las principales ciudades y ríos de la república de Colombia.

Desde su arribo a la capital Colombiana, muy pronto se dio cuenta que el aire estaba totalmente contaminado con un fétido olor, que se percibía desde el mismo avión en que viajaba, de igual manera se podía sentir allá en la elevada montaña oriental donde estaba ubicado el laboratorio, y si dicha situación se presentaba en las partes mas altas de la ciudad, como sería entonces en las partes mas bajas, pues si en el lugar alejado donde estaba ubicado el laboratorio se podía sentir y ver la concentración de polución y de contaminación, indudablemente que en las hondonadas debía acentuarse aún mas dicho olor nauseabundo, así como la polución, deduciéndose que quizá se trataba de una Planta de Energía Nuclear o de una fábrica donde se estaba descomponiendo algún material tóxico o radioactivo, cuyo escape se estaba sucediendo sin que las autoridades locales se percataran del asunto.

El citado científico ansioso por indagar todo lo que estaba sucediendo y con el fin de dar con el lugar exacto donde podría estar el presunto escape, ya que desde su arribo a esta parte del continente no podía conciliar el sueño, e inquieto por ello, salió en compañía de sus compañeros y ayudantes que le fueron asignados, dirigiéndose a los distintos caños donde antiguamente fueron arroyos de agua o ríos que circundaron la ciudad, pero que ahora contenían una enorme materia espesa de color oscuro o negro en que se había transformado el río Bogotá, el mismo que a la distancia desembocaba sobre el río Magdalena, lugares estos de donde se desprendía precisamente esa fetidez que ya nadie la soportaba, procediendo a tomar abundantes muestras, las cuales fueron transportadas hasta el laboratorio que tenía a su disposición.

Ya había notado que la visibilidad era casi nula, pues no se podía divisar sino hasta los diez metros de distancia debido al alto grado de polución existente y el medio ambiente también estaba enrarecido, pues toda esa gama de contaminación y degradación ambiental, para poder soportarla, todos los pobladores de las mas grandes megalópolis, ciudades y pueblos de toda la región, tenían que usar caretas en forma permanente para llevar a cabo todos los desplazamientos o sea que ya los humanos no se quitaban las caretas y los tanques de oxigeno, ni siquiera para dormir, pues la misma situación era generalizada en el resto de las ciudades y pueblos del mundo.

El citado laboratorio estaba ubicado en una alta montaña de la parte oriental de la ciudad de Bogotá Colombia, desde donde se dominaba no solo la ciudad, sino también las zonas naturales que aún existían, así como algunas verdes planicies plantadas con árboles artificiales y que hacían recordar el exuberante follaje de los pinos y eucaliptos, que por lo menos doscientos años antes, ya habían desaparecido por completo, que hacían recordar lo que fue la sabana de esa gran ciudad en tiempos pasados.

Posteriormente, en su vehículo deslizador espacial mono volador XK, que adicionalmente tenía asignado para llevar a cabo sus desplazamientos junto con su equipo de colaboradores, se dispuso a inspeccionar la que antiguamente llamaron sabana de Bogotá, pero que hoy en día estaba plantada allí una gran megalópolis de ciudad, al igual que buena parte de lo que fue el caudal de los ríos que desembocaban en el magdalena hasta su desembocadura en el océano atlántico.

Igualmente se dirigió al sur del continente, con el propósito de visitar también las distintas ciudades latinoamericanas tales como Brasilia, Río de Janeiro, Buenos Aires, fue hasta Cabo de Hornos en la Patagonia, Santiago de Chile, La Paz, Asunción, Lima, Quito, viajando por el Amazonas, río Paraná, las cataratas del Iguazú, Caracas, siguió para Centro América y ciudad de México, para luego regresar a su provisional lugar de trabajo que le había sido asignado en la ciudad de Bogotá Colombia, lugares visitados estos, desde donde hizo trasladar abundantes muestras de igual o parecido material en descomposición como los encontrados en Colombia, para lo cual se vio en la obligación de contratar un avión hércules para que le transportaran dichos desechos de material orgánico y químico en descomposición.

Igualmente volvió a sobrevolar las cercanías de lo que en tiempos remotos llamaron el Valle del Río Magdalena, Valle del Río Cauca, Patía, Mira, Caquetá, Vichada, Guaviare, Orinoco, Atrato, Sinu, Amazonas, Vaupés, Putumayo y zonas aledañas hasta llegar a sus respectivas desembocaduras, ríos y valles estos que los nativos admiraron porque creyeron que sus riquezas naturales de la flora y fauna, así como sus abundantes y cristalinas aguas que entonces tuvieron dichos ríos, nunca se les acabarían, pero que ahora de aquellos afluentes tan importantes para Colombia, solo quedaban unos delgados hilos negros de podredumbre o desecho orgánico y químico, que con dificultad se dirigía hacia el mar, desfogando los desechos de ciudades grandes y pequeños poblados que todavía se veían a sus orillas, como testificando acerca de la desaparición y deterioro paulatino en que fueron cayendo esas grandes e importantes arterias fluviales que durante los siglos anteriores, constituyeron muy importantes vías para el desarrollo económico y la civilización misma de este país.

Para el científico Okono Mokito, este fue un paseo maravilloso pero igualmente aterrador, porque pudo palpar con sus propios ojos, los aberrantes destrozos que la acción humana había ejercido sobre la naturaleza en esta parte del mundo, inclusive al llegar a la Patagonia pudo observar que su abundante fauna marina que alguna vez existió, ya no había nada y que los mismos glaciares se habían derretido hacía bastantes años, pues solo quedaban blancas rocas que le hicieron recordar que esa fue una zona rica en fauna marina y una región de las mas inhóspitas pero hermosas del planeta, y que ahora de toda esa belleza de la naturaleza, nada quedaba, solo se advertía destrucción del medio ambiente por todas partes, que se había acelerado en los últimos siglos y que de continuar así, el planeta tierra iba tocando fondo, estando ad portas de llegar inexorablemente a su total destrucción total en menos de doscientos años mas, según los comentarios que al margen de su investigación, dicho científico hacia a sus ocasionales contertulios.

Las estadísticas existentes acerca de la degradación del medio ambiente, indicaban que Colombia era un país que para comienzos del siglo XXI, era catalogado como el que más había sufrido y enfrentado los rigores del narcotráfico, debido al llamado narco cultivo y explotación generalizada de la coca, planta esta de donde los antepasados sacaban el mambe para sus ceremonias y dopajes, pero que durante esos tiempos los narcotraficantes la explotaban para otros usos, extrayéndole la famosa cocaína y sus derivados alucinógenos, y que posteriormente, fueron invadidos los mercados de todo el planeta con dicha sustancia, de cuyos rezagos aún se sentían en algunos sectores de Norteamérica y Europa, pero que ahora dicho flagelo había pasado de moda, debido a que dicha actividad llevó a la tala indiscriminada de los bosques, y con ella, a la contaminación ambiental, por manera que los suelos se secaron, y por tanto, los narco cultivos tuvieron que extinguirse por razón de fuerza mayor, ya que no pudieron volver a ser cultivados debido a la aridez de la tierra en buena parte de América Latina.

Cuando los científicos regresaron a la capital colombiana luego de aquélla interesante travesía, pudieron comprender que lo oscuro del cielo y el permanente olor nauseabundo, eran producidos por los sedimentos químicos y la materia orgánica en descomposición que se habían convertido los vertederos de las fábricas, basureros a cielo abierto y sus lixiviados, cuyos desechos químicos y orgánicos caían a los cauces de quebradas y ríos, siendo esa situación la que estaba produciendo ese espectáculo de desastre y muerte sobre el medio ambiente en el mundo, ya que dicha situación la pudo corroborar en el resto de los continentes, cuando llevó a cabo parecido o similar estudio.

Todas las autoridades de este continente, no se preocuparon porque se llevara a cabo un permanente y adecuado tratamiento a los residuos sólidos, siendo esta, otra causa mas del problema ecológico que se estaba presentando, pues lo que habían sido de los ríos Bogotá, Tisquesuza,Tunjuelito y otros afluentes que tributaban sus aguas a la laguna del Muña, se habían convertido en verdaderas cloacas a cielo abierto y generaban toda clase de enfermedades y contaminación ambiental, constituyéndose en el lugar donde mayormente por milímetro cuadrado existían los residuos sólidos y lixiviados en descomposición, que solo podían ser comparados esos altos niveles de toxicidad, con las de otras capitales del planeta, situación esta que era muy preocupante para los integrantes de esa comisión de estudios .

Así mismo, el señor Okono al hacer perforar varios pozos profundos en lo que fue la gran sabana de Bogotá y el gran valle de ciudad de México, así como en Sao Pablo y la ciudad de la Habana, entre otros sitios, los cuales al ser analizadas esas muestras de agua se pudiese tener la confiabilidad de su potabilidad para el consumo humano y le permitiera a sus habitantes la confiabilidad que no era nociva para la salud, pero aconteció que del resultado de dichas muestras, resultaron ser negativas, vale decir, tenían un alto grado de contaminación, pues en dichas aguas existían abundantes concentraciones de lixiviados o sea los líquidos provenientes de la misma materia orgánica en descomposición, originadas en los botaderos de basura que a cielo abierto se encontraban dentro de esas ciudades, los cuales con el transcurso de los años, se fueron filtrando hasta confundirse con el agua potable, lo que hizo concluir, que hasta las aguas subterráneas estaban altamente contaminadas, y por tanto, la salud de los humanos y animales que la consumían, también eran víctimas de dicha contaminación, y por ello, era factible que las   distintas enfermedades que padecía la población, era producto de su consumo, siendo la insalubridad del agua la que   había terminado por afectar a la población.

El grupo de expertos al darse cuenta que los botaderos de basura de las grandes capitales anteriormente visitadas, así como de ciudades y pueblos, donde dichos materiales se hallaban expuestos a cielo abierto,   también constituía la generación de gas metano y dióxido de carbono producido en invernadero, oxido nitroso, lixiviados y cromo, los cuales coadyuvaban para que también fueran los causantes del deterioro ambiental durante los siglos anteriores, siendo otra de las causas del calentamiento global del planeta, con la consecuente   pérdida de la capa de ozono, elemento fundamental para la preservación de la vida sobre la tierra.

Como todo científico inquieto por lo que sucedía a su alrededor, así como por cada uno de los materiales en descomposición que encontraba en sus recorridos, procedió a hacer tomar innumerables muestras, las cuales   hizo transportar hasta su lugar de trabajo como se indicó anteriormente, donde apoyado por sus compañeros y ayudantes, hizo que todas esas abundantes muestras o material en descomposición, correspondiente a esa negra pero fétida podredumbre que incluso trajo del resto del Continente y el Caribe, la acopió en el laboratorio y las hizo envasar en los grandes depósitos cuyos toneles habían sido previamente dispuestos para ello, con el objeto de ser cuidadosamente analizadas y poder determinar la clase de gérmenes nocivos, virus, bacterias, hongos, así como la reacción química de los nuevos gases mortales que muy seguramente se estaban gestando o produciendo desde hacía muchos años.

Pues de eso se trataba la investigación, como era el de buscar descubrir nuevos gérmenes y causas que pudiesen estar incidiendo en la catástrofe ecológica y el medio ambiente, con lo cual el grupo de científicos estaría en condiciones de diagnosticar, aconsejar y brindarle a los gobiernos y autoridades ambientalistas de la región y del mundo, su posterior tratamiento, pues en criterio del director de la misión, dicho deterioro ambiental, estaba llevando al planeta tierra a un acelerado debilitamiento, que paulatinamente lo iba llevando hacia una próxima catástrofe humana que generaciones actuales y futuras estaban expuestas, si por alguna razon no se pusiera pronta solución al problema de destrucción del medio ambiente en el mundo.

Obviamente que muy pronto sus ayudantes fueron concentrando bastante material, el cual fue unificado con el que habían acabado de traer de los otros países visitados y como si se tratara de las mas delicadas y celosas muestras que cada rato trían los astronautas de cercanos planetas del sistema solar, los cuales ya habían sido conquistados, con ese mismo secreto el señor Okono también le dio igual tratamiento a dichas muestras para que no fueran a ser manipuladas irresponsablemente, pues se debía impedir por todos los medios que alguna persona inexperta fuera a introducir alguna sustancia distinta que produjera alteraciones químicas en su contenido.

Así mismo, el laboratorio que se le había ofrecido para que el grupo de científicos trabajara, era tan completo, como los que ya había utilizado en otras partes del mundo, y por esa razón, gozaba de las máximas seguridades para el desarrollo de los análisis científicos que se proponía realizar.

Con las muestras que iba tomando en cada uno de los países y sitios visitados, aspiraba a recolectar un buen volumen de dicho material, con el fin que las conclusiones de sus experimentos fueran hechas en un solo contexto, y por tanto, el señor Okono estaba ansioso por tener prontos resultados que le permitieran establecer la clase de nuevos fenómenos raros en esas muestras que se hubiesen podido desarrollar y de posibles gases mortales que también podrían estarse produciendo en esta parte del planeta, precisamente con el de fin comparar dichos resultados, con los datos estadísticos que había obtenido en otras partes del mundo y poderles dar igual o parecido tratamiento, dirigido a que las autoridades locales las pusieran en práctica y frenaran la degradación ambiental, que era el meollo del problema, conforme lo ordenado por la última Conferencia de Naciones sobre el cambio climático, que hacía pocos meses había ordenado un rígido mandato para todos los gobiernos y ciudadanos del mundo.

Dicha delegación de científicos, al igual que sus colegas en Colombia y del resto de la región, también aguardaban con gran interés los resultados que tales investigaciones pudiesen arrojar, pues de esas conclusiones se derivarían una serie de noticias científicas que podrían constituirse en la novedad para las Revistas Científicas y periódicos especializados del mundo, así como para la televisión y otros medios periodísticos que también se ocuparían del tema, para bien de la humanidad.

Un día el señor Okono sostuvo una reunión en compañía de sus cuatro asesores, acompañados de quinientos expertos mas en la materia, quienes fueron congregados para darles una conferencia en uno de los salones del laboratorio, relacionada con la degradación del medio ambiente en el mundo y el calentamiento global, habiéndoles comunicado entonces, que la degradación en que había caído la región y con ella el resto del planeta, obedecía básicamente a una variedad de factores, entre ellos, el agotamiento y destrucción del medio ambiente, la desaparición de la capa de ozono y con ellos, el acelerado desierto en que se estaba transformando el planeta, aparte del aparecimiento de nuevos gases raros, que incluso podrían ser altamente tóxicos y peligrosos, porque al producirse alguna aleación, producían una reacción que alteraban los gases ya existentes entre otros el gas de efecto invernadero –GEI, bien conocido por la humanidad, y por ello, se disponía a dar inicio al análisis de todas las muestras del material recolectado, encareciéndole a todo el personal, la necesidad de manipular con sumo cuidado dicho material, tomando previamente todas las medidas preventivas, con el fin de no tener sorpresas posteriores que lamentar, porque se preveía que de allí podrían exhalarse gases mortíferos para la salud.

Así mismo aprovechó dicha conferencia, para dar una rueda de prensa a todos los corresponsales del mundo que cubrían el desarrollo de las investigaciones, y al mismo tiempo, intercambió opiniones con los demás expertos que se hallaban congregados, acerca de sus experiencias en el resto del mundo, manifestando que lo relacionado con la degradación y descomposición de aquel material orgánico y su posible incidencia en la creación de nuevos virus, bacterias, gases raros aparte del gas metano que obviamente dicho material expelía, era tan grave, que muchos componentes químicos distintos a los ya existentes se estaban gestando, ya que los nuevos tiempos conllevaban la variación no solo de los climas, sino del surgimiento y evolución de los microorganismos, que bien podrían estar incidiendo en el desgaste generalizado en que había caído el planeta tierra durante los últimos mil años, con la grave incidencia de descomposición, transformación y extinción de los seres vivos que antiguamente poblaron la tierra, pudiendo ser estos los nuevos seres vivos que poblaran el mundo del futuro.

Precisamente una de las muchas novedades que bien podrían estarse produciendo con ocasión de los diferentes cambios climáticos y de temperatura a que estaba siendo sometido el planeta tierra durante los últimos años, era el haberse elevado la temperatura de la tierra, en un promedio de once grados centígrados, y por tal razón, comparadas dichas cifras con las mediciones que se habían llevado a cabo durante los cinco siglos inmediatamente anteriores que fue de dos y medio grados, obviamente se concluía que se estaba viviendo en un planeta sauna, donde las temperaturas se habían tornado insoportables.

Era una situación muy preocupante, ya que desde los tiempos que el planeta tierra no tenía sino los dos y medio grados centígrados, ahora se había producido un calentamiento global sin precedentes en la historia de la humanidad, apareciendo unas temperaturas extremas, que conllevaba a las sequías y el agotamiento del agua dulce en general, baja productividad agrícola, aumento de los incendios, así como el aumento del nivel del mar, producto de los deshielos que había sufrido el planeta, ya que se habían derretido los polos así como los nevados del mundo.

Se trataba entonces que la comisión de expertos elaborara toda una codificación, donde figurara la descomposición química en que se habían transformado todos los componentes orgánicos que fueron acopiados en los toneles y las posibles incidencias negativas que esos gérmenes pudiesen haber desarrollado y su posible influencia en la alteración y deterioro ambiental del planeta, que por muchos años llamaron los ecosistemas del mundo y el medio ambiente, pero que ahora parecía que dicha temática no le importaba a la humanidad, y por tanto, ese asunto tan importante había pasado a un segundo plano.

Por esas razones la Conferencia Mundial del Medio Ambiente – CONMUDEMA, dio en el blanco, vale decir, sentó las bases para que las mismas autoridades del mundo, se pusieran al frente de la solución, preservación y restauración de ese agotado medio ambiente, pues todos los pueblos del orbe estaban avocados a ser atacados por el desarrollo de una nueva clase de virus, bacterias, hongos y gérmenes, así como por nuevos gases raros y mortíferos, capaces de producir diferentes enfermedades y pandemias, llevando a la destrucción de lo poco que quedaba, incluyendo la misma raza humana, al igual que la naturaleza artificial que las nuevas generaciones habían creado.

Así mismo, esos nuevos descubrimientos científicos al igual que las fórmulas para contrarrestar el deterioro acelerado en que había caído el planeta desde ese nuevo siglo XXV, el cual podría constituirse en el inicio de un nuevo poder económico y fama sin límites que esa situación les generaría, y para el evento que lograran llevar a cabo nuevos descubrimientos, esos experimentos los llevaba a estar en las portadas mundiales de la Plusinternet, Plasmanet y Pensilvión, nuevos sistemas avanzados de comunicación utilizados por los humanos y la nueva generación de robots y humanoides durante el comienzo de este siglo XXV.

Nuevamente en el laboratorio el grupo de científicos dirigidos por el señor Okono, se dieron a la tarea de comenzar a manipular y sacar muestras para ser cuidadosamente estudiadas y analizadas, pero estando en esas, sucedió que un día uno de los ayudantes que también estaba ansioso por colaborar y terminar prontamente con aquél experimento, tomó inconsultamente varios galones de químicos que se encontraban a su alcance e imprudentemente los vertió dentro de los toneles donde había sido almacenado el material que iba a ser analizado, cuya amalgama química reaccionó violentamente, lo que condujo a una reacción química en cadena que terminó con la saturación de grandes cantidades de gases incoloros de carácter mortal, produciéndose inmediatamente un tornado químico de gas de incalculables proporciones, que se fue expandiendo por todo el complejo laboratorio y poco a poco se fue propagando por buena parte de la ciudad, elevándose dicha sustancia hacia la atmósfera terrestre.

Fue tan notoria y complicada esa situación, que al cabo de los meses terminó por concentrarse dicha sustancia sobre la capa atmosférica de la tierra, contaminando con dicho elemento tóxico, no solo el aire, sino también el resto de los elementos químicos que se encontraban en la misma atmósfera terrestre, y la concentración de todos ellos, hizo que la gran polución de las ciudades del mundo y la ya existente en la misma atmósfera, se fue concentrando en una banda de nube gris o negra según el lugar que se hallaba en el firmamento, oscureciéndose poco a poco toda la corteza terrestre y sembrando el pánico generalizado en todos los rincones de la tierra.

Esta nueva situación generó la natural alarma mundial, debido a que al planeta tierra se le fueron apagando las luces del cielo, hasta que con el transcurso de los meses, llegó el momento que los habitantes de todo el orbe se vieron al borde de una peligrosa catástrofe, ya que se quedaron a oscuras, pues por el espesor de esa capa nubosa que fue tomando dicha sustancia en la atmósfera terrestre, se fue transformado en una nube negra que recubrió toda la corteza terrestre, reemplazando de paso la misma capa de ozono, pues de esa manera no era posible que pudieran penetrar directamente los rayos del sol, ya que toda la polución del planeta se elevó ayudando a que el espesor de la sustancia tóxica se convirtiera en una nube que impedía la entrada de los rayos del sol o de la luna, impidiendo que su luz llegara y menos que pudiesen ser observadas las estrellas.

Muchos despabilados se preguntaban, si dicho fenómeno atmosférico se debía a un eclipse de luna u otra causa relacionada con cualquier fenómeno natural o atmosférico al cual ya estaban familiarizados, pues con   el grado de contaminación ambiental que con el discurrir de los tiempos había caído el planeta, todo ello podría ser posible.

Sin embargo en el campo científico mundial, dichas noticias se habían constituido en motivo de grandes preocupaciones, y por ello, todas las mega potencias del mundo, fueron desplazando equipos de medición atmosférica hacia varias regiones de la tierra y concentrando su atención en el epicentro del problema como fue la ciudad de Bogotá, Colombia, pues esa inusual situación no era posible que estuviera ocurriendo, razón por la cual, al confirmarse la noticia de lo sucedido, se generalizó el pánico por todas partes, presentándose la natural alarma entre todos los habitantes de la tierra.

La ayuda humanitaria no se dejó esperar, pues muy pronto llegaron comisiones internacionales a la ciudad de Bogotá, con ocasión del escape o fuga del mortal gas, el cual se fue propagando rápidamente por la ciudad y matando a cuantos fueron inhalando esa sustancia contaminada por estar desprovistos del respectivo tanque de oxigeno que por estos tiempos era obligatorio portarlo, haciendo estragos a su paso sin encontrar resistencia, pues las primeras víctimas, fueron los mismos científicos, personal administrativo y trabajadores que se encontraba en el laboratorio, y que se encontraban en sus instalaciones, antes que dicha sustancia se fuera elevando y concentrando en la atmósfera de la tierra.

Eso fue toda una gran catástrofe porque se produjo una mortandad sin precedentes en la historia de la humanidad, pues en años anteriores con ocasión de la última guerra mundial ocurrida en el año 2395, mucha gente falleció por el hecho de haber sido lanzadas varias cabezas nucleares cargadas de gases tóxicos, que terminaron por aniquilar al planeta tierra y ahora esos residuos químicos, se habían unificado y concentrado en la nube de gas que poco a poco fue succionando el resto de material tóxico que se encontraba diseminado sobre la faz del planeta, y por tanto, de lo que se trataba ahora, era que por culpa de un accidente o imprudencia humana, nuevamente la humanidad se veía involucrada en un desastre inducido de incalculables proporciones.

Mientras el gas tóxico invadía y se posesionaba de toda la atmósfera de la tierra, también se fueron conociendo noticias en el sentido que varias líneas de deslizadores aéreos nacionales e internacionales fueron cayendo, luego que reportaran a las respectivas torres de control, que estaban siendo víctimas de un aire contaminado con un gas mortal, cuyo origen era totalmente desconocido para ellos, haciendo que se generalizara aún mas el pánico sobre todo el planeta tierra.

Los mismos viajes espaciales fueron congelados, ya que ninguna nave espacial pudo entonces sobrepasar con éxito la atmósfera de la tierra, que ahora estaba cargada con esa sustancia tóxica, enriquecida por las partículas de uranio provenientes de las bombas atómicas que por años hicieron estallar los humanos sobre la tierra, los residuos tóxicos de pilas, baterías de celulares y demás elementos que no fueron reciclados y destruidos adecuadamente.

La capa atmosférica de la tierra estaba altamente contaminada, ya que todos los residuos químicos habidos y por haber que se habían esparcido durante la vigencia de la vida humana sobre el globo terráqueo, razón por la cual, dichas sustancias tóxicas, se encontraban esparcidas y concentradas sobre el cielo terrestre, formando una nueva capa negra o gris, y por supuesto, también todas las actividades aeroespaciales quedaron paralizadas por completo, ya que hasta las aves comenzaron a aparecer muertas por todas partes, debido a que habían exhalado el aire que se hallaba contaminado, mucho mas aquellos que volaban a una considerable altura sobre la superficie terrestre.

Toda la polución que hasta entonces había sobre la tierra, así como la contaminación química y orgánica acumulada desde la misma existencia del planeta, poco a poco se fue concentrando hacia la parte superior de la tierra constituida en una banda de nube que la fue envolviendo, y como caso curioso, a lo lejos nuevamente volvieron a verse las edificaciones así como buena parte de los desiertos que antes de ese suceso no se divisaban en el horizonte, hecho este que no se observaba desde hacía varias centurias de años.

Por su parte, los científicos de todo el mundo muy preocupados por la situación que inesperadamente se había presentado, se dedicaron a estudiar y diseñar fórmulas para solucionar la magnitud del problema planteado, tratando de encontrar por todos los medios salidas que permitieran mitigar los ánimos de la humanidad y acabar con la incertidumbre suscitada, pero todos los resultados se tornaban infructuosos.

Por otra parte, en la ciudad del icosaedro o ciudad ciencia donde se continuaba investigando acerca de los nuevos avances de la ciencia y la tecnología, otro grupo de científicos entre ellos varios colombianos que años antes se habían dado a la tarea de investigar desde el Centro Espacial de Naves Tripuladas de las Américas – CENTA, ubicado en el sector de Roncesvalles Tolima, en la Cordillera Central de Colombia, también estaban monitoreando el desarrollo del problema, pues no solo se apersonaron de la situación, sino que además intensificaron y aceleraron sus experimentos, los cuales estaban dirigidos a continuar probando una nueva nave espacial, hecha a base de gelatina cósmica extraída del plasma, neutrinos y taquiones, elementos estos con los cuales la nueva nave espacial podía hacerse invisible y mediante la aleación de silicio cósmico, acero y otros componentes químicos extraterrestres que por primera vez eran utilizados para llevar a cabo esos nuevos experimentos.

Se trataba de los compuestos químicos encontrados en los meteoritos y rocas traídos por los robots cibernéticos enviados al planeta Venus donde abundan dichos materiales cósmicos, capaces de resistir cualquier clase de temperaturas o dilatación, fría o caliente, sin que su composición química se transformara o cambiara ostensiblemente, se disminuyera o se destruyera, y por esas razones, la citada nave estaba preparada para flotar y penetrar suavemente sobre la nube contaminada que se había apoderado de la atmósfera terrestre, y de esa manera, podrían encontrarse las formulas salvadoras que condujeran a solucionar y hacer desaparecer la oscura nube, que paulatinamente se iba concentrado mas sobre los cielos del planeta tierra.

Obviamente que el diagnóstico científico que el grupo de expertos ambientalistas y naturalistas que se debían rendirle un informe detallado acerca de sus hallazgos y conclusiones, al Presidente de la Conferencia Mundial del Medio Ambiente – CONMUDEMA, organismo este que los había contratado para desarrollar dicho estudio medio ambiental, así como a los distintos gobiernos de la región, no lo pudieron hacer, y menos pudieron llegar a ninguna conclusión, ya que fallecieron en el acto, dejando de paso ese asunto tan delicado como fue la acumulación de una gruesa capa de mortíferos gases químicos, presumiblemente sobre la atmósfera terrestre, siendo esta la causa para que se obscureciera toda la faz del planeta tierra.

Capítulo III

EL ICOSAEDRO, CIENCIA Y TEGNOLOGIA DEL FUTURO

Para mediados del siglo XXIII o sea el año 2350, un grupo de países emergentes cansados de estar sometidos a las políticas económicas y científicas impuestas por naciones mas poderosas y desarrolladas, deseosas de quitarse de encima ese karma de diseño y utilización de productos donde se les imponía la ciencia y la tecnología, así como toda suerte de bienes ya elaborados en las mas disímiles ciencias del saber, se unieron con el compromiso de auspiciar entre todos el desarrollo de un gran megaproyecto donde pudieran crear su propio adelanto científico y tecnológico, habiéndose puesto de acuerdo, que dicha cooperación humana, económica, científica y tecnológica, era para crear mejores y mas sofisticados adelantos en favor de la humanidad, así como la de evitar la proliferación de mas armas nucleares, y por sobre todo, apostarle a la paz, mucho mas que a la guerra en el mundo.

Entonces ese nuevo grupo de semipotencias mundiales, decidieron unirse en torno de unos propósitos comunes de carácter humano, económico, científico y tecnológico, y por dicha razón, sumaron sus esfuerzos presupuestales y voluntades políticas con el fin de patrocinar su propio desarrollo científico y tecnológico, que les permitiera ponerse a la vanguardia de los países que tenían una avanzada ciencia y tecnología, para lo cual, contrataron los servicios de unos quinientos científicos de todo el mundo, con el encargo que se desarrollaran en varios frentes científicos, investigaciones orientadas a la creación de nuevas innovaciones en el campo de las vacunas, alimentos, construcción de nuevas naves espaciales, así como también, desarrollar adelantos en robótica y nano robótica, al igual que llevar a cabo novedosos experimentos y desarrollar sofisticados inventos que le pudieran servir a la humanidad en esos complejos tiempos, así como los del futuro.

Por tal motivo, crearon y desarrollaron el Centro Espacial de Naves Tripuladas de las Américas – CENTA, que comprendía también al Instituto Tecnológico para el Desarrollo de la Ciencia – ITPDECI, auspiciado y financiado con los recursos de ese nuevo grupo de países que antiguamente se denominaron subdesarrollados, pero que ahora se constituían en la puja por el nuevo orden mundial, los cuales deseaban estar dentro de un esquema de países no alineados a las antiguas potencias, y por supuesto, se unieron para financiar un nuevo desarrollo científico y tecnológico, para rivalizar con los adelantos de las demás potencias que por miles de años eran las que le ofrecían al mundo todas las innovaciones y avances tecnológicos, porque se consideraban que ellos eran los únicos que estaban llamados a estar en la vanguardia los adelantos científicos mas importantes sobre el planeta tierra.

Ese nuevo grupo de países aliados, auspiciaron entonces la construcción de sofisticados laboratorios, al igual   que   el citado   Centro Espacial y en los últimos ciento cincuenta años de estar en pleno funcionamiento, se fueron convirtiendo en otra mega potencia mundial, ante todo en lo relacionado con innovaciones científicas y tecnológicas, que eran precisamente los objetivos principales que se habían propuesto desarrollar.

La región donde construyeron el gran complejo conformado por veinticuatro edificios que entre todos semejaba a un icosaedro o ciudad ciencia, fue levantado sobre una inmensa meseta ubicada en la cordillera central de Colombia en el municipio de Ronces Valles Tolima, ciudad esta que en pocos años de haber sido construida, se convirtió en toda una fortaleza moderna, donde cada uno de los edificios era de treinta y tres pisos,   que tenían veinte caras cada una de ellos y medía quinientos metros de ancho por setenta metros de alto, revestidos de cultivos hidropónicos para la subsistencia humana, los cuales se erigían como una fortaleza que estaba entrecruzada en su interior cada veinte metros con calles que iban de un lado a otro, con helipuertos para deslizadores y aeronavegadores privados y públicos, fortaleza esta que debido al sitio donde estaba ubicada, así como por el gran atractivo de la región, se había constituido en otra de las maravillas del mundo moderno.

En razón a que hasta allá no llegaban los altos estándares de polución y contaminación que si existían en las grandes ciudades de la tierra, dicha ciudad ofrecía un gran atractivo científico y turístico internacional, por el hecho de haber sido catalogada como el templo de la ciencia y la tecnología, el cual se había convertido en el centro de operaciones comerciales y cambiarias mas grandes de América Latina, por tratarse de una de las nuevas, raras y complejas ciudades, que fue cuidadosamente diseñada y construida en esta parte del Continente Americano, desde donde también operaba un sofisticado y avanzado telescopio, para coadyuvar con los proyectos científicos que el numeroso grupo de países se habían propuesto desarrollar.

Esta ciudad tenía unos tres millones de habitantes, aproximadamente, y en ella se concentraba absolutamente toda la actividad industrial, artesanal, educativa, bancaria etcétera, que estaba recubierta de cultivos hidropónicos y acuapónicos y que permitía el autobastesimiento para el consumo humano y animal. En esta ciudad se aprovechaban las aguas lluvias y se reciclaban las aguas residuales a través de fibra sintética para la eliminación de sus bacterias con los refrigeradores acústicos y los rayos ultravioleta que eran utilizados para su potabilidad, al punto que tampoco existía contaminación ambiental, ya que a los residuos sólidos no solo se les extraía el agua, sino que sus desechos eran debidamente reciclados y reutilizados en abonos agrícolas, siendo la basura industrial incinerada en los hornos especiales que para el efecto se tenían.

Igualmente todas las actividades humanas estaban debidamente programadas, en desarrollo de una nueva cultura humana para la convivencia de una sociedad distinta pero avanzada, con vigilancia robotizada a todos los niveles.

Es muy importante destacar también, que a la par de dichos edificios-ciudad, fue levantada la torre de control, así como el centro de vuelos espaciales donde se les preparaba a los futuros astronautas en las distintas ciencias del saber y se les entrenaba acerca del nuevo hombre que se venía preparando desde hacía varias centurias atrás, siendo ése el cosmódromo universitario donde operaba un internado de cosmonautas y los miles de jóvenes interesados en dichas disciplinas, siendo ahí donde nacían y crecían producto de las probetas y clones humanos, y era ese el ambiente natural y propicio para capacitarse y organizar los eventos de la plurináutica del futuro.

En esa novedosa ciudad era donde no sólo se estudiaba y se investigaba acerca de los distintos fenómenos de carácter físico y natural existente de la diversidad de las ciencias del saber, y por tanto, se desarrollaron varios frentes de investigación científica y tecnológica, teniendo como propósito fundamental el de ahondar en las investigaciones sobre varios tópicos para el desarrollo de la vida en general, cuyos nuevos descubrimientos le servirían a la humanidad entera para prolongar su vida en general, y así mismo, continuar investigando acerca de la conquista del espacio exterior, y por tal motivo, disponía de un grueso numero de cosmólogos y astrólogos, junto con ingenieros aeroespaciales, astrofísicos y físicos cuanticos, químicos, médicos y demás expertos, así como robots, alienígenas y humanoides de última generación, quienes eran los encargados de diseñar conjuntamente con los demás profesionales de las distintas áreas el desarrollo científico, acorde con el programa propuesto.

Por otra parte, se trataba de acelerar el desarrollo científico y tecnológico en forma autónoma, sin tener que recurrir a ninguna otra tecnología en el mundo, así como crear sus propios inventos científicos cuyos múltiples adelantos se habían realizado en el pasado por otras naciones del orbe, descubrimientos novedosos estos que ya se habían desarrollando en muchos frentes de la ciencia, pero que todavía faltaba mucho por descubrir, y por tanto, era necesario llevar a cabo varios experimentos nuevos, montados sobre otra clase de tecnología distinta a la desarrollada hasta entonces, para que emulara con fundado éxito, respecto de los avances científicos que se habían llevado a cabo y desarrollado en otros centros de investigación científica, correspondiente a las llamadas súper potencias desarrolladas, que por siglos, habían dominado al mundo.

La totalidad de dicho desarrollo científico y tecnológico, había sido diseñado para que tuviera la sede principal en ese centro complejo de investigación científica y tecnológica, en razón a que la migración de científicos asiáticos y europeos, hizo que se concentraran en esta parte del planeta buena parte de ellos, y de esa manera lograron que en los últimos ciento cincuenta años, se pusieran a la vanguardia de la nueva tecnología, así como de los inventos y descubrimientos novedosos correspondientes a los paquetes de ciencia y tecnología, en aspectos tales como la aparición de sofisticadas naves espaciales para realizar futuros viajes tripulados verdaderamente estelares en la profundidad del cosmos; la creación de novedosas generaciones de robots y alienígenas, así como la elaboración en cadena de productos alimenticios totalmente desconocidos en otras partes del mundo; el desarrollo avanzado de la nano robótica para ser utilizada en la medicina, así como otros inventos ingeniosos que eran los paquetes que se constituían en los nuevos avances de punta que revolucionaron en muchos frentes, lo descubierto hasta entonces por la humanidad.

En esos nuevos laboratorios de experimentación científica y tecnológica, trabajaban miles de científicos y estudiantes provenientes la mayoría de los países que conformaban dicho megaproyecto, aunque algunos de ellos no pertenecían necesariamente al bloque de dichos países, sino que eran oriundos de otros continentes, pero que en todo caso, contribuían con sus experiencias y conocimientos en los adelantos científicos y tecnológicos que se venían desarrollando, los cuales estaban causando gran impacto y furor, en relación con los adelantos científicos que también habían alcanzado el resto de las potencias mundiales en otras latitudes del planeta.

Los científicos del icosaedro o ciudad ciencia, desarrollaron una nueva generación de robots, al punto que sus nuevos exponentes eran capaces de auto reproducirse de acuerdo a la necesidad programada que igualmente se requiriera, los cuales tenían mejores aptitudes aún mas inteligentes que los mismos seres humanos, confundiéndose con la singularidad misma, ya que las fronteras biológicas habían hecho que se desarrollara la inteligencia artificial y esta se multiplicara y transmitiera por sí misma, siendo capaz de reemplazar y pensar por el hombre mismo, lo cual parecía imposible que ello pudiese ocurrir, no obstante lo avanzado de la ciencia, cualquier cosa novedosa podía suceder, entre ellas, la de haber creado el verdadero desafío a la misma muerte, como fue el haber producido el "elixir" para prolongar la vida humana sobre el planeta tierra.

Precisamente uno de esos nuevos robot nautas, fue al que llamaron "Alquitrán", que era nada menos que el primer súper alienígena creado sobre la tierra por la mano de los hombres de ciencia, colmado hasta los tuétanos de conocimientos e inteligencia humana, que realizaba sus propias evaluaciones y tomaba sus determinaciones, siendo mas avezado, insensible e inmortal que los seres humanos: En otras palabras era un ser omnisciente.

Era un súper humano con carcasa iónica, con la excepción que no comía, ni desbordaba en emociones, meditaba acerca de un evento y preveía el futuro, se programaba para dormir y retroalimentar sus conductos de energía, como si se tratara de otro ser humano que programaba su futuro, con la gran diferencia que mientras él trazaba las actividades a realizar, las cumplía, en cambio los humanos por su parte, no eran sino soñadores por antonomasia, pero la mayoría de esos sueños no las realizaban nunca, porque su condición humana parecía que era un préstamo que le había hecho un ente superior llamado Dios o Alá, y por tanto, sus acciones estaban condicionadas a esa otra voluntad divina.

Era apenas la llegada del nuevo ser perfecto que por miles de años los hombres de ciencia habían soñado inventar y crear sobre la tierra, con el fin de llegar a encontrar fórmulas que produjeran un verdadero cisma en la misma ciencia moderna, novedad esta que en el transcurso de los siglos pasados los científicos no lo habían podido lograr.

Se trataba entonces de una nueva generación de agnados y alienígenas, quienes eran los encargados de crear ciencia tecnológica del presente y del futuro, como ellos eran los nuevos paquetes tecnológicos en el campo de la robótica y los clones humanos, cada vez se perfeccionaban más para cumplir su misión hacia los complejos tiempos posteriores al siglo XXV.

Este robot nauta era entonces el encargado de servirle de auxiliar a la computadora central instalada en una sofisticada nave para el desarrollo del programa espacial, fue llamada "El Tortuga", que los científicos estaban terminando de llevar a cabo sus últimos ajustes tecnológicos, con el fin que estuviera lista para utilizarla en la conquista del cosmos, amén que dicho robot le serviría de ayuda indispensable a la tripulación de la nave cuando fuera puesta al servicio, pudiéndoles servir de colaboración, así como de una invaluable ayuda a todos los futuros astronautas que la utilizaran.

La nave robótica estaba dotada no solo de inteligencia, sino de mucha información practica científica y tecnológica, con el fin que ese objeto volador se constituyera en el vehículo espacial mas sofisticado de todos los tiempos, en la historia de la humanidad.

Por otra parte en lo relativo a los avances alimentarios, con el discurrir de los tiempos fueron logrado crear la "pastilla o elixir de la vida y la eterna juventud", como jocosamente fue llamada, la cual nació a partir de la saturación y concentración de la glucosa y otras partículas microscópicas y cromosómicas en que fueron convertidos los nuevos nutrientes, constituidos por los oligoelementos que fueron utilizados por la raza humana para su nueva alimentación, pero en especial para ser utilizada por los cosmonautas, la cual estaba compuesta, a partir de la extracción de los componentes cromo somáticos contenidos en la estructura biológica del Oso de Agua, llamado así porque se parecía a un animal terrestre, pero que en realidad su conformación y contextura física, corresponde al de un invertebrado molecular visible solo a través de un microscopio, sin embargo llamó poderosamente a los científicos el hecho que su hábitat se halla en zonas húmedas y se alimentaba de residuos o sustancias vegetales, pero que podía vivir hibernando bajo el permanente hielo, hasta los ciento veinte años, circunstancia esta que los hace muy especiales.

De igual manera, dicho procedimiento también se llevó a cabo con la llamada Rana Selvática, anfibio este originario de Norte América y el Circulo Polar Ártico, que para obtener su supervivencia en invierno, su cuerpo se congela debido a que sus células se desconectan y congelan pasando a un estado de crionización, la respiración, su cerebro y el funcionamiento de su corazón dejan de funcionar, quedando inmóviles debido a las bajas temperaturas, y por tanto, termina por congelarse plenamente, produciéndose el estado de una muerte aparente durante un tiempo relativamente largo, o sea mientras dure la estación de invierno, siendo ese el momento cuando la cantidad de nucleoproteínas contenidas en su sangre se sintetiza a través de la glucosa que se constituye en el anticoagulante de los fluidos celulares, congelándose en por lo menos un 75% de su cuerpo, mientras el resto permanece en forma líquida, posteriormente, al subir la temperatura las primeras en detectar el cambio de clima son las fibras que cruzan cerca del corazón y le producen como un impacto o chispa eléctrica, que le produce como si se tratara de un electro choque, y por tanto, el primer órgano en descongelarse es precisamente el corazón, reactivándose la circulación de la sangre, y con ella, los demás órganos de su cuerpo, por esa razón cuando regresa la primavera, y con ella el verano, se descongela regresando a su normalidad.

Durante el siglo XX y siguientes, fueron investigados y descubiertos dichos invertebrados, así como el citado anfibio, los que llamaron poderosamente la atención de los hombres de ciencia por lo interesante de tales comportamientos físicos, pero que por esos tiempos antiguos no les dieron gran importancia y tampoco profundizaron en su estudio, pero ahora para mediados del siglo XXIV dicho tema fue reabierto, y por tanto, nuevamente fueron sometidos a un concienzudo estudio micro celular, con el fin de extractar sus propiedades benéficas que le pudiesen servir a la humanidad entera.

Por esas razones y debido el interés cinético que despertaban dichos especimenes, fueron traídos a esta parte del continente para ser sometidos a nuevos análisis de estudio y experimentación, y por ello, los mantuvieron en cautiverio para su reproducción, con el fin de extraerles sus propiedades, así como sus componentes micro celulares y biológicos, rescatándolos de su total extinción, con el propósito que le sirvieran a la ciencia para que desarrollara su aplicación en la conformación de nuevas formulas químicas, que contribuyeran a que esa estructura molecular fuera utilizada en la preservación y prolongación de la vida humana sobre el planeta tierra.

Posteriormente, la citada estructura molecular de ambos especimenes fue unificada y reconstruida artificialmente en grandes cantidades, lo que permitió a los científicos inventar el producto alimenticio que pudiera dársele pleno desarrollo y aplicación en muchos campos de la ciencia, ya fuera en la medicina, química o en la biología, convirtiendo la estructura molecular y biológica de esos pequeños animales, en la materia prima para que los nuevos avances de la química moderna, la implementaran y aplicaran, elaborando no solo novedosos medicamentos, sino construyendo y adaptando nuevos alimentos saturados convertidos en pastillas concentradas de alimentos para prevenir el hambre y prolongar ostensiblemente la edad de los humanos, razón por la cual, en adelante fueron incorporados dichas novedades científicas en la base alimentaria y medicinal, no solo humana, sino para la misma supervivencia animal, e igualmente, como consecuencia de este descubrimiento, dicho compuesto fue transformado ahora en proteínas, que se constituyeron en el pedestal de la prolongación novedosa de la vida humana sobre la tierra y además porque con una sola pastilla que se consumiera, podía tener como ración diaria para una persona, ahorrándose ingerir otra clase de alimentos, en particular los vegetales, que por estos tiempos se encontraban extintos, debido a la paulatina aridez en que había caído el planeta tierra.

Ese nuevo compuesto químico, hizo que al desarrollarse y masificarse su aplicación en los habitantes del mundo, se avanzara y transformara ostensiblemente la misma ciencia médica, la química y con ella la biología, y por esa vía se revolucionara el estado alterado de la conciencia para proyectarse como una nueva hipnosis de la ciencia, y muy pronto, se descubriera el verdadero fuego interno del hombre o sea su poder energético y se cultivara mejor su fisonomía, para producir los anticuerpos que garantizaran una mejor salud y poder tener una percepción extrasensorial, desarrollándose plenamente el sexto sentido humano, para captar mas claramente su mundo psíquico.

Entonces el nuevo ser humano que hasta ahora tenía la misma contextura de todos los tiempos, fue cambiando a partir de esa nueva sustancia llamada "Rubodomina", que fue la proteína contenida en ese nuevo compuesto alimenticio, y por eso, todo se tradujo en un cambio rotundo, haciendo que la composición química y biológica de los seres humanos que la habían ingerido o consumido durante algún tiempo, se fuera transformado en un plasma sanguíneo diferente, dirigido a frenar el deterioro o envejecimiento de las células del cuerpo humano y cambiar las maneras de pensar y contextualizar las cosas, a medida que los cuerpos iban asimilando ese novedoso producto.

Ese fue precisamente el invento novedoso llamado "elixir de la vida y la eterna juventud", que sirvió para que los hombres que habían consumido el citado producto, ya hubiesen remontado los siento cincuenta años, y ahora mostraban un estado físico de treinta y cinco años. También sirvió para hacerle frente a situaciones de complejas enfermedades que cualquier ser humano pudiera estar padeciendo en un momento dado, ya que en su torrente sanguíneo, los órganos del cuerpo entre ellos los músculos y la masa fibrosa, al asimilar dicho compuesto , se suspendía su desarrollo, llegando el momento que las células dañadas no se desarrollaran mas, vale decir, el cáncer se había detenido en su avance y la persona podía prolongar su vida mas allá de lo clínicamente esperado, pues sus células buenas podían continuar regenerándose sin ningún inconveniente, y por tanto, conforme se indicó antes, los primeros en haber consumido el citado compuesto químico, iban superando una edad que no desgastaba sus órganos, vale decir, a ese paso, por su vitalidad y contextura física y psicológica, fácilmente superarían los trescientos años de vida.

Entonces ese excelente compuesto denominado "Rubodomina", reformó y transformó el mismo tejido celular humano, modificándole sus patrones de comportamiento de todos aquellos que iban ingiriendo dicha sustancia, la cual, luego de ser asimilada, ese ser humano iba tomando otra manera de concebir las cosas, pues a los glóbulos rojos de la sangre humana, se les fue desarrollado una nueva composición molecular debido a los anticoagulantes y anticongelantes de la sangre de los citados invertebrados, sin que los seres humanos cambiaran su aspecto físico, hasta que llegó el momento que desapareció por completo la hipotermia que podían padecer los cuerpos de los alpinistas que por dicha implementación y aplicación ya había sido superada, pues no se sentía en ninguno de los órganos físicos de sus cuerpos el congelamiento y menos el dolor, y con dicho desarrollo, la humanidad dio un gran salto, haciendo que ese producto se convirtiera en la novedad para los astronautas, viajeros y tripulantes de aviones, así como para los habitantes que residían en los polos, la tundra y la patagonia que eran los lugares donde todavía prevalecían los climas mas fríos sobre la tierra, aunque hacía décadas que habían desaparecido sus glaciares.

Dicho compuesto fue científicamente comprobado, cuando los mismos inventores del producto sometieron a cincuenta personas para que asumieran los rigores de una muerte aparente, habiéndolos utilizado como "conejillos de indias" para que todos ingirieran por algún tiempo dicha sustancia saturada, contenida en una alimentación concentrada de "Rubodomina", convertida ahora en proteínas y que igualmente poseía fitonutrientes para que los cosmonautas la consumieran.

Por otra parte, se hizo notorio en el campo científico y tecnológico, que en el mismo icosaedro o ciudad de la ciencia, otro equipo de científicos desarrollara y popularizara a gran escala, los llamados nano robots o micro capsulas robóticas destinadas a introducirse por las arterias de los seres humanos o animales, con el fin de recuperar las venas o arterias taponadas y dañadas, ya fuera por motivo de una enfermedad o producido por la destrucción de algún tejido celular por la acción del hielo u otro aspecto físico, reconectándolas y produciendo un nuevo nacimiento celular capaz de restablecer la función del órgano del cuerpo atrofiado o dañado, dirigido a que esa nanomedicina metabolizara la materia y se perfeccionara, reproduciéndose en inteligencia hasta llegar a la llamada goma gris, o estado superior de la materia cerebral humana, conjugando estos inventos con el anteriormente indicado.

Dichas innovaciones científicas, también vinieron a revolucionar la medicina, pues se pudo prevenir las distintas enfermedades cardiovasculares y cerebrales, así como la hipertensión arterial, aparte que con este nuevo invento, no se hacían necesarias las intervenciones quirúrgicas por estos conceptos que tanta mortalidad le llevó a la humanidad y que por la utilización de esta nueva practica científica, el ser humano pudo eliminar y hacer desaparecer la diabetes que también tanto mal le causó a los habitantes de la tierra en los siglos que antecedieron a estos inventos, habiendo nacido entonces, la aplicabilidad de la fórmula de longevidad y eterna juventud para la humanidad, ordenada por la nonagésima primera Conferencia de Naciones – Conmudema, reunida en la ciudad de Bogotá, Colombia, como otra de las condiciones posibles para frenar el deterioro del medio ambiente y cambio climático en que había caído el planeta, habitantes nuevos de la tierra que habían empezado a vivir desde hacía ciento cincuenta años, desde cuando comenzó a dársele aplicabilidad a dichos descubrimientos, con los cuales se aspiraba a que los seres humanos vivieran trescientos años y mas, hechos sorprendentes estos que no se vivían desde los mismos tiempos bíblicos.

El ser humano había avanzado tanto, que pudo dominar todo lo relativo a la microbiología molecular, llegando a desarrollar la antroquinona de cuyo compuesto químico es que se encuentra en los tintes o pigmentaciones del camaleón, o en el calamar, formulas estas que igualmente le fueron introducidos en el exterior de la nave "El Tortuga", conjuntamente con el plasma y el taquión sideral, con el fin que se mimetizara, vale decir, apareciera o desapareciera sin ser vista según las circunstancias, como otro de los elementos de avance científico y tecnológico que lograron desarrollar e implementar.

De igual manera se hizo notorio el desarrollo de la tele transportación como medio rápido y seguro, ya que la telepatía solo fue enunciada en el mundo, pero jamás fueron desarrollados los potenciales poderes sensoriales ni psíquicos que los seres humanos tenían, y por tanto, para esta nueva era la humanidad había alcanzado niveles insospechados, que se habían constituido en los individuos mas inteligentes, evolucionados y audaces de la vida existente en la galaxia de la vía láctea.

Por estos tiempos y gracias a los nuevos inventos que resultaban ser los mas apropiados para preservar la vida humana, - que de paso hizo que se elevara el promedio de vida de los seres humanos en condiciones normales -, principalmente para aquellos que se iniciaron desde pequeños y se sometieron a esos nuevos componentes alternativos de alimentación y procedimientos medicinales, debido a que en todas las etapas de la vida se pudo prevenir las enfermedades, y por esa razón, ahora podía superarse con creses la edad del promedio de vida de los seres humanos sobre la tierra sin que fuera una generación de la tercera edad, comparados con los seres humanos que vivieron hasta finales del siglo XXI, acorde con las conclusiones y mandatos de la Conferencia Mundial del Medio Ambiente – Conmudema.

Capítulo IV

EL TORTUGA, UNA NAVE ROBOTICA SOFISTICADA

Entonces otro grupo de científicos correspondiente al mismo ambicioso mega proyecto de ciencia y tecnología, fue el encargado de desarrollar una nave avanzada dentro del programa espacial, con base en el material extraterrestre que por años se habían dedicado a almacenar, como fue el taquion, plasma y neutrinos, hierro, acero y vidrio pirex, antroquinona y demás componentes químicos aún mas fuertes que el mismo acero extraído en la tierra, habiéndose puesto en boga el dicho popular: **"Quien domine la energía, será el dueño del universo."**

Todos esos elementos que contenían energía sideral, fueron extraídos de la superficie lunar, así como de los aerolitos y meteoritos cuyas rocas también habían sido recogidas para los mismos fines, al igual que el plasma, neutrinos y taquiones que lograron recoger y acumular no solo de los vientos solares, sino de la misma superficie de la luna y del planeta Venus, como se indicó antes, así como el resto del mismo material que almacenaron artificialmente sobre la superficie de la tierra.

De esa manera fueron acopiando los distintos materiales que poco a poco los hombres de ciencia moldearon, perfeccionaron y acomodaron para la construcción de distintas naves espaciales, las que luego de muchos ensayos y pruebas, fue posible para el grueso número de científicos que diseñaran y terminaran, una nave espacial muy sofisticada que no se parecía a ninguna otra, por su forma, tamaño y estructura física: Se trataba entonces de la nave espacial "El Tortuga", que sus diseñadores así la llamaron en homenaje al animal terrestre mas antiguo sobre el planeta tierra, como es la tortuga.

Ese selecto grupo de ingenieros que por esos mismos tiempos de comienzos del siglo XXIV o sea para el año 2415, cuando ya se había llevado a cabo la incineración de roca lunar, así como de los meteoritos que circundaban la tierra, a los que les fueron extraídos buena parte del citado material, así como de la superficie del planeta Venus traído por las naves robot nautas cibernéticas que se habían puesto de moda, al igual que de muchos meteoritos y rocas que fueron tomados del cinturón de Kuiper y Oor correspondiente a los meteoritos dispersos que se encuentran circundando entre Marte y Júpiter y luego que fuera almacenado el plasma, neutrinos y taquiones, acopiados sobre la superficie de la luna, tomados de los vientos solares.

Con dicho material los científicos que se encontraban al frente de ese ambicioso proyecto espacial, se dieron a la tarea igualmente de ampliar los grandes hornos que habían sido construidos durante los siglos anteriores sobre la superficie de la luna, y allí se dedicaron a fundir y extraer ese nuevo material cósmico en la ingravidez, seleccionando y acopiando todos los distintos materiales con los cuales estaba conformado dicho material extraterrestre.

Por esa razón lograron recoger y almacenar mucho plasma, neutrinos y taquiones, que es el mismo material cósmico que abunda en el universo, ya que todos los objetos siderales lo llevan consigo, los cuales están constituidos por el desglose de las partículas cargadas de iones denominados taquiones, que pueden moverse a una velocidad superior a la luz y lo transformaron en hilos de energía pura, tan finos e invisibles al ojo humano como si fueran hilos de cristal, adaptando dicho material a la nueva nave espacial y haciendo que se formara en su parte externa una capa protectora de energía pura contra la radiación cósmica, para que repeliera en un momento dado las fuerzas electromagnéticas radiactivas por donde pudiese pasar y que abundan en el universo.

Entonces esa nave robótica estaba revestida con una caparazón invisible de energía pura que podía desarrollar en fracción de segundos un destello de luz, muy propio de la desintegración de la materia que es lo que contiene el taquion, en caso que por alguna razón la nave pudiese llegar a pasar por algún campo del cosmos, cargado de radiación y electromagnetismo sin que pudiera ser atrapada, desintegrara y que tampoco que tampoco pudiera derretirse.

Por dicha razón se constituía la citada nave espacial, en el vehículo apto para llevar a cabo los viajes tripulados estelares del futuro, pues se trataba de una nave compuesta en un ochenta por ciento de energía pura concentrada en forma invisible y un veinte por ciento de masa, haciéndola ver rara y distinta a la vez, pues comparada con las demás naves espaciales y aparatos diseñados por el hombre en el pasado para la conquista del espacio, no le daban ni a los tobillos, ya que era capaz de alcanzar en un instante, un impulso lumínico superior a la velocidad de la luz, así como de resistir a las mayores presiones gravitacionales y de temperaturas extremas por las cuales tuviese que pasar.

Igualmente estaba preparada internamente, para proteger a los futuros astronautas en caso que en un momento dado superara la velocidad de la luz, para que las células y cromosomas humanos no se desintegraran, así como el resto de material comestible, químico o de otra naturaleza que llevara por dentro, siendo entonces una garantía en la que podían confiar los nuevos científicos, pues dicho avance rayaba con las cosas inverosímiles e incomprensibles concebidas por el hombre, camino de ser implementadas para el siglo XXV: Había llegado el descubrimiento del santo grial de la ciencia.

El taquion es ese elemento sideral que se encuentra diseminado por el cosmos y que fluye invisiblemente, al cual se le designa como el estado agregado de la materia, que tiene unas características propias, diferenciándose de esta manera del estado gaseoso, siendo el conjunto cuasi neutral de las partículas libres de carga eléctrica, que puede reaccionar a los campos eléctricos y magnéticos que también abundan en el universo, constituyéndose en otro de los elementos principales que integraban y protegían el exterior de la nave.

Debido a los mas calificados y audaces adelantos científicos que por estos tiempos se hacían, los países que con su tecnología y poder iban conquistando el espacio exterior, tuvieron la oportunidad de dar inicio a la explotación dentro de un ambiente antigravitacional en los hornos que por décadas anteriores habían construido en la luna, para extraer las partículas de distintos metales que en ella se hallaban, ante todo en lo relacionado con el sílice, oro, hierro, litio, deuterio, y manganeso entre otros, y con el producto de dichos materiales, fueron perfeccionando y transformando el mas duro acero y vidrio pirex fundido en estado puro y libre de fisuras e impurezas, muy superior a la resistencia del mismo acero que jamás se tenga noticia en la historia de la humanidad sobre la tierra.

De esa manera los científicos llevaron a cabo una nueva serie de aleaciones con otros compuestos químicos mas livianos y raros, consistente en la aleación de nanopartículas micrométricas y nanométricas, así como la nueva variedad de poliestireno microscópico, revestidas esas moléculas ambulantes de neutrinos, plasma y taquiones, conjuntamente con la antroquinona que le introdujeron a la nave, no solo para darle un colorido distinto, sino el aspecto gelatinoso que fue adquiriendo con la aleación de todos los materiales estelares que los cosmonautas fueron trayendo a la tierra y aquí en la tierra, en hornos que superaron igualmente los quinientos mil grados centígrados, nuevamente los fundieron y adecuaron ese material, con el cual conformaron las tres gruesas capas con que estaba revestida la nave.

Entonces la nave espacial "El Tortuga" tenía una gruesa capa externa, compuesta de plasma, neutrinos, taquión y antroquinona, constituidos a partir de la energía pura concentrada que la hacia invisible, extraídos del espacio exterior y otra sintética, aparte del material recogido de los experimentos llevados a cabo en los laboratorios instalados en tierra, capas estas que fueron conectadas hasta el mismo reactor nuclear rotónico que le generaba la energía para su desplazamiento, con el fin que pudiera también ser retroalimentado por la energía solar en caso que la necesitara, pues ese revestimiento le serviría a su vez, no solo de capa protectora, sino de un panel solar, ya que era la capa de protección y ocultamiento estelar a la que habían llegado sus diseñadores.

Una segunda capa estaba hecha a base de vidrio parecido al pirex que fue el extraído de la superficie lunar, del planeta Venus y de algunos meteoritos que lograron impactar y recoger sus partes, parecido este material al sílice existente sobre la tierra, cuyo material había sido ya procesado en los hornos que fueron construidos sobre la luna, donde precisamente lograron descubrir y extraer el nuevo poli estireno, conque fue hecha la aleación que conformaba con la caliza y el sulfato sódico, extraídos también de la superficie de la luna, cuya resistencia contra las altas temperaturas, el frío o los fuertes impactos, hacía que la nave fuera puesta a toda prueba, pues se tenía confianza que dichas aleaciones eran insuperables e indestructibles.

Igualmente la nave fue revestida internamente con una tercera capa con el acero mas fino del mundo, materiales estos muy livianos con los cuales los científicos y expertos la construyeron y finalmente quedó en forma acorazada, que vista de cerca, tenía algunas similitudes a una enorme tortuga echada sobre su panza, la que tardaron cien años en construirla y perfeccionarla con el fin que pudiera quedar lista para comienzos del año 2500 y fuera estrenada en los viajes estelares del futuro.

Al mismo tiempo, dentro de su caparazón le montaron un sofisticado robot con funciones mas perfectas y avanzadas como si se tratara del ser humano mas inteligente y pensante del mundo, el cual era retroalimentado por diez multicomputadoras que le suministraban la información captada por cada una de ellas en forma separada e independiente, con funciones estocásticas de onda para describir los estados físicos externos de probabilidad, al igual que una compleja estructura de aparatos científicos, capaces de estudiar, resolver y programar nuevas situaciones por si misma, sin la ayuda o intervención de persona alguna en caso que se hiciera necesario tener que actuar automáticamente.

Había llegado la era de la osadéz humana, donde la transformación y el avance tecnológico le daban formas distintas a los inventos que se constituían en las innovaciones para ser probados, los cuales causaban una gran conmoción dentro del ámbito científico, pues aunque durante los siglos anteriores se había experimentado, descubierto y avanzado bastante en muchos frentes de la ciencia y la tecnología, no se había podido llegar tan lejos como ahora, ya que se avizoraba que la nueva robótica estaba perfeccionando a los exploradores humanoides, que serían los encargados de multiplicarse ellos mismos y continuar profundizando en la complejidad de la ciencia del futuro reemplazando la materia gris del género humano.

Los profesionales en robótica meca trónica como antes se ha indicado, construyeron a un súper androide y se lo asignaron como auxiliar de la nave El Tortuga, para que le sirviera de permanente compañía, robot nauta independiente este, que tenía el físico de una persona humana, que llamaron "Alquitrán", hecho a base de brea sintética cósmica, a quien le fueron incorporaron millones de datos relacionados con muchos idiomas, astronomía, cálculos matemáticos, filosofía, química, medicina alternativa, costumbres de distintos países y le fue adaptada una superdotada inteligencia con alcances

95

sofisticados en ciencia y tecnología capases de solucionar cualquier emergencia que le ocurriera a la nave, para el evento que la tripulación no pudiera hacerlo, así como coordinar con el robot o computadora central de la nave, todo lo relacionado con su misma maniobrabilidad en caso que se hiciera necesario, ubicándose dentro de los mejores adelantos a que había llegado la robótica por esos tiempos y que se constituía en otro aliado mas del potencial tecnológico y de avanzada que era portadora esa novedosa nave espacial.

Los ingenieros diseñadores y constructores de esa nave espacial, le adecuaron en el mismo salón exclusivo de la computadora central, la oficina privada donde "Alquitrán" podía realizar sus trabajos de mecánica e ingeniería cuántica, mediciones estelares y llevar a cabo los estudios de estática, relacionada con el material que gira alrededor del núcleo de todos los cuerpos, maniobrar la nave si era necesario, avistar situaciones de peligro en caso que las hubiera y tomar determinaciones coordinadas e intercambiar información con la tripulación y el mismo robot incorporado en la nave, lo que permitía hacer aún mas seguros los datos científicos y técnicos que eventualmente pudiesen ser recogidos.

Así mismo, en razón a que las plantas de combustibles fósiles habían desaparecido pues estaban extinguidos los hidrocarburantes que por miles de años produjeron la energía con la cual el hombre creó grandes adelantos sobre la tierra, la que de paso hacía muchos años se había sustituido por la energía eólica, oceánica, solar, eléctrica, y atómica, así como por los biocombustibles provenientes de los pocos recursos naturales que aún quedaban sobre la tierra.

Por esas razones se hizo necesario que ese avezado grupo de científicos, en desarrollo de los antiguos proyectos nucleares llamados Demo, y que tuvieron gran acogida en el siglo XXI, los cuales fueron rediseñados para que se constituyeran en el gran impacto científico que por esos tiempos se implementaron, por eso se dieron a la tarea de perfeccionar y mejorar lo realizado por el hombre hasta entonces.

Instalaron sobre la parte central baja de la nave, un mini reactor de potencia y fusión nuclear o planta núcleo eléctrica con encendido manual o computarizado, según fuera la necesidad para poner en movimiento a la nave y que hacía las veces de cohete propulsor pudiendo desarrollar una velocidad rotónica, planta nuclear esta que producía 5000 m w térmicos, motor de fisión nuclear o gran motor iónico, con dispositivos internos de refrigeración de agua presurizada reutilizable, aparato sofisticado este encaminado a que produjera con base en la reacción nuclear controlada, la obtención de la energía que la nave necesitaría para su propulsión y que fue cuidadosamente blindado y herméticamente cerrado, sus paredes fueron recubiertas con litio y una masa subatómica de tonio, helio con seis isótopos extraídos del suelo lunar y utilizando partículas aceleradoras de neutrones y otros mínimos compuestos químicos, con lo cual lograron la eliminación total de los residuos nucleares, planta esta que podía soportar entonces la presión y las altas temperaturas, así como el confinamiento magnético, con fundamento en el enrollamiento entre la bobina y el plasma que le fue adaptado internamente a dicho reactor nuclear.

Buena parte de ese equipamiento fue hecho, gracias al mismo compuesto del metal y la energía pura con que había sido construida la nave, reactor nuclear este, que estaba alimentado con goma elástica que por millones de pastillas de uranio enriquecido le fueron introducidas y retroalimentado por los paneles solares que habían sido conectados a la primera capa de la nave hecha a base de plasma, neutrinos y taquiones, capaces de almacenar la misma energía solar, sin que se desgastara o acabara la suya, durante los siguientes quinientos años y sin necesidad que requiriera de ser reparado, al que le adaptaron unas turbinas con silenciadores y extintores de ruido y polución, con capacidad para repeler la radiación en caso que la nave pudiera atravesar por campos gravitacionales de alta radiación de rayos gama y beta provenientes del sol o de otro objeto estelar por el que en un momento dado pudiese transitar, y por tanto, dicha nave se había constituido en una de las mas modernas y sofisticadas, mejor equipadas, dotadas y mas potentes, hechas por los hombres de ciencia durante todos los tiempos.

Así mismo, a esta nave le fue acondicionada por las partes externas, un revestimiento de partículas de skinder para hacerla más liviana y flotara, aterrizara o levantara vuelo sin ser oída o vista por persona que a corta distancia se encontrara. La nave podía aparecer y desaparecer en milésimas de segundos, debido a los componentes estelares que la recubrían y que hacía las veces de un verdadero manto de invisibilidad de concentración de energía oscura, situación esta que la colocaba muy por encima de los ruidosos y contaminantes objetos voladores que hasta entonces la humanidad había conocido y experimentado.

Por su parte los nuevos centros espaciales del mundo ya no utilizaban los famosos cohetes que tanto contaminaron el medio ambiente y que fue la causa de muchas pérdidas de vidas humanas, por lo impreciso de dichos aparatos, pues los avances de la nueva tecnología, consistían en utilizar al máximo la robótica como medio mas sofisticado y seguro para llevar a cabo sus ensayos y experimentos, para que posteriormente fueran puestos a prueba en el espacio exterior.

Esta nueva nave espacial jamás los humanos la habían visto ni probado por ninguna parte del mundo, pues no requería la utilización de plataformas espaciales, ni torres o plataformas de lanzamiento; bastaba que desde el sitio donde se posara, procedía a encender el reactor nuclear y automáticamente ponía a funcionar su fuerza antigravitacional y con ella los mecanismos antisonido y antipolución, que no expelían gas carbónico, ni tampoco internamente se sentía calor ni ruido, ya que el sistema de refrigeración operaba disuadiéndolo todo, y por tanto, con la potencia que el reactor proporcionaba, hacía que la nave se colocara en fracción de segundos en movimiento, pudiendo romper con la misma facilidad, la velocidad del sonido y de la luz, apareciendo o desapareciendo   sin ser vista, elevarse, descender y rotar gravitacionalmente sobre su eje, encogerse, alargarse como una lombriz de tierra, según fuera la necesidad de transformarse en un momento determinado para evitar su destrucción, y en todo caso, estaba preparada para adaptarse a la nueva situación por compleja que pudiera resultar.

A la nave le instalaron un potente telescopio a base de rayos X,   rayos gama y obviamente de mayor y mejor alcance óptico que los famosos telescopios Hubble, el sofisticado instrumento HARPS de quinta generación con el cual podía recoger la gama de colores a una distancia de cincuenta millones de años luz y superior al JWST, Spitzer o ALMA, ubicado en el desierto de Atacama en Chile, que durante muchas centurias anteriores se constituyeron en la panacea de los astrónomos y cosmólogos de la tierra, al igual que los cromatógrafos y espectrómetros de sexta generación con los cuales se ubicaba el carbono, oxigeno, hidrógeno y cualquier clase de material orgánico que a distancias mega trónicas pudiesen existir en planetas distantes.

Así mismo, le fueron adaptados instrumentos con visores de luz infrarroja para la medición de la superficie de planetas o galaxias lejanas, para medir distancias en zonas profundas y detectar agua, materiales y minerales en sitios inaccesibles o lugares donde el ojo humano no podría llegar, instrumentos estos que les pudiesen servir a la tripulación de la nave en futuros viajes espaciales.

Igualmente le fueron instalados equipos de visores nocturnos en caso que los necesitara en alguna misión que se llevara a cabo en las horas de la noche, o que requiriera volar por la parte oscura de un planeta, e igualmente, llevaba incorporados abundantes equipos y aparatos científicos adicionales, que le permitían cumplir a cabalidad una misión estelar por mas difícil que fuera, haciendo que dicha nave fuera un multirobot estelar, camino de desafiar las fuerzas extrañas del universo.

Así mismo, le fue instalado un sofisticado laboratorio donde los astronautas   podían   llevar a cabo los distintos experimentos que en los campos de la ciencia física, química, medicina y otras disciplinas que se pudieran desarrollar, e igualmente, también le fue adaptado en la parte superior un potente radar con el fin de captar las naves u otros objetos estelares que a cien mil kilómetros a la redonda pudieran aparecer.

Internamente la nave quedó constituida como un submarino de tres plantas alargado con cara de tortuga, por lo menos de treinta metros de longitud, y de ocho metros de ancho, y por tanto, disponía de suficiente espacio para que los futuros astronautas que la ocuparan, tuvieran una sala antigravitacional para llevar a cabo las teleconferencias espaciales y demás asuntos que se propusieran desarrollar.

Los científicos previeron también llevar a cabo el montaje de un equipo   inteligente de aire acondicionado o de refrigeración, según se hiciera necesario, que se apagaría y encendería independientemente que la nave estuviese en movimiento, bastaba que las condiciones climáticas internas o externas de la nave variaran   bruscamente en su temperatura, y si ello acontecía, dicho dispositivo se activaría automáticamente, ya fuera para proporcionar calefacción, enfriamiento o ventilación según lo requiriera internamente la nave.

Como si fuera poco, también le acondicionaron, grandes toneles para transportar agua y oxigeno, con un sistema de aire acondicionado o refrigerado reciclable, de acuerdo a la necesidad que se presentara, los cuales podían ser reutilizables en la medida como lo requirieran los tripulantes, adaptación esta que era independiente del sistema general de la energía de la nave, pero que en todo caso estaba dirigida a la protección de los futuros cosmonautas que en cualquier momento de su misión estelar fuera necesario utilizar, el cual podían hacer uso de cualesquiera de los dos sistemas de ventilación que le habían sido acondicionados.

Su interior era inteligente y milimétricamente distribuido, y por tanto, le acondicionaron una serie de camarotes para quince personas en caso que un gran número de astronautas alguna vez lo necesitaran, así como también, baños para ducharse y reciclar el agua, la cual podría ser reutilizada mas adelante, múltiples servicios circulares estos a los cuales cada uno de los posibles ocupantes de la nave los podían utilizar, sin necesidad de tener que estar esperando que sus compañeros le cedieran el turno, acondicionando varios cuartos herméticamente cerrados, donde la ingravidez no operaría, y por todo ello, el interior de la nave era mucho mas confortable que las demás naves espaciales construidas por los humanos hasta entonces.

Los trajes espaciales eran mucho mas evolucionados que los que se habían puesto de moda al inicio de la carrera espacial que por muchos siglos antes la humanidad había conocido, ya que eran hechos a base de un material mas fino y flexible, y por tanto, eran muy cómodos para soportar la ingravidez, sin las incomodidades que antiguamente se les presentaban a los cosmonautas, llevando incorporado un saco en cada uno de sus lados que le subía hasta sus hombros, vale decir, iba desde los pies hasta sus hombros, donde ellos podían transportar hasta cincuenta libras de oxigeno reciclable y reutilizable internamente en forma indefinida, aparte de las grandes provisiones de oxigeno que llevaba la nave incorporados en los respectivos tanques.

Entonces la nave era un multirobot de avanzada por dentro y por fuera, capaz de desarrollar ella misma, difíciles maniobras y conocer a mucha distancia acerca de las mediciones atmosféricas, metereológicas y distancias que en años luz, en un momento dado se pudieran presentar, mediciones matemáticas, captaciones de sonidos siderales, análisis de fenómenos externos a los que pudiese por momentos estar sometida, datos estos que habían sido incorporados y programados en el robot central de la nave, con base en lo conocido hasta entonces en la galaxia de la vía láctea y el mismo sistema solar, aparte de los millones de datos cósmicos que los humanos habían recogido y estudiado hasta entonces, los cuales le fueron incorporados, con el fin de facilitar aun mas su desempeño en el desarrollo de un futuro viaje sideral.

Toda esa gama de aparatos científicos le serviría como la ayuda eficaz para tener una mayor fuente de retroalimentación científica, cuya autonomía de vuelo era confiable con el propósito que tuviera una capacidad de maniobra fundamental que en un momento dado pudiese hacer frente en caso de una emergencia, y por tanto, estaba preparada para que activara sus medios de defensa y procediera de acuerdo a un plan trazado, o ella misma, resolver sin traumatismo alguno los inconvenientes de vuelo que pudiese tener, entre ellos, volar, aterrizar y esquivar objetos, sin la ayuda de su tripulación.

La nave podía aterrizar sobre sus cuatro patas que también le habían sido acondicionadas, si por alguna razón quería hacerlo sobre ellas, y para el evento que necesitara acuatizar, también podía nadar y llegar hasta el fondo del océano. Por su parte la cabeza conjuntamente con su cuello, fue acondicionada para que hiciera las veces también de una enorme palanca mecánica que el robot tenía y que a su vez le serviría como puerta de entrada con su respectiva escalera automática, para conducir a los tripulantes hasta la parte interior de la nave.

Ese alargado cuello o palanca mecánica estaba diseñado para girar y alcanzar objetos a una distancia de quince metros que se propusiera transportar, arreglar o alcanzar y para obtener la nave su mayor desplazamiento, automáticamente guardaba sus partes exteriores y herméticamente cerraba su armadura, quedando convertida en una nave alargada, semiplana o podía tomar otra forma distinta de las que antiguamente habían utilizado los humanos para la conquista del espacio, así como también, podía transformarse en un objeto no identificado – ovni los cuales habían sido descubiertos e identificados, ya que su motor rotónico podía girar circularmente y los componentes de energía pura con los que había sido revestida, la hacían invisible de acuerdo a las circunstancias que se presentaran,

Ese objeto volador por el hecho de haber sido construido con partículas de raros metales y energía pura, revestida de una capa a partir de las partículas de taquión, que es precisamente la cuasi materia que impide ser visible, nave esta que para comienzos del Siglo XXV estaba casi lista, pero se constituía en un secreto de estado por parte de sus creadores y el grupo de países dueños del proyecto.

Entonces llegó el momento de estrenarla oficialmente, donde se notaba que ese novedoso material de poli estireno gelatinoso de material cósmico, era muy distinto al conocido hasta entonces, el cual fue utilizado para recubrir las partes interiores de la nave, que a medida como se iba secando, se mostraba mas resistente que la resistencia misma.

Por otra parte, en otro lugar del mismo icosaedro, otros científicos se esmeraban en desarrollar a gran escala, la implementación plena de la ingeniería genética, con la cual se construirían los hombres nuevos para una era futura, que buscaba encontrar y descifrar la estructura de un superhombre a través de la nanomedicina, utilizando las partículas microscópicas del novedoso producto "Rubodomina", metabolizando la materia para que se pudiera contextualizar en ese nuevo ser humano, una verdadera estratificación biológica o materia gris, donde la misma vejez en la mente humana, no volvería a existir jamás, sino que se reprogramaban sus genes, los cuales podían servir como patrones biológicos de la humanidad y al ser desarrollados, perfectamente podían servir para desarrollar nuevos poderes mentales, psíquicos, físicos, dirigidos a dar como resultado verdaderas respuestas metabólicas, con el fin de encausar la ciencia sobre una carrera mas compleja en la evolución de la humanidad, para buscar la prolongación de vida del ser humano, muy por encima de los trescientos años.

Igualmente en el campo de la electrónica analógica, se procesaron los nanotubos, hechos a base de carbono puro, con el fin de buscar el aceleramiento de las partículas para el procesamiento de los microchips, habiéndose creado nuevos elementos de alto rendimiento, dirigidos también a mejorar y revolucionar las radiofrecuencias para que fueran utilizadas en la biología, medicina y ciencias afines.

Dichas nanopipetas fueron hechas a base de carbono, que eran tan pequeñas y finas como la fibra de un cabello humano y que podían ser depositadas o instaladas en los fluidos sanguíneos de las células, sin que ella fuera estropeada o dañada, con el fin de fortalecer el ámbito molecular, creando un biosensor nanonumérico, dirigido a detectar a través de ese procedimiento, la presencia de algún elemento proteínico, coadyuvado por los componentes microscópicos con que finalmente hicieron posible el prodigioso producto denominado "Rubodomina".

Todos esos nuevos avances científicos era muy importante desarrollar y perfeccionar, porque de esa manera se notaban las transformaciones que ya se tenían sobre la nanocirugía, que ahora se había perfeccionado con ocasión de estos avances científicos, los cuales venían incipientemente operando desde hacía varios siglos atrás, pero que ahora se le daba un fuerte sacudón a la ciencia y la ubicaba en la cúspide insospechada de su avance, que como nunca, se había podido alcanzar: ¡Por fin se había descubierto el Santo Grial de la ciencia!.

Por otra parte, también se trabajaba intensamente en el desarrollo y aplicación de la nanoparticula, que eran de dimensiones micrométricas, habiendo servido no solo para la construcción de la nave, sino para el nuevo tratamiento y desarrollo de la industria metalmecánica y otros usos que se estaban implementando, lográndose unos mayores avances científicos y tecnológicos a los existentes hasta entonces.

Esas nuevas innovaciones tecnológicas, correspondían al diseño y tratamiento muy sofisticado pero armonioso en que se encontraba inmersa la raza humana, preparada para hallar mayores innovaciones más allá del Siglo XXX, cuyos nuevos inventos hacia esos tiempos se dirigían, con lo cual, por el hecho de haberse desarrollado mas el ingenio humano, la creatividad y la inteligencia humana, conjuntamente con el concepto del mismo universo, tampoco se le encontraban fronteras a la vista, vale decir, la ciencia y sus inventos tampoco tenían fronteras.

Como la nave espacial "El Tortuga", estaba diseñada para flotar sobre cualquier superficie, ya que había sido construida con los mas finos, livianos y raros compuestos siderales de energía conforme antes se indicó, podía remontarse fácilmente sobre las alturas y encarar el riesgo que existía de penetrar en la capa atmosférica oscura que se había formado alrededor de la tierra, la cual se encontraba cargada ahora con altas concentraciones de neón, helio, metano, oxido nitroso, cromo y otros gases tóxicos y peligrosos como el bromuro de metilo, por tanto su manejo era complejo y delicado y la única nave espacial que podría elevarse a inspeccionar de cerca esa "bomba de tiempo", era dicha nave, que había sido probada y se encontraba lista a disposición de los científicos y autoridades de esta parte del mundo, quienes debían dar las últimas instrucciones para que dicho objeto volador se encargara de tan complicada tarea.

La capa o banda negra que se había formado presuntamente sobre la atmósfera terrestre, era tan peligrosa e impenetrable, que desde el momento que dio origen a su formación, nadie la había penetrado, porque era altamente inflamable y sólo mediante la toma de pequeñas muestras que fueron obtenidas mediante el lanzamiento de un globo estático que pudo rozarla, se estableció que se trataba de una amalgama de nubes de gas de muy delicada manipulación, debido a su variada composición química de distintos gases que se habían acumulado.

Entonces le fue encomendado   llevar a cabo la misión de extraer a través de sus poros, una muestra del componente químico, así como de buscar una fórmula real de solución a tan delicado asunto, siendo este objeto volador el único que podría encarar con relativo éxito ese desplazamiento sin que corriera el riesgo de poner en peligro la vida de sus tripulantes o el surgimiento de una catástrofe sobre la tierra.

Capitulo V

LA CRIONIZACION DEL HOMBRE EN EL FUTURO

Afranio Pérez y Vitalina Capera, eran dos jóvenes científicos que se habían distinguido por su dedicación y experimentación en la química y la cosmología e ingeniería cuantica, respectivamente, profesiones estas que era su verdadera pasión, y con ellos, un buen número de científicos que nacieron, crecieron y se hicieron profesionales en el icosaedro de ciudad ciencia, quienes ayudaron y colaboraron en los distintos experimentos finales de elaboración y diseño de buena parte de los nuevos proyectos tecnológicos que estaban haciendo furor en el mundo, los mismos que se habían desarrollado y estaban dando sus frutos ahora, los cuales habían innovado y enriquecido la ciencia durante los comienzos del siglo XXV.

Igualmente el numeroso grupo de científicos de las distintas ciencias del saber, se dedicaron a estudiar, experimentar y profundizar sobre sus conocimientos de astronomía e ingeniería, biología molecular y celular, química, e ingeniería espacial y medicina meca trónica entre otros, a fin de ampliar las fronteras científicas con sus ambiciosos proyectos dentro de los cuales se contaba con el sofisticado proyecto aéreo espacial, dirigido a desarrollar y perfeccionar no solo una nave para vuelos interplanetarios como "El Tortuga" que pudiese sobrepasar sin problemas el sistema solar, sino también que le permitiera auscultar mas allá el estudio del universo.

Esa fue la razón por la cual el joven Afranio Pérez, se convirtió en un científico muy importante que se llegó a convertir en el director del proyecto y jefe de las misión espacial, por una parte, porque él había formado parte de ese equipo de científicos que la habían terminado, y por otra, la circunstancia de haberse oscurecido los cielos de la tierra, hacia necesario apresurar los vuelos espaciales que meses antes se habían estancado debido a la oscuridad terrestre, siendo esta la única nave espacial que podía desactivar esa "bomba de tiempo" que se había formado, y ser la solución al problema que se había agudizando sobre la vida en el planeta tierra.

Ese invento espacial tenía como objetivo principal el adentrarse en la profundidad del universo, no solo para continuar conquistando nuevos planetas dentro del sistema solar, sino con el propósito que le sirviera al género humano para llegar a otros sistemas planetarios parecidos al nuestro en alguna parte del universo, que permitiesen ser estudiados y conquistados, así como poder traspasar las fronteras de lo conocido hasta entonces y conquistar la intrincada profundidad del cosmos, donde pudiera el ser humano anidar y poblar nuevos mundos habitables que pudieran existir en otras partes de la galaxia, desconocidos para la humanidad y escudriñar en el infinito su verdadero misterio, con el fin de llegar hasta ese mas allá, que era precisamente lo que venía trasnochando a los científicos de todos los tiempos.

A pesar de los avances científicos y tecnológicos a que había llegado la humanidad por estos comienzos del siglo XXV, se abrían aún mas las expectativas de los hombres de ciencia por encontrar nuevos datos que le suministraran a la raza humana el poder desentrañar precisamente todo aquello que el hombre no había logrado descubrir en la inmensidad del universo, que desde tiempos inmemoriales cuando apareció el ser humano sobre el planeta tierra, siempre fue su gran sueño poder llegar con sus naves espaciales a conquistarlo.

Se trataba de un macroproyecto de incalculables proporciones, que perseguía combinar el desarrollo del conocimiento en las distintas disciplinas del saber que para ese momento histórico la raza humana parecía haberse escapado de los esquemas atávicos a sus genomas humanos, los cuales desde los primeros tiempos también llevaba consigo, que en discurrir de los siglos, todavía continuaban caracterizándose como miembros de ese mismo género humano a quienes se llamaban terrícolas, por el hecho de residir en el planeta tierra.

Los tiempos pasaron, habiendo transcurrido el primer cuarto del Siglo XXV o sea era el año 2527, cuando la ciencia había logrado avanzar ostensiblemente, y por tanto, el megaproyecto del grupo de países que se habían unido para romper con los avances de la ciencia y la tecnología, habían logrado sobrepasar a muchas potencias que hasta entonces eran las que tenían la delantera en las innovaciones científicas y tecnológicas, por la circunstancia de haber desarrollado y avanzado en los proyectos científicos indicados anteriormente.

Conforme se dijo antes, esa nueva tecnología había enrumbado a la ciencia por caminos innovadores en una serie de descubrimientos raros, como eran las nuevas fórmulas para dominar las fuerzas gravitacionales de la tierra, pues los científicos del icosaedro o ciudad ciencia habían evolucionado tanto, creando no solo la "Rubodomina", sino la nano robótica y se estaba trabajando con éxito en la comunicación sensoria y la tele transportación personal, como medios eficientes de trasporte mas rápido y seguro, evitando con ello la utilización y el uso masivo de los taxis y deslizadores espaciales que en los últimos tiempos estaban causando muchos problemas de accidentalidad aérea, debido al gran número que circundaban los cielos del mundo.

Los seres humanos hacía mucho tiempo que no utilizaban sino los trenes veloces movidos por la energía solar, pues para esta época fueron abiertas las compuertas del uso de la energía cinética, atómica, eólica, oceánica, solar y otras fuentes, para la utilización de los nuevos aparatos motorizados que los seres humanos utilizaban, debido a que los recursos naturales no renovables como fue el petróleo y gas natural, hacía muchas décadas se habían extinguido sobre la faz de la tierra.

Después que la nave espacial "El Tortuga", fue probada suficientemente, y que se cumplieran los protocolos de ajustes técnicos hasta en los mas mínimos detalles y que las autoridades del mundo quedaron perplejas frente al citado invento, el grupo de científicos que había trabajado durante los últimos años en los proyectos, y posteriormente, un grueso número de astronautas fueron sometidos a la mas rigurosa cuarentena de alimentación y crionización.

Para los científicos, la calidad de los experimentos y nueva tecnología que se había desarrollado en el icosaedro o ciudad ciencia, donde se encontraba el Centro Espacial de Naves Tripuladas de las Américas - CENTA, se erigía como uno de los centros de investigación científica mas sofisticados en esta parte del continente suramericano, por encima de todos los que hasta entonces se habían construido en el mundo, ya que en solo Latinoamérica funcionaban quince centros espaciales de gran envergadura, con la gran diferencia que en este centro de experimentación espacial se había concentrado un grueso número de especialistas, con el fin de aprovechar la altura y la ausencia de contaminación ambiental, pues aquí no se tenían que usar caretas ni tanques de oxigeno, ya que hasta allá no llegaban los elevados estándares de contaminación y polución, cuyas mayores concentraciones estaban ubicadas mas que todo en las grandes ciudades y megalópolis del mundo.

Debido a la dificultad para resolver el problema presentado presumiblemente sobre la atmósfera terrestre, todos los científicos mas importantes del mundo desde el momento que se produjo ese fatídico escape de gas en un laboratorio de la Universidad Nacional de la ciudad de Bogotá, desde entonces decidieron concentrarse en un solo lugar, habiendo optado por ubicarse en Ciudad Ciencia, para monitorear desde allí el problema presentado, así como unificar los conocimientos y experiencias en la posible solución de tan delicado asunto.

Así mismo, los demás científicos del resto del mundo reunidos en sus respectivos observatorios astronómicos, se dedicaron a monitorear el avance y desarrollo del problema atmosférico presentado, quienes seguían con atención y preocupación ya que cada vez el problema se iba agudizando y las soluciones no aparecían por ninguna parte; pues allá en Sudáfrica, Australia, China, y en otras regiones apartadas del planeta, también se sentía el mismo problema.

Por su parte, en otro lugar del icosaedro o Ciudad Ciencia, también se culminaba de preparar a la nueva generación de astronautas, quienes eran obligados a aceptar un cronograma de crionización e internamiento riguroso o una cuarentena muy bien planificada por un periodo superior a los cinco años, debiendo someterse a dicha prueba de crionización, todos los hombres de ciencia del presente y del futuro, si querían hacer parte de misiones espaciales y por tanto debían estar preparados, no solo para prolongar su vida en condiciones adversas, sino para enfrentar situaciones extremas por las que pudiesen en un momento dado pasar.

Entonces los futuros cosmonautas eran concientemente privados e introducidos bajo ese estado de muerte aparente, en las cámaras de crionización donde se hallaban varias cápsulas para su respectivo congelamiento total, y luego de permanecer congelados durante un determinado lapso de tiempo, iban siendo descongelados en forma escalonada, cuyo termino se prolongó desde los seis meses hasta que los últimos fueron descongelados a los cinco años, habiéndose demostrado con esos experimentos, que la sustancia o componente químico extraído al oso de agua y la rana selvática, si era cierto que ejercía sobre el cuerpo humano una especie de antídoto contra la muerte y que no les aparecía posteriormente efecto nocivo alguno contra sus

111

cuerpos o contra sus fortalezas sensoriales o psíquicas, y por tanto, sus células de crecimiento, hormonales y envejecimiento, se suspendían y no sufrían traumatismo alguno en sus cuerpos, observándose que la única variación que sufrían, era que se les desarrollaban sus las células capilares y uñas, las demás aptitudes físicas, sensoriales y psíquicas, les permanecían intactas.

Posteriormente a su descongelamiento, todos los iniciados pudieron volver no solo a revivir en la medida como sus cuerpos fueron colocados nuevamente en un medio ambiente de temperatura normal hasta regresar a su antiguo calor corporal, evento en el cual, volvían a la normalidad sin que esa situación les ocasionara ningún trauma psicológico o deformidad física alguna, conforme lo hacía el oso de agua o la llamada rana selvática, experimentos y descubrimientos estos que tuvieron gran acogida en todos los rincones del mundo, principalmente en el medio científico y aeroespacial donde eran mayormente aplicados por la franca revolución científica que ese compuesto entrañaba y el cisma religioso que generó la noticia, por el hecho que muchos seres humanos se habían sometido a tan osado experimento.

Conforme a los cálculos y estudios especializados que se habían desarrollado, se esperaba que el ser humano pudiera superar las barreras o limitantes físicas que lo mantenían encasillado en el planeta tierra, para verdaderamente encarar situaciones que lo llevaran a una mayor longevidad de vida y para ello se estaba masificando la "Rubodomina", vale decir, se estaban haciendo esfuerzos grandes porque toda la humanidad se conservara física e intelectualmente en inmejorables condiciones para reemplazar ante todo la desmesurada explosión demográfica que se había constituido en uno de los problemas mas álgidos y complicados de los humanos. No se trataba de crear un planeta lleno de seres viejos y obsoletos, por el contrario, entre mas proyección tuviese de vida, así mismo mejoraría su medio ambiente, porque sus conocimientos los llevaban a implementarlos por un mayor periodo de tiempo, la prueba de ello, fue que los primeros iniciados en consumir el producto, ya llevaban ciento cincuenta años de edad y se encontraban sanos y vigorosos como cualquier persona de escasos dieciocho años de edad.

Por otra parte, el problema de la devastación ecológica, la escasez de agua potable, así como la carencia de alimentos, eran apenas las consecuencias más notorias por haberse destruido el medio ambiente del planeta en años anteriores, y por tanto, era necesario preparar a la humanidad para que viviera épocas adversas muy distintas a las conocidas hasta entonces.

El renacer de un nuevo ser humano, debía obedecer a la observancia de su posición psicológica y física frente a los problemas del cosmos, y por ello, era menester que los astronautas permanecieran aislados y confinados en el Centro Espacial, con el propósito que pudieran capacitarse y entrenarse en distintas disciplinas, consumiendo líquidos y sustancias a base de la "Rubodomina", que igualmente había sido preparada exclusivamente para tales fines.

Por supuesto que un grueso número de estudiantes de las distintas áreas de las ciencias, así como varias generaciones de astronautas nacieron y crecieron en un ambiente totalmente distinto al de los demás seres humanos, pues desde muy niños debieron comenzar a prepararse física e intelectualmente como lo hacen desde tiempos inmemoriales los monjes del Tibet, para estar listos en caso que fueran llamados a hacer parte de una tripulación espacial, ya que ese era precisamente su objetivo principal.

Así crecieron y se formaron varias generaciones en el "internado para astronautas" como coloquialmente llamaban al icosaedro, entre los cuales se contaban los que finalmente conformaron la primera tripulación de la nave espacial "El Tortuga", no solo por su juventud, sino por la capacidad intelectual y esmerado entrenamiento, quienes se constituían en prenda de garantía científica para que llevaran a cabo los estudios y observaciones sobre el problema atmosférico presentado sobre los cielos del planeta tierra.

Por esa razón, todos los astronautas debieron consumir esos nuevos compuestos alimenticios y ser sometidos a la fase de crionización o congelamiento total de sus cuerpos, que incluía tener que permanecer por varios años en los tanques de crionización de acuerdo a los criterios del centro de dirección del proyecto, con el fin que sus órganos corporales, sensoriales y celulares, asimilaran dichos cambios cuando se les suspendiera su desarrollo físico, mientras los compuestos saturados y las células tomaban una nueva variación en la estructura molecular de sus cuerpos, no solo como alimentación para los astronautas cuando estuvieran en el espacio, sino para que dichas variables formaran parte del hombre distinto en su manera de concebir las cosas, si verdaderamente se quería moldear al hombre nuevo del futuro.

Parecía que todos esos proyectos eran tan descabellados y macabros para las generaciones pasadas, pero como se trataba de una sociedad avanzada en la evolución de los inventos en el mundo, nada mejor que esas novedosas prácticas para ir comprendiendo hasta donde había llegado el ser humano en la conquista de nuevos mundos, entre ellos, el de haber encontrado la fórmula en términos reales, para desafiar los rigores hasta de la misma muerte.

"El hombre del futuro debe cambiar ostensiblemente su aspecto físico, sensorial y genealógico, así como desarrollar naves muy sofisticadas con las cuales pueda superar la velocidad de la luz, someterse a presiones atmosféricas y gravitacionales extremas, e igualmente, prolongar su longevidad o promedio de vida la cual debe superar los trescientos años, si es que verdaderamente desea continuar en la búsqueda para alcanzar el enigma del universo. La torpeza nace con el

ser humano y se agudiza con su edad y eso es precisamente lo que nos proponemos vencer". Ese era el lema escrito que se podía leer en letras de bronce a la entrada del icosaedro o Ciudad Ciencia.

Por fortuna todo ser humano está mas que conciente, que su paso por la vida, es un verdadero pestañar, es como el vuelo de una golondrina que desaparece tan rápido como llega, concordando esta afirmación con lo dicho por el Rey David en el Salmo 39 versículos 4 al 6 que dice: *"Hazme saber, Jehová, mi fin, y cuanta sea la medida de mis días; sepa yo cuan frágil soy. He aquí, diste a mis días término corto, y mi edad es como nada delante de ti; Ciertamente es completa vanidad de todo hombre que vive. Ciertamente como una sombra es el hombre; Ciertamente en vano se afana; Amontona riquezas, y no sabe quien las recogerá." 1.*

Lo trascrito en el acápite bíblico, lo recoge y sintetiza todo, siendo entonces la mejor demostración que el ser humano es tan débil, frágil y permeable en su estructura, muy parecido a una gota de rocío al amanecer, que mucho antes que aparezca el sol, se habrá secado, y por esa razón, hay que admitir que el hombre es tan limitado, frágil y acartonado, que creámoslo o no, nacimos para vivir muriendo, vale decir, en la medida como se nace se fallece mas temprano que tarde, y esa circunstancia limita el accionar del ser humano en el universo; de ahí la necesidad de evolucionar y romper con las limitantes, entre ellas, la debilidad de la vida, frente a la muerte.

Entonces para que el ser humano piense y se ubique mas allá de nuestro sistema solar, que es precisamente un poco mas allá de donde puede llegar su imaginación, es un imperativo que debe superar con creses su longevidad, adaptarse a medios extremos de vida que le permitan a

La Santa Biblia, pag. 817, versión Reina-Valera. 1960. 1

través de la crionización, encontrar la superación de las barreras de la muerte misma, para que sea capaz de poder traspasar las paredes o barreras que lo limitan de lo profundo del universo, si en verdad desea ubicarse alguna vez en otro plano sideral, muy distante al de la misma galaxia de la vía lactea.

Conviene también afirmarlo, que los medios de transportación y comunicación que el ser humano ha inventado hasta ahora, son obsoletos, los cuales deberán ser sensoriales, a la vez que es muy indispensable crear un súper trasbordador, que sea capaz de superar la velocidad de la luz misma, para buscar por ese camino, el escaparse de los múltiples inconvenientes que limitan, encierran y atan la vida del ser humano sobre el planeta tierra, los cuales se constituyen en verdaderos diques infranqueables, lo que también está en la obligación de superar, si en verdad desea auscultar un poco mas allá de lo que ocurre en nuestro entorno planetario.

Otra de las dificultades por las que atraviesa el ser humano en el presente y hacia el futuro, es debilidad en su contextura física, así como también en el promedio de vida sobre la tierra, y por tanto, los pobladores del planeta tierra del futuro, deben tener un mayor aumento en su promedio de vida, el cual debe superar con creses los trescientos años de edad como mínimo, así mismo, se requiere que construya medios apropiados, vale decir, naves robóticas que resistan las mas altas temperaturas que en un momento dado se requiera para pasar hasta por un agujero u hoyo negro o por otro atajo sideral que pueda encaminarse hacia otros mundos, donde precisamente la imaginación humana no ha llegado nunca, y de esa manera, pueda acortar las distancias que separan al ser humano de las otras maravillas del universo … lo demás son cuentos de hadas, bañadas con la leche que dejaron derramar los dioses del olimpo…

Ahora bien, cuando el ser humano se torna inalcanzable en sus descubrimientos, así como en la proyección de sus genes sobre el planeta tierra, esa circunstancia constituye el claro reto para buscar su propia independencia, porque ha considerado que su sapiencia lo ha llevado a unos estadios superiores demasiado lejos, donde no requiere de nadie, ni de nada, desafío este que es parecido a la construcción de una nueva "Torre de Babel," en este caso de carácter científico, resultante de una afrenta muy arriesgada y peligrosa, porque con ello, antes que prolongar y proyectar su vida en el universo, puede continuar cavando es su propia autodestrucción y muerte.

No son nada fácil esos retos, como tampoco lo son, el escaparse de la ligazón espiritual existente entre el hombre y Dios o Alá, cuyo cordón umbilical - muy fino e invisible por cierto-, también debe superarlo y escaparse de dicha atadura, si es que en verdad quiere constituirse en un ser autónomo, libre e independiente donde solo su inteligencia y sapiencia sean las que primen y lo puedan llevar a realizar obras que no tengan otra connotación distinta que la de su propia inventiva y creación, lo demás, son orgullos, necedades y vanidades humanas, jactancias y caprichos ilusorios convertidos en prepotentes e inalcanzables sueños, de esos que la mayoría de los seres humanos alimentan a cada instante y después desean que se les rinda culto a su personalidad, cuando en el fondo no son nada: Prueba de ello es que muchos de sus deudos terminan por echar sus cenizas al mar o al viento.

Capítulo VI

VIAJE A LA ATMOSFERA TERRESTRE

La nave espacial "El Tortuga", fue equipada con toda la capacidad requerida en la forma como antes se indicó y contenía todo lo necesario como para emprender un largo viaje, llevaba entonces todas sus provisiones científicas, fueron llenados sus contenedores de tanques de oxigeno, agua y además en toda una bodega, le fueron colocados y almacenados los alimentos saturados en pastillas, viandas, bebidas y otra clase de nutrientes vitamínicos de "Rubodomina", previéndose que cuando se llevara a cabo la misión tripulada dirigida a poner fin a la oscura nube que había cobijado por completo la capa atmosférica de la tierra, dicha operación podría ser de varios días que se irían a necesitar, debido a lo complejo de la operación en la medida como tuvieran que pernoctar en una de las Estaciones o Plataformas Internacionales que muchos países tenían sobre la atmósfera de la tierra, con la certeza que estando por encima de la atmósfera terrestre, otras soluciones o salidas al problema podrían sobrevenir, dirigidas a poner fin a la problemática, para el evento que se hiciera necesario llevar a cabo alguna maniobra distinta que desde la superficie terrestre quedaba muy complicado poder intentarlo.

El día 20 de julio del año 2527 o fiesta nacional de la república de Colombia, cuando todo estuvo dispuesto para el despegue, cinco parejas de jóvenes integrados por diez científicos de distintas profesiones, fueron los encargados de llevar a cabo la misión tripulada con destino a la oscura atmósfera terrestre, con el objetivo de tomar las respectivas muestras de la composición química que impedía que penetraran directamente los rayos del sol a la tierra, viaje espacial este que tenía como misión brindarle a los científicos en tierra algunos datos específicos, no solo sobre su composición química, sino que fueran avistadas algunas formulas confiables para corroborar los datos que ya tenían sobre la composición de dicha nube, de todas maneras buscaran por todos los medios posibles resolver el problema que se venía presentando presumiblemente sobre la atmósfera terrestre, y que a estas alturas, ya había rebasado la paciencia de los entendidos, al igual que los nervios de todos los habitantes del planeta que también estaban a reventar.

La nave espacial estaba tripulada por cuatro ingenieros de vuelo y seis científicos que adicionalmente conformaban toda la misión espacial, así como "Alquitrán", el robot humanoide que colaboraba y ayudaba en el desarrollo de la misión, que fue aprovisionada con toda la gama de innovaciones científicos y técnicos de última generación, muy sofisticados y acabados de ser construidos y probados con gran éxito en esta parte del mundo, así como la comida en raciones saturadas de "Rubodomina", que era el producto convertido en pastillas que contenía los sustratos celulares y biológicos extraídos a la rana selvática y al oso de agua, melanina y bebida vitaminizada que junto con el laboratorio y el reactor nuclear que tenía incorporado la nave, así como también, los pulmones de paneles solares que también formaban parte del material que constituía la fuente de energía de la cual se abastecería la nave para su desplazamiento, al igual que el resto de novedades científicas con los cuales estaba dotada.

La nave espacial "El Tortuga" partió conforme se había previsto y bastaron tres minutos para que alcanzara y tocara los bordes de la capa de nube que se había formado sobre los cielos de la tierra, que era como una franja o banda oscura, que por los rayos solares desde distintos ángulos de la tierra, mostraba una variedad de colores que en todo caso mantenía en vilo a los habitantes del planeta.

Todos los equipos de comunicación de la nave funcionaban a la perfección, mientras que le daba la vuelta a la tierra, sin introducirse en la banda nubosa, con el fin de llevar a cabo varios reconocimientos útiles para la misión, así como para los controladores y especialistas en tierra, quienes se encontraban atentos a ordenar cualquier otra maniobra positiva que se considerara oportuno realizar.

Posteriormente y luego que la nave hiciera varios reconocimientos a baja altura dentro de la tierra, se le ordenó a la tripulación sobrepasar la capa atmosférica y remontarse sobre ella, lo que así se hizo, y cuando eso se produjo, el capitán de la nave exclamó: **"Estamos nadando en un mar anaranjado de distintos colores, que procuramos ahora no romper las moléculas de los componentes químicos, para no volar en mil pedazos"**, y bromeando manifestó que "El Tortuga" nunca había nadado en un mar tan apacible y raro como ese, que tenía como un kilómetro de espesor.

La nave traspasó con facilidad asombrosa el anillo de la nubosidad acumulada que se había formado sobre los cielos de la tierra, y posteriormente, se ubicó por encima de la atmósfera terrestre.

Fue entonces cuando se pudo constatar que la capa nubosa, no se encontraba propiamente dentro de la atmósfera terrestre, sino que esa nube que contenía variado material radiactivo de diversos gases, se había concentrado inexplicablemente como a un kilómetro por debajo de la verdadera capa atmosférica de la tierra, que en decir de los mismos expertos, esa franja iba en aumento haciéndose cada vez mas espesa en la medida como transcurría el transcurso de los días.

Entre tanto, los ingenieros y personal científico apostados en la sala de control en tierra, se les hacían interminables los minutos que pasaban, pues había transcurrido ya mucho tiempo o sea dos años, desde cuando se produjo el derrame de gas en la ciudad de Bogotá, y por tanto, los científicos y el resto de la humanidad estaban esperando que la solución al problema llegara pronto, pues la flora y la fauna que aún quedaba sobre la faz de la tierra, se estaba muriendo aceleradamente así como el resto de vida terrestre que existía, porque carecían de la clorofila que les proporcionaba la luz solar para su desarrollo y supervivencia.

Por otra parte los habitantes de la tierra que en buena parte vivían en cuevas subterráneas o en las grandes urbes que habían construido dentro del fondo de los océanos, también estaban padeciendo la ausencia de la luz solar, porque el planeta había caído en una etapa de enfriamiento como si se tratara de la antigua era de hielo por la que pasó la tierra a comienzo de su evolución, ya que la oscuridad era la encargada de cubrir todo el globo terráqueo, haciéndolo helado como en muchos años esa situación no pasaba.

Luego que la nave espacial "El Tortuga" llevó a cabo con éxito dicho desplazamiento sin ninguna novedad para los astronautas y se ubicó por encima de la atmósfera terrestre, luego que los científicos en tierra analizaron detenidamente la magnitud del problema, pues por los poros externos de la nave, fueron succionadas las muestras con las cuales estaba compuesta la franja nubosa, y de esa manera establecieron que se trataba de una situación de inminente peligro para la humanidad, debiéndose plantear con urgencia una rápida fórmula de solución.

Sucedió que desde el centro espacial en tierra, le fue ordenado a la tripulación permanecer allá sobre una de las plataformas internacionales y no regresar, pues con dicha determinación se tomaban todas las medidas encaminadas a prevenir la posible contaminación por parte de la nave o de alguno de sus tripulantes por el contacto que pudiese tener cuando cruzara nuevamente de regreso por la zona de gas contaminada, pues todos esos detalles debían tenerse en cuenta para evitar posibles situaciones de riesgo para los tripulantes y de la humanidad entera.

La nave espacial entonces pernoctó sobre una de las varias plataformas internacionales que por miles se hallaban dispuestas en la ingravidez del espacio exterior, flotó mejor y aterrizó sobre una plataforma tan suave como cualquier mota de algodón se posa sobre otro objeto, sin hacer ruido ni causar ningún traumatismo para los demás astronautas que vivían en dichas ciudades o plataformas internacionales, para que los científicos continuaran buscando alternativas o ideando fórmulas salomónicas dirigidas a resolver el inminente peligro que se venía sintiendo sobre la vida en general de la tierra, habiendo sido oportuna su llegada, ya que pudo abastecerlos de agua y pastillas alimenticias que para entonces se les estaba agotando.

La pasada guerra nuclear que se había desarrollado sobre el planeta tierra en el año 2305, así como las explosiones de centrales nucleares ocurridas accidentalmente o por fuerza mayor, donde no intervino el grupo de países no alineados y que hizo temblar al globo terráqueo, cuando varias naciones ansiosas por imponer un nuevo orden político y económico, que se originó precisamente por la carencia de los recursos naturales en especial el del agua, que en muchas regiones de la tierra dicho producto vital ya se había agotando, viéndose obligadas varias potencias a tener que optar por una guerra dirigida a solicitar parte de ese preciado líquido, así como también, parte de la tecnología con que desalinizaban el agua del mar para volverla potable y poderla consumir los seres humanos y animales, de la misma manera como otras naciones lo venían haciendo, y de paso, imponer el nuevo sistema de esclavitud a las generaciones de robots y humanoides, que habían proliferado y esparcido por buena parte del globo terráqueo.

En el desarrollo de ese bárbaro suceso mundial, fueron utilizadas muchas bombas atómicas y la mayoría de los residuos químicos de dichos gases tóxicos que fueron lanzados indiscriminadamente en las zonas en conflicto, terminaron por esparcirse sobre la faz de la tierra, lo que vino a complicar aún mas la situación, por los altos índices de contaminación ambiental, residuos estos que terminaron por concentrarse sus partículas de uranio y plutonio, y que fueron quedando diseminadas por el mundo junto con los demás elementos y desechos químicos y tóxicos utilizados por la raza humana, formándose una amalgama de concentración de esos compuestos químicos altamente inflamables, habiéndose formado un anillo enredador del planeta tierra bajo una nube oscura que impedía que los rayos solares penetraran libremente a la superficie del planeta, quedándose en dicha nubosidad enriqueciéndola con los rayos ultravioleta provenientes del sol.

La capa oscura que se había formado, contenía dióxido de carbono, oxido nitroso, cromo, yodo y cesio con cargas radiactivas, partículas de uranio, plutonio, y metano entre otros, cuyas altas concentraciones se encontraban apostadas por debajo de la atmósfera terrestre, así como los otros componentes químicos que se escaparon del laboratorio desde hacía dos años, cuando inescrupulosamente un trabajador del laboratorio vertió varios galones de químicos a unos toneles de materia fecal y otra descomposición química, con los cuales se produjeron los estragos de los cual ya se dio cuenta, que fueron los mismos que terminaron concentrados en la capa nubosa y mortífera sobre los cielos de la tierra.

Por esa razón, las nuevas potencias mundiales aunaron esfuerzos y firmaron mas pactos de no agresión, dirigidos no solo a evitar nuevas guerras, sino con el fin de contribuir con sus esfuerzos científicos y tecnológicos, en la solución del problema que a todos estaba perjudicando en este momento, ya que de continuar esa situación sobre la faz del planeta tierra se acabaría no solo la vida, sino que con ella desaparecería la razón de ser del planeta azul que desde los tiempos mas remotos, se vio florecer en el sistema solar y que conforme a la Conferencia Climática reunida en la ciudad de Bogotá, Colombia, todas sus conclusiones estaban dirigidas a que los seres humanos se concientizaran y pusieran un granito de arena para evitar anticipadamente con su colapso y destrucción.

Todos los científicos del mundo produjeron fórmulas salomónicas encaminadas a terminar con esa "bomba de tiempo" que se había formado sobre las cabezas de todos los ciudadanos del mundo, pues en criterio de los entendidos en la materia, esa situación se constituía en una amenaza latente que podría ser mas peligrosa y potente, que de estallar, tendría repercusiones mas potentes que las diez millones de bombas atómicas y cabezas nucleares juntas, que existían sobre el planeta.

Unos opinaban que la solución para   ponerle fin al problema de la oscuridad sobre la tierra era, la de proceder a inyectarle a esa capa oscura y enrarecida,   otro componente químico que disolviera dicha nubosidad, despejándose de una vez por todas y volviendo la visibilidad que durante los últimos dos años se había acentuado aún mas sobre la superficie de la tierra, sin embargo, al tratarla de esa manera, no podría disolverse sino esparcirse sobre el suelo terrestre, contaminando aún mas el aire que aunque contaminado, todavía se venía respirando, por manera que, esa alternativa debió ser desechada, ya que nada estaría solucionando, sino posiblemente agravándose el problema.

Otros sostenían la tesis en el sentido que, para   disolver y hacer desaparecer dicha nube negra sobre la tierra, la formula salvadora consistía en esparcir abundante vapor de agua desde arriba, y ésta al enfriarse, se condensaría, transformándose en una nube de $H2O$, con lo cual se disolvería al precipitarse sobre la tierra en torrenciales aguaceros, y por tanto, la capa de nube enrarecida que se había formado sobre los cielos del planeta desaparecería, aclarándose los cielos, temiéndose entonces que los mortales componentes químicos que se habían acumulado volvieran a la superficie terrestre, y por tal motivo, esa fórmula tampoco era viable, ya que nuevamente esos residuos tóxicos caerían a la superficie y al consumirla los seres vivos así como las plantas, se iría a producir los mayores desastres humanos y naturales jamás vistos sobre la tierra, teniéndose la certeza que dicho compuesto químico no se disolvería tan fácilmente.

Finalmente otros opinaron que la solución al problema, consistía en lanzar un cohete espacial llevando consigo un tubo resistente al calor de la atmósfera y que este aparato espacial procedería a succionar o sacar la capa de gas que obstruía la luz solar y de esa manera extraería hacia el espacio exterior dicha sustancia que terminaría por ser esparcida en la luna o en otros planetas del sistema solar, ya que devolviendo dicha sustancia toxica a la tierra, continuaría latente el peligro de la contaminación, pero además no existía un recipiente lo suficientemente grande y seguro como para envasar dicha sustancia, y al regresarla, nuevamente se estaría reviviendo el problema con graves consecuencias para todos los seres vivos.

Indudablemente que la situación era muy complicada, pero esta última propuesta fue la que tuvo una mayor acogida por parte de los técnicos y científicos de todo el mundo, con una variable, en el sentido que el tubo debía construirse en el espacio exterior de la tierra y en tratándose a que la nueva nave espacial "El tortuga", era tan grande y potente, pero además aprovechando que dicha nave espacial se encontraba sobre la atmósfera terrestre, era el aparato ideal para que llevara a cabo dicha misión, ya que podía soportar cualquier promedio de peso o fuerza que se le quisiera colocar, y por tanto, no dudaron un momento en ordenar que el personal que se encontraba apostado sobre las Plataformas Espaciales Internacionales – PEI, personal este que desde hacía bastante tiempo estaba en el espacio exterior desarrollando precisamente otra clase de experimentos científicos, les fuera encomendada la tarea de elaborar un tubo con el mas fino metal a prueba de resistir altas temperaturas, que permitiera sin ningún riesgo succionar el gas mortal que se había concentrado, sacando al espacio sideral esa gama de componentes tóxicos que misteriosamente se había apostado sobre los cielos y venía acabando con la vida sobre la tierra.

Los técnicos que se encontraban monitoreando los avances del problema, se familiarizaron con la idea que se construyera el tubo sobre la atmósfera terrestre, por una parte, porque sobre el suelo terrestre, no se disponía de los materiales mas finos para hacerlo, y por otra, porque la gravedad que la tierra ejerce sobre los objetos, los hace mas pesados y ello dificultaría aún mas la operación, por tanto, manifestaron que sobre la atmósfera terrestre, bajo la ingravidez, las cosas pesaban menos, y por esa razón, al ser elaborado allá sobre varias de las plataformas internacionales que se encontraban orbitando la tierra, esa circunstancia facilitaría el trabajo y éxito de la operación.

El grueso número de técnicos y científicos que se encontraban apostados sobre varias plataformas internacionales, se dieron a la tarea de elaborar un tubo con el mismo acero y materiales con los que en tierra había servido para construir la nave espacial "El Tortuga" y rápidamente fue hecho en el corto lapso de tres meses.

Dicho tubo que entonces fue hecho en lámina a prueba de altas temperaturas, tenía unos cincuenta centímetros de diámetro, diez centímetros de grosor, por cincuenta y siete kilómetros aproximadamente de longitud, siendo esta la distancia que los separaba de la altura donde debía ubicarse la nave para llevar a cabo la operación y el centro del espesor de la capa o nube contaminada.

Esa quijotesca obra que bien podía constituirse en una verdadera odisea porque debía construirse bajo la ingravidez, se hizo en los hornos de fundición de por lo menos diez de las cincuenta plataformas internacionales que los tenían incorporados, las cuales disponían de los materiales almacenados que se encontraban sobre la superficie de la luna, que los habían dejado en dichas plataformas por seguridad, debido al valioso costo que les representaba ese material para el grupo de países de aquél famoso proyecto.

El tubo en la medida como iba creciendo, así mismo se fue convirtiendo en todo un problema o inconveniente para su manipulación, por dicha razón, decidieron que dicho objeto fuera construido simultáneamente en varias secciones, aprovechando las varias Estaciones Internacionales que existían, lo que finalmente así se hizo y que vino a facilitar que el trabajo no solo rindiera, sino que posteriormente, la posición en fila india como estaban ubicadas las naves, hizo posible y mas favorable unir las diez secciones que finalmente fue dividido el tubo, que al ser colocado en ese mismo orden como estaban ubicadas las plataformas, también facilitaba su unión, lo que fue funcionando a la perfección, además estaba previsto que por lo alargado del objeto para controlarlo podría ser otro problema mayúsculo, por el hecho que se encontraban bajo la ingravidez y esa circunstancia constituía todo un reto para la ingeniería, por lo osado del proyecto.

Cuando el citado tubo mecánico fue elaborado y quedó listo para su utilización por primera vez en esa difícil faena extraterrestre, inmediatamente llamaron a la nave espacial "El Tortuga", la que se encontraba lista junto con su tripulación para llevar a cabo cualquier operación por difícil que fuera y una vez que sus diez tripulantes nuevamente subieron a bordo de la nave, se dieron a la tarea de llevar a cabo la operación, encaminado a buscar extraer o succionar ese compuesto gaseoso que se había formado por encima de la superficie de la tierra y por debajo de la atmósfera terrestre.

La nave se colocó en la posición que previamente se le indicó, donde se le continuaban dando las instrucciones necesarias para que maniobrara el tubo que había sido cuidadosamente construido, al que le fueron pegadas sus varias secciones con soldadura autógena del mismo material con que había sido elaborado, por manera que dicho objeto era sólido y ofrecía gran resistencia.

Todo el grupo de científicos y personal que se hallaba en las diez plataformas que estaban apostadas en fila india por encima de la atmósfera terrestre, fueron los que procedieron a ayudar y dar inicio a la riesgosa operación, al tiempo que la nave con su cuello alargado que hacía de palanca mecánica y miraba por sus ventanales como si fueran sus verdaderos ojos, en forma automática tomó el tubo de cincuenta y siete kilómetros de largo, que era sostenido cada diez mil metros terrestres por las plataformas que igualmente lo apuntalaban, mientras las otras naves espaciales les hacían el respectivo acompañamiento, cuya fila de naves se observaba como si se tratara de estar movilizando o transportando una alargada armadura para la construcción de un gran puente que habría de tenderse entre la tierra y la luna.

Al fin y al cabo la ingravidez ayudó para que pudiera darse inicio sin mayores contratiempos a la arriesgada operación, pues hasta allá, el tubo no tenía el peso que en la tierra bien podría pesar las diez toneladas y aunque era un material relativamente delgado y liviano, sobre la atmósfera flotaba como si se tratara de un objeto alargado hecho a base de papel de aluminio.

Tan pronto la nave espacial se fue elevando una vez que las plataformas internacionales se iban apartando, comenzó a flotar junto con su alargada carga, ya que dicho objeto había sido amarrado a su brazo mecánico y con el cual lo ayudaba a sostener, haciendo posible su manipulación desde el espacio, aguardando el instante que se le indicara desde las plataformas y el centro de control en tierra, sobre el momento de poner en posición vertical el tubo para dar comienzo a la operación.

La nave salió del nivel en que se encontraba sobre una de las plataformas internacionales y se elevó llevando consigo el tubo y colocándolo en posición vertical, por eso cuando éste fue izado, se le dio la orden al capitán de la nave para que procediera a descender hasta colocarse cerca de la misma atmósfera terrestre, hundiendo o sumergiendo todo el tubo que había sido elaborado para tal fin, sosteniéndolo desde la parte superior, y posteriormente, cuando ya se le informó al comandante de la misión por parte de los ocupantes de las otras naves y sus mismos compañeros en tierra, así como de la información suministrada por el robot central de la nave que su parte inferior ya había cruzado la atmósfera y su extremo se encontraba en el centro del anillo o nube contaminada, objetivo este para el cual estaba dirigida la operación, se le dio el encendido al potente motor que le habían adaptado en el extremo superior de la nave y éste comenzó a succionar el material gaseoso que se encontraba dentro de aquella siniestra y enrarecida nube amalgamados en distintos componentes químicos de alta peligrosidad para la vida sobre el planeta.

La operación fue   exitosa en la medida como la nave comenzó bien y su velocidad con respecto a la tierra era igual, empezando a lanzar o bombear esa peligrosa sustancia a varios metros de distancia por encima de donde ella se encontraba, observándose como si una gran chimenea estuviera operando por encima de la atmósfera terrestre y el humo que de ella salía, era tan parecido a los que vertían los hornos sobre la superficie de la tierra, donde se estaba fundiendo la piedra caliza para extraer el cemento o el carbón mineral, con las cuales ayudaron a magnificar el problema de la contaminación ambiental del planeta, gas este que se fue diseminando en el espacio exterior de la tierra.

Por otra parte, la humanidad entera seguía ansiosamente el desenvolvimiento de la operación, a través de los distintos medios de comunicación y en quinta dimensión, quienes con sus respectivos satélites del mundo, estaban narrando y mostrando a todos los habitantes de la tierra,   los pormenores y detalles de ese suceso mundial que no tenía antecedentes en la historia de la humanidad.

La gente se comía las uñas, otros mas sentimentales lloraban al sentir que por fin volverían a ver directamente los rayos del sol y de la luna, mientras otros mas nerviosos se mordían los labios, se rascaban las canillas y se arrancaban hasta los cabellos, por la ansiedad que tal situación los mantenía en vilo a todos los habitantes de la tierra.

Por otra parte, un grueso número de humanos estaban postrados de rodillas, rogando al cielo que la oscuridad desapareciera y volviera a reinar la luz, como sinónimo de vida, así como también, que las maniobras extraterrestres que se estaban desarrollando sobre la atmósfera de la tierra, salieran bien, pues de ello dependía que nuevamente regresara a la normalidad del medio ambiente y de la vida sobre el planeta.

La situación aunque era de una gran tensión, se respiraban momentos de felicidad, pues ya habían transcurrido los primeros treinta minutos de esa exitosa operación, desde cuando se dio inició el bombeo y extracción de ese material contaminado y luego que la nave estaba evacuando exitosamente la citada sustancia química, aparte que en la tierra todos los habitantes saltaban de alegría por lo acertado de la misión, porque ya en muchas regiones del planeta comenzaron a entrar los rayos del sol como si fuera un foco de luz que penetraba a las oscuras regiones de la tierra, y por tanto, otro ambiente amable comenzó a registrarse.

Los canales televisivos del mundo tales como el mega Internet, plasvanet, pensilvión y otros sistemas avanzados de hologramas digitales que transmitían en cuarta y quinta dimensión todos los detalles de tan singular situación, así como las grandes cadenas radiales, se dedicaron a dar informaciones al mundo desde el mismo sitio donde se estaba produciendo la noticia, no solo sobre el éxito de la operación, sino a informar a sus abonados en el mundo, respecto de los acontecimientos que se iban sucediendo, debido al aparecimiento de los rayos del sol que caían sobre regiones enteras de Europa, y todo ello, se constituía en una verdadera primicia, al dar a conocer el instante mismo como iban penetrando de nuevo los rayos solares sobre la tierra, en la medida como sobre los cielos del planeta se desarrollaba la operación de extracción de la nube química que se había formado.

La humanidad entera saltaba de alegría con la sola noticia, habiéndose creado inesperados carnavales donde bailaban, se abrazaban y felicitaban, corrían y lloraban al tener esa grata primicia, donde se informaba que el estado de oscuridad formado en los últimos dos años sobre la tierra, ya estaba llegando a su fin, y por esa razón, en las regiones donde fueron regresando los rayos solares, las gentes corrieron a degustar el calor del sol como nunca antes lo habían hecho, estirándose sobre el suelo como si fueran verdaderas iguanas acabadas de salir del fondo del mar.

Lamentablemente los festejos no duraron mucho tiempo, porque de repente se presentó una falla en uno de los varios pegues de las secciones en que había sido dividido el tubo, apareciendo una fuga o escape de gas en una de esas uniones y ello hizo que instantáneamente se produjera un gran estallido o explosión de incalculables proporciones, creándose en serie una radiación electromagnética en cadena, formándose un pico de corriente de rayos gama sobre todo el globo terráqueo, sucediéndose una enorme conflagración y produciéndose un gran incendio en el cielo.

Dicha conflagración instantáneamente se extendió sobre toda la capa atmosférica de la tierra, haciéndola estallar en mil pedazos, como si se tratara de una gran explosión termonuclear producida a gran escala sobre los oscurecidos cielos del planeta, destruyendo todo lo que se hallaba en sus inmediaciones, y con mayor razón, los objetos que se encontraban cerca de ella, como fue el caso de la nave espacial "El Tortuga", que precisamente era desde donde se estaba llevando a cabo la operación.

Debido a esa terrible y catastrófica explosión, todos los objetos estelares, así como las Plataformas Internacionales que ayudaron a la preparación del famoso tubo, junto con todos los demás satélites artificiales de experimentación y de comunicaciones que por millares rodeaban al planeta y que giraban a su alrededor, fueron inmediatamente destrozados y volaron también en mil pedazos debido al fuerte impacto, y su chatarra fue lanzada hacia el espacio exterior, ya que la concentración de todo ese gas y el material químico inflamable que se había transformado en una nube negra sobre la faz de la tierra, fueron los causantes de toda esa hecatombe sideral, apareciendo entonces sobre la corteza terrestre un gran incendio en el cielo, el cual se vio registrado por algunos satélites que se encontraban en las inmediaciones de Marte, como una antorcha gigante cuya luz se extendió hasta mas allá de la Luna y el estruendo que produjo, se esparció su sonido hasta mas allá de los confines del mismo sistema solar.

Capitulo VII

VIAJE AL CENTRO DE LA VIA LACTEA

Cuando ocurrió la inesperada explosión sobre los cielos del planeta tierra, la nave espacial "El Tortuga" que se encontraba por encima de la atmósfera terrestre, en ese mismo instante quedó envuelta en llamas y la misma onda expansiva que se produjo, la lanzo al espacio sideral sin rumbo y sin destino.

Por fortuna esa nave fue la única que sobrevivió al fuerte impacto, así como a la conflagración que se produjo, ya que estaba preparada y había sido diseñada para soportar los mas fuertes impactos como también las mas altas temperaturas por las que tuviera en un momento dado que atravesar, y por esa razón, sufrió traumatismos graves que trastornó al robot de comando de la nave, produjo daños importantes a su interior, desenchufado varios conductos eléctricos, así como el aire acondicionado y refrigerado, al igual que los conductos internos que interconectaban el centro de cómputo y la fuente que conectaba con la energía solar, entre otros problemas menores.

El calor infernal producido por el incendio así como por el impacto causado que envolvió a la nave, hizo que se retroalimentara el reactor nuclear que era su medio de propulsión, y por esa razón, cada vez mas se fue alejando del planeta tierra, a la vez que iba tomando verdaderas mega velocidades hasta cuando llegó el momento que tomó la misma velocidad de la luz, y por esa circunstancia, durante los diez minutos siguientes, pasó por frente a la luna y continuó su marcha disminuyendo su velocidad, hasta que con el discurrir de los tiempos, se fue saliendo del sistema solar, cuyo lapso se produjo durante los siguientes ocho años, perdiéndose y profundizándose en los confines de la galaxia de la vía láctea.

Debido a que el impacto ocurrido, fue tan fuerte, todos los tripulantes de la nave perdieron la vida en el mismo instante y hasta el mismo robot Alquitrán, sufrió serios quebrantos de salud que lo mantuvo inactivo y enfermo de muerte durante los siguientes cincuenta años terrestres, hasta que posteriormente, poco a poco fue recobrando la plenitud de sus capacidades físicas así como recuperando todos los datos científicos que le habían sido incorporados conforme se indicará mas adelante.

Precisamente en el mismo sitio y posición donde estaban los cosmonautas al momento del trágico accidente, así quedaron amarrados a sus respectivas sillas, y con el frío cósmico que poco a poco se fue acentuado dentro de la nave, su interior terminó por cubrirse de hielo, mientras que los cuerpos de los cosmonautas también se fueron congelando, a medida que la nave se dirigía rumbo al centro de la galaxia de la vía lactea.

Mientras tanto, el único que continuó intacto y despierto, fue el robot central de la nave, quien posteriormente al breve colapso y aturdimiento que le produjo el impacto, también fue adquiriendo la plenitud de sus capacidades, así como el reactor nuclear que era el encargado de producir la energía requerida para continuar empujando la nave hacia lo desconocido, siendo ellos los únicos que permanecieron activos y despiertos, y por esa razón, el cerebro central de la nave fue el que se puso al frente de dirigirla y maniobrarla, siendo el único que se encontraba atento a esquivar todos los múltiples obstáculos que encontraba en su recorrido, con el fin de no colisionar con algún objeto estelar que por millares se le atravesaban en su camino.

Toda la nave, así como los instrumentos que llevaba consigo, habían sido construidos e instalados con los mas finos metales y diseñados para resistir no solo las mas altas temperaturas y presión, así como los mas fuertes impactos, y por otra parte, el reactor nuclear por el hecho de haber sido instalado y estar herméticamente cerrado, por fortuna no sufrió daño ni desperfecto alguno, siendo entonces los únicos aparatos que continuaban trabajando normalmente, y por eso, la nave seguía velozmente su camino rumbo hacia lo profundo de la galaxia.

Por otra parte, la refrigeración o ventilación interna que la nave llevaba consigo, no fue posible que automáticamente se disparara y funcionara, en virtud al impacto sufrido, ya que buena parte de los miles de instrumentos científicos que tenía incorporados, muchos de ellos resultaron averiados o desconectados, circunstancia esta que facilitó para que internamente se fuera acentuando su congelamiento.

Sin embargo, el mayor estado de enfriamiento y congelamiento le sobrevino a la nave, debido a que la escotilla o puerta de entrada principal del brazo mecánico que manipulaba el tubo al momento de llevarse a cabo el fatídico accidente, no pudo ser introducido automáticamente, y por tanto, dicha puerta no fue cerrada ni siquiera por su auxiliar Alquitrán, ya que también había resultado seriamente afectado por el impacto, razón por la cual, los mecanismos automáticos de que disponía la nave para que el aire refrigerado y otros aparatos funcionaran, no pudieron hacerlo por los daños sufridos en su mecanismo interno, haciendo que dichos dispositivos no funcionaran, y por tanto, la nave entera terminó por congelarse, incluso antes de salirse del mismo sistema solar, conjuntamente con todo lo que llevaba en su interior.

Entre tanto Alquitrán o robot auxiliar, así como el resto del equipamiento científico, como eran las diez computadoras que conformaban el consejo mayor instrumental que retroalimentaban al robot central con su información, quedaron paralizados, pues había sido tal el impacto sufrido, que muchas de sus conexiones eléctricas, también tuvieron serios desperfectos y averías, y por tanto, internamente la nave estaba no solamente paralizada e inutilizada, sino que todo su interior quedó totalmente muerto, pues ningún movimiento humano o mecánico pudo seguir funcionando.

Por su parte los cosmonautas, sencillamente quedaron muertos amarrados en cada uno de sus sillas espaciales y por el hecho de haberse suspendido su movilidad, era un hecho cierto también, que el desarrollo de sus células y sus órganos en general habían cesado, vale decir, que el factor de envejecimiento de sus células así como todos los órganos anatómicos de sus cuerpos se hallaban desconectados, lo que en lenguaje médico, se encontraban clínicamente muertos.

Se había puesto a prueba nuevamente la capacidad de asimilación de la "Rubodomina" o base alimentaria que habían consumido en forma de pastillas por parte de los astronautas durante lo vivido sobre la tierra, esperándose entonces que todos ellos hubieran caído también en un estado de hibernación y congelamiento, como lo hacían en parecidos casos la rana selvática o el oso de agua, ahora en cabeza de los diez astronautas que habían ingerido por varios años esas sustancias químicas, pero naturalmente que nada de ello podía esperar, ya que se estaba haciendo uso de un tiempo demasiado largo como para que tales resultados esta vez se fueran a producir.

Al cabo de ese que parecía ser un interminable viaje sideral y luego que la nave se dirigía hacia el espacio profundo en dirección del centro de la galaxia de la vía láctea, donde por muchos momentos tuvo que sortear los obstáculos que se encuentran en el cinturón de Kuiper, que son los miles de meteoritos que orbitan en una área de 550 millones de kilómetros entre Marte y Júpiter, así mismo tener que esquivar para no estrellarse contra muchos objetos estelares que se encontraban a su paso, pero que afortunadamente ello no sucedió debido a la pericia con que fue retroalimentado el robot de la nave, pues éste una vez se repuso de los rigores del impacto, se puso a la cabeza de programar y dirigir la nave que para ello había sido milimétricamente diseñada.

La nave continuó viajando como siempre a velocidades astronómicas, y posteriormente Alquitrán, que en el transcurso de por lo menos cincuenta años terrestres de viaje, por fin se despertó de ese sueño profundo en que había caído y con dificultad abrió sus ojos y fue recordando que se encontraba dentro de una nave siniestrada, se levantó, abrió con dificultad la puerta de su oficina ya que el hielo se lo impedía, y se dió a la tarea de inspeccionar brevemente el interior de la nave, pero no pudo hacer nada con la tripulación y los demás dispositivos que habían resultado dañados, ya que se encontraban sepultados y desconectados bajo una gruesa capa de hielo, y por dicha razón, no movió ni un dedo en la posible solución del problema.

Posteriormente se dirigió a inspeccionar la parte exterior de la nave para observar el estado en que se encontraba, y cuando quiso apartar la capa de hielo que cubría la portezuela de entrada a la nave, resbalo y casi se cae al vacío ya que el piso estaba totalmente lizo debido a la gruesa capa de nieve que recubría toda la nave por dentro y por fuera; entonces decidió que lo mejor era dejar las cosas de ese tamaño mientras no cambiara la situación, pues ese resbalón le produjo un terrible susto, y por tanto, se apartó de dicho sitio sin intentar cerrar la escotilla que se encontraba abierta y su brazo mecánico que también se hallaba por fuera de la nave cubierto de nieve, habiendo optado por regresar nuevamente a su refugio habitual para continuar durmiendo en su hermético cuarto que le servía de invernadero, el mismo que le habían diseñado para que operara como otro centro adicional de control de la nave.

Por esa razón, como ningún cambio favorable dentro de la nave se estaba produciendo ya que el permanente frío estelar continuaba acentuándose, y no se advertía que fuera a variar su temperatura, la que ahora se encontraba por encima de los 150° centígrados bajo cero, continuó su recorrido mientras que su interior permanecía bajo ese estado de nieve perpetua, que viajaba hacia lo desconocido, y por tanto, dicho estado sería el único que iba a reinar en su interior por muchos años terrestres.

Mas adelante, Alquitrán quien no pudo conciliar su sueño, se dio a la tarea de ayudarle al cerebro central de la nave desde su hermético cuarto donde permanecía encerrado, a colaborarle con la recolección de muchos datos que podrían servirles hacia el futuro, se dedico a llevar a cabo filmaciones del entorno planetario por donde cruzaba la nave, así como la medición de la temperatura, velocidad y otros aspectos que podría servirle al cerebro central como punto de referencia, y de cuando en vez, abandonaba su puesto de encierro y se dirigía hasta el lugar donde yacían muertos y petrificados sus otros compañeros de viaje, con el fin de pasarles revista y enterarse de los cambios climáticos que se pudieran estar produciendo al interior de la nave, sin embargo, nada raro percibía y regresaba a internarse en su lugar habitual de trabajo, que igualmente por dentro estaba lleno de escarcha que le servía para apaciguar la sed que de cuando en vez le daba.

Igualmente se dedicó a observar a través del telescopio, la serie de soles azules que rodean el núcleo de la galaxia de la vía lactea y estudiar las fuerzas gravitacionales y el giro interno de los distintos sistemas solares que rodean su centro, de esa manera pudo ver mas de cerca muchos sistemas planetarios muy parecidos al planeta tierra como el denominado HD85512b que tiene altas posibilidades de albergar en su interior $H2O$ y que se halla en un sistema solar en extinción, pero que puede albergar vida, entre muchos otros sistemas planetarios que muy parecidos al planeta tierra se encuentran diseminados en toda la galaxia de la vía láctea pero que los seres humanos no los han podido siquiera descubrir.

Habían transcurrido hasta ese momento, mas de setenta años terrestres desde cuando ocurrieron los hechos, donde ese tremendo impacto extraterrestre sacó la nave intergaláctica "El Tortuga" del sistema solar terrestre y la envió a la penumbra de la soledad, el hielo estelar, las tinieblas y el misterio profundo, que fueron precisamente los que se apoderaron de la nave por los años siguientes.

Por su parte, en el interior de la nave, las cosas continuaban en las mismas condiciones, o sea que no habían signos de vida para los tripulantes que era la mayor esperanza, y respecto del robot central, el reactor nuclear y su auxiliar Alquitrán, internamente eran los únicos que se oponían a la cruda realidad, como era el de permanecer atentos y despiertos, quienes se encontraban al frente de la nave dirigiéndola y dándole las órdenes requeridas, ya que su interior se encontraba totalmente congelado.

En lo profundo de la galaxia se observaba la existencia de una mayor concentración de estrellas que giraban unas al contrario de las manillas del reloj, que incluso giraban mas rápidamente que otras, las unas que iban dejando a su paso y las otras que poco a poco se iban acercando a un cúmulo de estrellas que por su brillantez y gran concentración, todos esos eran los presagios de que se encontraban en las inmediaciones del centro de la galaxia de la vía láctea, lugar este, donde muchas sorpresas y sinsabores la nave robótica iría a pasar.

El fenómeno de la muerte era el único que se había adueñado del interior de la nave y sus tripulantes, así que en ese insondable mundo donde solo el sonido y silbido estelar producido por los planetas y el resto del material cósmico circundante, era todo cuanto podía percibirse a través de los aparatos que aún servían, entonces todos los eventos cósmicos registrados por los censores o instrumentos científicos que portaba la nave, en la medida como algunos de ellos se descongelaban, eran todas las novedades que se iban sucediendo mientras que se desplazaba velozmente hacia lo desconocido.

Había llegado la muerte cargada de misterio, pues todos los ocupantes de esa nave siniestrada, eran como momias congeladas, viajeros del espacio estos que habían quedado recostados y amarrados sobre sus sillas según hubiese sido la posición en que ellos se encontraban ocupando al momento de sobrevenirles ese fatídico accidente, quienes formaban parte de esa gran mole de hielo que iba camino del misterio profundo de la galaxia de la vía lactea.

Ya se sabía que los astronautas se encontraban dentro de sus respectivos trajes espaciales y que hasta sus mismos tanques o sacos de oxigeno, también habían dejado de funcionar desde el momento mismo que les sobrevino el accidente, no solo porque ninguno de ellos respiraba, sino porque también habían quedado congelados debido a las bajas temperaturas que se encontraban posicionadas de todos los instrumentos y pasajeros de la nave.

Producto de la fatal explosión y en razón a que todos los cosmonautas habían fallecido, por ello, no tuvieron la oportunidad de observar ni darse cuenta de los episodios ocurridos en el planeta posteriormente al incendio en el cielo ocurrido sobre la tierra, ni tampoco pudieron observar los tenues rayos del sol cuando la nave traspasaba los límites del sistema solar y se hundía en los confines de la galaxia de la vía lactea.

Lamentablemente no pudieron observar el cinturón de Kuiper o gran disco disperso de meteoritos existentes entre los planetas Júpiter y Saturno, ni darse cuenta de los peligros que por muchos momentos tuvieron que pasar y hasta estar muy próximos a estrellarse contra varios objetos estelares, ni tampoco se enteraron que varios de los sensores y aparatos de medición, así como de la misma dirección del robot central, los cuales habían quedado seriamente lastimados debido a la fuerte explosión y el espantoso impacto sufrido.

Así mismo, los cosmonautas de haberlo sabido que por tales situaciones riesgosas habrían podido estar pasando, indiscutiblemente que el haber estado vivos, les habría causado un verdadero pánico y vértigo, circunstancias estas que seguramente hubiesen sido peores los momentos que hubieran tenido que padecer, para el evento en que estuvieran consientes soportando esa serie de acontecimientos, razón por la cual, mejor fue ese momento de estar muertos, a tener que estar sufriendo unas experiencias para las cuales como seres humanos, jamás fueron preparados para soportarlos.

La circunstancia que la nave al momento de la explosión, sostenía por uno de los extremos al ya famoso tubo, ello hizo que debido al fuerte impacto, en ese instante se le soltara y el motor que succionaba el inflamable compuesto químico debido a la fuerte explosión, también desapareció, y por esa razón, quedo libre inmediatamente para poder emprender ese inesperado viaje.

Debido al fuerte colapso que momentáneamente dejo la nave aturdida y fuera de control, ello hizo que tampoco pudiera accionar las defensas anticongelantes o de aire acondicionado según pudiera subir o bajar la temperatura, por eso, a estas alturas del viaje, el cerebro central o robot principal de la nave, así como su auxiliar Alquitrán, hacían ingentes esfuerzos por activar la calefacción pero todo parecía inútil, ahora que estaban entrando en una zona donde las temperaturas comenzaban a subir, a medida que se acercaban al centro de la galaxia, y al parecer, muchos fenómenos galácticos se estaban sucediendo.

Cruzando precisamente por ese espacio infinito rumbo a lo desconocido, la nave pasó por un enjambre de espíritus de personajes humanos que vivieron sobre el planeta tierra y que se escuchaban todavía sus autorizadas voces de muchos de esos guerreros, filósofos y hombres de ciencia que ahora descansaban en sus aposentos celestiales y que residían en esa misteriosa séptima dimensión, totalmente desconocida para los seres humanos, las voces de muchos protagonistas que contribuyeron en mayor o menor grado en el desarrollo de sus respectivos pueblos y del mundo mismo, en cada uno de su momento histórico, quienes volvían a repetir las frases que pronunciaron cuando vivieron sobre la tierra y que los hicieron célebres, asi:

"Si aún viviera, haría que la elipse del sol y la tierra jamás se desintegrara". 2.

"Amarás la belleza que es la sombra de Dios sobre la tierra." 3.

"El que no vive para servir, no sirve para vivir." 4.

*"Si viviera, me deleitaría con las llamas que destruyen el universo".*5.

*"Si aún viviera, seguro que quitaría esa espesa nube que me hace sombra".*6.

*"El hombre es la medida de todas las cosas".*7.

"Me gustaría vivir eternamente, por lo menos para ver como en cien años las personas cometen los mismos errores que yo" 8.
*"Es mas fácil desintegrar un átomo que acabar con un prejuicio"*9

*"Si viviera, conduciría la humanidad por las mas fértiles llanuras del mundo, antes de que éste se destruya" "La victoria pertenece a quien persevera mas".*10

2. Juan Kepler. 3. Gabriela Mistral. 4. Franklin Delano Roosevelt, 5. Cuantemoc, 6.Diógenes. 7. Protagoras de Abdera, 8. Winston Churchill. 9. Albert Einstein.10 Napoleon Bonaparte.

"Si aún viviera, me dedicaría no a cantarle a los prados, tampoco a los campos y menos a los capitanes: me dedicaría a cantarle al universo".11

"Acerca de los dioses, no sabría decir si existen o no, pues hay muchas cosas que impiden este conocimiento, tanto la oscuridad del asunto mismo como la vida del hombre, que es tan breve".12

"Ya mi afición no será cazar mas tigres sino la de dedicarme a buscar otra María, oriunda del Valle del Cauca, para pasar el resto de mis días". 13

"Siempre las almas generosas se interesan en la suerte de un pueblo que se esmera por recobrar los derechos con que el creador y la naturaleza le han dotado". "Colombia es la palabra sagrada y la palabra mágica de todos los ciudadanos virtuosos".14

"Mas vale morir de pie que vivir de rodillas".15
"Los que deseen vivir, busquen a Dios, que es la vida eterna".16

"La alegría del alma forma los bellos días de la vida".17.

"Nunca diría una palabra de amor que no fuera sincera, ni habría podido escribir un verso sin verdad".18.
"Si me quitas el éxito déjame fuerzas para aprender del fracaso, si yo ofendiera a la gente, dame valor para disculparme y si la gente me ofende, dame valor para perdonar."19

Todas esas voces y la de muchísimos pensadores del mundo parecían provenir de ultratumba, retumbar y hacerse escuchar misteriosamente multiplicando su eco dentro de ese silencio sepulcral que se había convertido la parte interna de la nave robótica "El Tortuga", que solitaria y petrificada, continuaba desplazándose raudamente hacia

11. Publio Vigilio Maron. 12. Pitágoras. 13. Jorge Isaac.14. Simón Bolívar, 15. Dolores Ibarruri,16. Lope de Vega 17. Sócrates.18. Pablo Neruda 19. Mahatma Gandhi.

lo mas recóndito de la galaxia de la vía lactea y las voces que se escuchaban, era como el recordatorio de los pensamientos que dejaron muchos de los citados prohombres que vivieron, y que quizá, ellos no se resignaban a dejarse vencer por los nuevos sucesos que estaban destruyendo quizá la parte mas querida del sistema solar como era el planeta tierra, donde precisamente habían vivido y contribuido en el desarrollo de sus respectivos pueblos, y por tanto, con esos pensamientos les querían hacer compañía a los viajeros de la nave siniestrada, así todos ellos se encontraran también muertos, pues ahora en esta parte del cosmos por donde precisamente estaban pasando aún sin rumbo y sin destino hacia un lugar desconocido en la profundidad del universo, les hacían compañía como queriéndoles indicar a esos cosmonautas perdidos: **"vengan que aquí también hay un lugar importante para que lo degusten todos ustedes".**

Todo había quedado atrás y lo que ahora existía, era la muerte petrificada en una mole de hielo en cada uno de los desdichados astronautas, o sea era el verdadero trance de la vida hacia la muerte que ahora se vivía, siendo este el mas fiel reflejo de la realidad después de haber salido hacía muchos años terrestres del sistema solar, y por tanto, dentro de la nave solo había frío y hielo estelar, como si se tratase de una tumba congelada que se desplazaba sin rumbo y sin destino hacia lo desconocido.

De esa manera la nave continuaba su camino hacia lo profundo de la galaxia, donde al parecer esa odisea sideral nunca jamás iría a terminar, ya que no se podía contabilizar el transcurrir del tiempo, categoría esta que allá no existía, pero que de acuerdo a los análisis solitarios en el subconsciente del cerebro de la nave, lo recorrido hasta entonces rebasaba mas de noventa años terrestres, desde cuando la nave abruptamente fue enviada hacia el espacio exterior del planeta tierra y del mismo sistema solar.

Como todos los cosmonautas se encontraban muertos, y petrificados o congelados sus cuerpos por completo, al igual que la totalidad de la nave había quedado totalmente congelada debido al intenso frío estelar, ahora Alquitrán se encontraba atareado filmando y levantando todo un mapa sideral sobre el entorno por el cual iba atravesando la nave, con el fin de tener una información mas fresca de la que ya había recogido y acumulado el cerebro central de la nave, por si alguna vez llegaban a un mundo diferente donde pudieran existir otros seres vivientes, y por fortuna fueran rescatados, inmediatamente se enterarían cual era su origen y la razón de esa odisea sideral, dándoles a conocer toda la información relacionada con el grupo de terrícolas provenientes del planeta tierra que provenían de un sistema solar apropiado para la creación y reproducción de la vida, que su nave había sufrido una colisión habiendo perdido a sus tripulantes y perdiéndose en lo profundo de la galaxia de la vía láctea, siendo esa la razón para encontrarse en esos lugares del universo.

Por ese motivo, el robot auxiliar dispuso gravar mucha información en varios idiomas, relacionadas con lo que era el sistema solar y el planeta tierra, de donde provenía la nave interestelar "El Tortuga", así mismo, dejo varias gravaciones de canciones tales como "El Bunde", "Que lindo es el Ataco", Fiestas en el Tolima" y "Tierra del Huila" entre otros aires musicales muy propios de la región a la que pertenecían la mayoría de los astronautas, por si alguna vez pudieran ser encontrados y rescatados por otras civilizaciones y de esa manera se les facilitara su reconocimiento y ubicación planetaria.

Empero, dio la casualidad que la nave fue entrando en una zona cuyo ingreso a un campo gravitacional comenzó a ser tan fuerte, que la misma temperatura iba en aumento, haciendo que el cerebro de la nave se pusiera en alerta máxima, así como su auxiliar Alquitrán, e inmediatamente los instrumentos y aparatos científicos de la nave que habían estado inactivos, poco a poco se fueron descongelando aceleradamente, los cuales algunos volvieron a su normalidad.

Mientras tanto, parte de los censores y aparatos científicos que por el impacto habían resultado dañados o con algunos desperfectos, ahora que Alquitrán había regresado de su encierro, se dedicó a poner en práctica sus conocimientos de electrónica y fue arreglando los instrumentos dañados y enchufando aquellos que se habían desconectado, por manera que toda la nave entera se fue reponiendo paulatinamente de todos los daños sufridos, a medida que lentamente se iba descongelando en su parte externa, así como muchas partes superficiales de su interior.

La nave se encontraba ahora atravesando por un sector donde unas mayores fuentes de calor le permitían salir de la impotencia causada por el congelamiento que por varios lustros de años terrestres la habían mantenido prisionera, y por tal razón, Alquitrán procedió a llevar a cabo el resto de las reparaciones internas así como las reconexiones necesarias con el fin que volviera a su antiguo estado de normalidad.

No obstante esas buenas noticias en el sentido que externamente iba subiendo la temperatura, en su parte interior, las gruesas capas de hielo continuaron congelando buena parte del salón de operaciones o control de mando de la nave, donde precisamente se encontraban los astronautas, y por tanto, dicha zona continuó totalmente inmovilizada, así como los demás sitios internos, pues las nuevas fuentes de calor escasamente iban derritiendo el hielo por sus partes mas superficiales.

Teniendo en cuenta que la situación había cambiado ostensiblemente debido al cambio climático que ahora se estaba registrando, fue entonces cuando el robot central de la nave pudo guardar plenamente su brazo mecánico y cerrar la escotilla o puerta de entrada que había quedado abierta, procediendo a encerrarse herméticamente debido a que sus censores habían avistado que a una prudente distancia se iba a presentar una situación muy peligrosa, para la cual la nave se estaba preparando.

Así mismo, los aparatos encargados de realizar las mediciones de velocidad, temperatura y distancia entre otros, al igual que las diez computadoras auxiliares comenzaron nuevamente a funcionar a la perfección, dando inicio a la retroalimentación con nueva información para el robot central, en el sentido que, se encontraban en las inmediaciones del centro de la galaxia de la vía lactea, vale decir, era un hecho cierto que se encontraban atraídos por su centro galáctico y que llevaban hasta entonces un recorrido de noventa y ocho años terrestres, aproximadamente, y que viajaban ahora a una velocidad permanente de la misma luz, la cual parecía ir en aumento a medida que se aproximaba a una inmensa mole negra que solo con luz infrarroja y a través del telescopio que le había sido incorporado a la nave, podía ser vista acerca de que se trataba.

Estaban nada menos que ad portas de llegar a sentir de cerca, lo que en la realidad es un agujero u hoyo negro, que había sido avistado por el centro de operaciones de la nave y que parecía encontrarse a una relativa corta distancia de dos años luz, pero que acorde con la fuerza de atracción que ahora se estaba ejerciendo sobre la nave, ese tiempo se reduciría ostensiblemente.

La nave se encontraba frente a un objeto desconocido, para el cual se dirigían y que sus mecanismos robóticos ya no podían variar su curso, pues las fuerzas gravitacionales que la atraían, hacía imposible partir en otra dirección, encontrándose virtualmente atrapada, por las fuerzas gravitacionales que imperaban sobre ella, provenientes de ese objeto desconocido.

La nave podía captar la fuerza gravitacional que la estaba invadiendo, pero su estructura, composición y tamaño, no podía ser vista a primera mano para el evento que pudiesen ir dentro de la nave seres humanos concientes, pues ellos no habrían podido observar el objeto por su propia vista, sino con la ayuda de los rayos infrarrojos que eran los que hacían notar acerca de su presencia y que Alquitrán era el único que se encontraba perplejo mirando parte de ese terrorífico objeto sideral.

Los mismos equipos de medición indicaban igualmente, que a dicha velocidad y durante el citado tiempo terrestre, habían viajado un promedio de 7.29 x 10 a la 14aba potencia, o sea unos setecientos veintinueve billones de kilómetros, aproximadamente, y que persistía la incógnita de continuar su recorrido a velocidades supersónicas, siendo muy difícil predecir por ahora, cual podría ser el destino final de la nave, ya que los vientos estelares de radioactividad, eran los que comenzaban a ser los encargados de darle tan inusual y raro recibimiento.

Capitulo VIII

¿QUE ES EL UNIVERSO?

Antes de adentrarnos en el intrincado e insondable laberinto que constituye el macro universo, primero debemos detenernos en analizar brevemente acerca de sus antecedentes, vale decir, sobre su verdadero origen, y para ello, comenzaremos por afirmar que la materia no se hizo sola, vale decir, no apareció como por arte de magia, fue necesario que requiriera de todo un proceso evolutivo, y es por eso que debamos comenzar por lo primero, o sea, por analizar el micro universo, porque creemos que antes que apareciera la materia mastodóntica del cósmos, primeramente se formó una especie de sala cuna donde se fue empollando la materia, habiéndose dado comienzo entonces a dar sus primeros pasos, porque fue ahí donde comenzó lo elemental, o sea , fue apareciendo la llamada estructura plan, que es precisamente el aparecimiento del desenrollamiento de la materia, sea esta visible o invisible y que mas adelante se muestra robustecida en la proporción emergente del universo.

Entonces en ese comienzo existió una "colada" de elementos, sin que hubiera aparecido la molécula, ni la partícula, porque apenas el núcleo del átomo estaba en proceso de formación y tuvo que existir un basto período de tiempo o fase anterior, para que aparecieran los quarks, electrones, protones positivos, neutrones, glucones e isótopos, y de esa manera pudiera surgir el desarrollo evolutivo de la formación de acuerdo a como la ciencia descubrió el átomo millones de años mas tarde, y por tanto, el átomo como tal, no se había formado o sea que el electrón como partícula elemental que es, debió ser para el inicio de ese micro universo, mucho mas pequeña de lo que finalmente quedó, debiendo ser aún mas mínimo e insignificante de lo que científicamente es, por virtud del principio de incertidumbre, y si ese fue el proceso evolutivo que inicialmente tuvo el universo, los demás componentes primigenios de los que posteriormente se nutrió y conformó ese macro universo, debieron haber tenido igual o parecido origen de tratamiento, desenlace y evolución.

Entonces afirmar como fue el origen del macro universo y como se dio su evolución, es menester puntualizar si en verdad existe o no la negación absoluta, vale decir, si la nada existe, y en miras a establecerlo, podemos decir que como tal, la nada no existe, lo que existe es una singularidad traducida en ficción, que dio origen a la sustancia absoluta e infinita de donde emergió el Ser categórico impregnado de materia, y como complemento supremo del Ente que finalmente fue de donde provino la partícula, vale decir, fue de donde surgió o nació y se multiplicó la materia propiamente dicha; partícula de la cual, una evolucionó y se desarrolló conformando la materia y antimateria que conocemos, y la otra, o sea la llamada materia oscura, rara y débil por demás, quedó recubriendo el 98 por ciento del macro universo que se mueve en distintas dimensiones, distorsionando hasta el tiempo mismo, lo que para el ser humano le ha quedado bastante complicado descubrir esas dimensiones.

No puede concebirse el aparecimiento de la partícula y la antipartícula, sin una base infinita de singularidades que finalmente fueron las que le dieron su origen, para que posteriormente apareciera y se multiplicara la materia como formación del macro universo, conforme lo pregona una teoría que expresa que el universo se formó a partir de "una colada" de partículas, proveniente de la llamada "cuerda cerrada" y que recientemente llamaron la partícula de Higgs o "partícula de Dios", que según se afirma, fueron doce las partículas que conformaron cuatro fuerzas siderales que son las que finalmente terminaron por conformar el macro universo.

Descubrir la composición de la partícula como tal y el papel que jugó en la composición y desarrollo del cosmos y su evolución para que se erigiera como materia, pienso que eso es bastante importante, pero mas importante sería, si se descubriera su verdadero origen: ¿Dónde estaba?, ¿De donde vino?, ¿Que hacía antes de aparecer?; ¿Cómo nació?, ¿Cuánto tiempo tardó en aparecer?, ¿Quién la creó?, ¿En verdad su estado era caliente o helado?; hasta conformarse el Ser como atributo indiscutible del Ente. Pues ese trabajo es el que deben hacer los estudiosos de estos temas y que son sin lugar a dudas los orígenes del micro universo para llegar a estudiar el macro cosmos, que es precisamente lo que nos proponemos tangencialmente analizar.

El universo es la complejidad estructural de lo complejo, o sea, es ese gran enigma intrincado de carácter infinito, relativo en masa, con materia visible e invisible, antimateria, energía, gravedad, espacio y tiempo que tuvo comienzo, pero que no tendrá fin, catapultado en tamaño y que se desplaza hacia lo desconocido denominado científicamente lemniscata o infinito.

El universo se constituye en el gran enigma sideral al que todos los seres humanos han puesto sus ojos y se han internado mentalmente en él, con el fin de encontrar el camino que lo lleve a descubrir las estrellas, sin que hasta ahora lo haya podido conseguir, a pesar de los grades esfuerzos que ha realizado la ciencia para lograrlo.

Entonces el universo es una gran masa relativamente uniforme, de gravedad, materia visible e invisible, antimateria, energía, espacio y tiempo que se encuentra diseminada también en un entorno infinito, que tuvo un comienzo, pero que no tendrá fin, por tanto, se deforma y se desfigura en verdaderas arrugas y gargantas curvadas colmadas de ondas gravitacionales en un ambiente complejo y cambiante complicado de entender y muy difícil de llegar a su verdadera comprensión.

El cosmos es ese gran torbellino huracanado que se hunde, asciende, surge y emerge simultáneamente en millones de micro cosmos paralelos, que incluso hay muchos que no han descubierto los hombres de ciencia, debido a las mega distancias que existe en su interior, sin que hasta ahora se haya podido establecer el verdadero origen de tales manifestaciones.

El Génesis 1 versículo 14 dice: "Dijo luego Dios: Haya lumbreras en la expansión de los cielos para separar el día de la noche; y sirvan de señales para las estaciones, para días y años, y sean por lumbreras en la expansión de los cielos para alumbrar sobre la tierra..." [20]

Lo que indica también que desde el punto de vista de la religión católico – protestante, se tiene la convicción íntima que el universo nació a partir de un Ser que encendió la chispa de la evolución y se constituye en un Todo, que fue su Creador y que por orden y voluntad suya se expande infinitamente desde ese pasado, el presente y se proyecta hacia el futuro mismo de la humanidad, ininterrumpidamente.

Pero igualmente, no se trata de analizar este asunto desde el punto de vista religioso, sino pragmático, y siendo así, es indudable que en un principio al no existir el cosmos, ni la luz, ni tampoco las estrellas, la nada fue el mas profundo de su significado singular, pues aunque no existían los objetos que nuestros ojos y sentidos pueden percibir desde los inicios mismos del género humano sobre la tierra, si se encontraba concentrada toda la fuerza sideral de energía, convertida primero en una partícula y antipartícula sumergida en un mar o "colada" invisible, que posteriormente se fue desdoblando y multiplicando infinitamente, transformándose en materia, antimateria, espacio, gravedad, energía y tiempo, creándose entonces el macro universo.

20. La Santa Biblia, pag. 1 versión Reina – Valera. 1960

Es mas, el universo está colmado de misterio que va hasta el infinito, pero atérrense, porque el mayor misterio que existe en el Cosmos, es Dios, que ni siquiera el demonio pudo descifrarlo para superarlo, por eso me temo mucho que el hombre por mas que llegue a ser sabio, pueda lograr descubrirlo.

Entonces se tiene la certeza que en un principio la nada, como tal, no existió, ni existe, ni existirá conforme se indicó anteriormente, ya que fue una singularidad constituida por un inmenso árbol invisible de donde provino, nació y se inflamó una gran flor, que poco a poco se fue hinchando hasta que se transformó en un inmenso capullo, donde precisamente se encontraban condensados la materia y la antimateria, gravedad, espacio, energía y tiempo en forma infinita, hasta que finalmente, llegó ese instante que dicha flor se abrió, y producto de esa formidable explosión o colisión abrupta entre la materia y la antimateria, apareció el macro universo o cosmos, quedando en una mayor proporción la materia y debido a esa gran explosión o colapso cósmico que sin antecedentes se produjo, apareció el macro universo, subsistiendo entonces en una mayor proporción la materia impregnada de un gran revestimiento o manto oscuro que recubre todo el cosmos, así como la gravedad, energía, espacio y tiempo.

Dicho colapso sideral conforme a las investigaciones científicas que en tal sentido se han hecho al respecto, pudo haberse producido hace unos 13.700 a 15.850 millones de años, donde se fueron diseminando expansivamente hacia el Infinito, todos sus componentes y partes que se encontraban comprimidos, que al colapsar, se creó un gran esplendor sideral, que fue el surgimiento del verdadero macro universo debido a esa gran explosión macro subatómica, que está constituido por millones de micro cosmos en su interior, y por tanto, emerge como uno de los mayores misterios jamás descifrados por el hombre.

Los pétalos de esa flor imaginaria, fueron los que a la postre quedaron convertidos en las galaxias; en el óvulo y ovario se engendró la vida y se expandió el espacio y el tiempo, quienes por el discurrir de los siglos, se fueron los dos cogidos de la mano hasta los confines de los siglos; en el sépalo o cáliz se sostuvo la energía cargada de gravedad; en los filamentos se crearon los sistemas solares, asteroides, meteoritos, aerolitos y demás objetos estelares; la antera sirvió para que se albergaran las constelaciones; el polen fue la base para que se diseminara por el universo las partículas invisibles de materia negra y antimateria y se creara la vida impregnada de energía y gravedad; así mismo, del halo surgió la oscuridad con lo cual se nutren las galaxias como también el universo mismo; en el estigma se ubicaron los agujeros negros, y dentro del estilo, se integró el resto de la gravedad, energía, espacio y tiempo para que también se sostuvieran las galaxias y se formaran los neutrinos, plasma y taquiones, bariones, bosones, fermiones, fotones, mesones, protones etc., que reinan y abundan en el universo; a su turno, los estambres sirvieron igualmente para que anidaran los vientos estelares, las nebulosas y empollaran los nuevos mundos que nacerían y morirían por todo ese macro universo, siendo esta la semblanza de un universo que se transforma y evoluciona simétricamente hacia el infinito, como fue precisamente su origen.

Así mismo es importante resaltar que, la antimateria tiene mucho que ver no solo con la creación del universo, sino con el aparecimiento y sostenimiento de la vida misma en el cosmos, y por tanto, también forma parte fundamental de su composición, vale decir, es inherente a su estructura y termina por erigirse como un elemento fundamental del universo, que se constituye en otro de los millones de misterios con los cuales se encuentra revestido, al punto que, sin dicha antimateria el ser humano y la vida, tampoco existiría.

Es mas, así como existen millones de agujeros negros en el cosmos, también existen millones de micro universos que tienen su propia dinámica, vale decir, que poseen su propia estructura de materia y antimateria, energía, gravedad, espacio y tiempo, así como también gozan de su propia autonomía en medio de las leyes generales del universo, y la sumatoria de todos ellos, es lo que se constituye en el macro universo, o lo que otros denominan un Multiuniverso, lo que indica que el famoso big – bang se viene repitiendo desde entonces a una menor escala, por miles de millones de veces, a medida que los componentes del cosmos se destruyen y se crean otros nuevos, así como también se expanden infinitamente.

En desarrollo de esta misma tesis acerca de la existencia de millones de microcosmos, los profesores Stephen Hawking y Leonard Mlodinow escribieron en su libro "El Gran Diseño", lo siguiente: **"Por tanto, las leyes de la teoría M permiten diferentes universos con leyes aparentes diferentes, según como esté curvado el espacio interno. La teoría M tiene soluciones que permiten muchos tipos de espacios internos, quizá hasta unos 10^{500}, lo cual significa que permitiría unos 10^{500} universos, cada uno con sus propias leyes. Para hacernos una idea de qué representa ese número pensemos lo siguiente: si alguien pudiera analizar las leyes predichas para tales universos en tan solo un milisegundo por universo y hubiera empezado a trabajar en el instante del Big – Bang, en el momento presente solo habría podido analizar las leyes de 10^{20} de ellos, y eso sin pausas para el café"**[21].

 Por otra parte, si nos detenemos un poco a observar el desarrollo de la humanidad en todos los tiempos, encontramos que el ser humano siempre ha buscado investigar, descubrir y poder llegar hasta ese macrocosmos, pero al paso que viaja, con todas las limitantes indicadas anteriormente, jamás podrá escudriñar ni siguiera el micro

21." El Gran diseño" impresión 2010. Pág. 136. Stephen Hawking y Leonard Mlodinow.

universo al cual pertenece, como es la galaxia de la vía lactea, lo demás le queda bastante difícil lograrlo, ya que se trata de pensar y actuar en una quinta y mas dimensiones, que son precisamente las que se encuentran mucho mas allá de toda proporción e imaginación humana.

El ser humano ha estudiado y llevado a cabo muchas investigaciones dirigidas a descubrir, ¡que es lo que se esconde allá en lo mas profundo del cosmos!, habiendo surgido entonces entre muchas otras, la Teoría Científica del Big – Bang, relacionada con el origen del universo, la cual afirma que antes de la nada, existía una singularidad y que en algún momento histórico, el espacio, tiempo, energía, gravedad y materia tenían densidades al igual que temperaturas infinitas, las que al contraerse, se produjo el gran estallido interestelar ocurrido hace unos 13.700 a 15.850 millones de años, habiéndose formado lo que se denomina el universo o cosmos, el mismo que ha conocido la humanidad desde los primeros tiempos, mas lo que le hace falta por descubrir, al igual que otros lapsos de tiempo que seguramente jamás conocerá, así la humanidad se proyecte eternamente sobre el planeta tierra.

Algunos científicos dicen haber medido el universo y le calculan una extensión de 93 mil millones de años luz, entendiendo por año luz, la distancia que ella recorre durante un año terrestre y que su equivalente es igual a nueve billones, cuatrocientos sesenta y un mil millones de kilómetros.

Dicho estudio de simulación que en el transcurso de la historia científica se ha hecho, dice que el universo se asemeja a un huevo, lo que no se afirma es, de que sabor, cual es el color y el grosor de su cáscara, cual es la materia que se halla por fuera de su entorno, tesis esta que está dirigida a demostrar que efectivamente el universo si tiene límites, lo que no se atreven tampoco a afirmar, es que por fuera de esa medición, aún queda bastante espacio y tiempo, así como mucha antimateria, plasma y neutrinos que también interactúan, y por tanto, jamás dicha teoría podrá ser cierta, por cuanto que solo se basan estos cálculos, en mediciones matemáticas inexactas e imperfectas como lo son todas las tesis que han inventado y esgrimido los seres humanos sobre la tierra, pues se considera que el cosmos no podrá ser medible, si en verdad es finito e ilimitado.

Igualmente se afirma en dicha teoría, que como producto de la colisión interestelar, fueron creados los millones de galaxias, sistemas solares y demás cuerpos cósmicos así como las fuerzas gravitacionales que conjuntamente se disputan el espacio y la materia oscura o plasma que interacciona, constituyéndose en la amalgama de fusión de materia y antimateria, creándose el ambiplasma con el cual se nutre el universo, así mismo, para que el cosmos se expandiera tan rápido como la misma luz. Pues desde ese punto de vista, pienso que esa teoría no es correcta, pues se requirió que en un principio se enriqueciera la materia de neutrinos y taquiones para que la materia como tal, antimateria, gravedad, espacio, energía y tiempo, pudieran desplazarse millones de veces mas rápido que la misma luz en la forma como finalmente lo hizo, para que terminara formando los millones de mundos que conforman el macro universo.

Fue de esa manera que se rasgó de un tajo el macro espacio, se creó la luz, y por las distancias cósmicas que desafían el mismo entendimiento humano, se creó la distorsión del tiempo y el espacio, apareciendo el campo electromagnético y las leyes físicas que rigen el universo, del cual se auto alimenta, conectándose con ella e impregnándose ilimitadamente hasta lo mas profundo del universo

En consecuencia consideramos en forma teórica que el origen del universo, parte del principio que, antes de producirse esa gran explosión cósmica, tiempo, energía, espacio, gravedad, materia y antimateria, por la circunstancia de ser infinitas, también en un principio nació y creció ese árbol imaginario que se transformó y recubrió en cada una de las citadas categorías, y poco a poco se fue nutriendo y concentrando, las cuales finalmente quedaron convertidas en el pétalo de la flor, elementos estos que eran muy distintos a los que el ser humano ha conocido y que solo por la vía de la evolución muchos de ellos se han podido estudiar y desentrañar, conforme quedo indicado anteriormente.

Todos esos elementos se hallaban comprimidos en una inmensa mole invisible, las que en un comienzo, por virtud de la gravedad absoluta, hizo que la materia sólida y la antimateria gaseosa, que hasta ahora se habían mantenido dentro de esa mole de oscuridad absoluta, convertida ahora en el pétalo de una flor, que al colisionar o chocar todo el material que contenían, se produjo la gran explosión y producto de esa colisión de materia sólida oscura, conjuntamente con la antimateria que era gaseosa, terminaron entonces por expandirse infinitamente, activándose el gas, que al irse calentando junto con la energía y el tiempo, fueron apareciendo las galaxias y los demás cuerpos celestes de los cuales se nutre el cosmos, así como también la materia oscura que al ser liberada, se esparció en grumos orbitales, quedando recubriendo en un 98% con un manto oscuro toda la faz universo.

Así mismo, el cosmos se expandió con la energía indefinidamente, a la vez que la luz creaba tiempo y el tiempo que iba aparejado con la gravedad, pudo terminar recubriendo lo que después se transformó en ese macro universo, el cual quedó impregnado de una envoltura invisible de partículas calientes denominadas neutrinos criogénicos, que terminaron por interactuar en permanente movimiento y ebullición que tuvo comienzo pero que no tiene fin, y en sí mismo, lo contiene y lo controla todo, que es lo que conforma la evolución del universo, constituyéndose en otro de los múltiples misterios del que también está compuesto ese macrocosmos.

Entonces la energía se constituyó en la "levadura sideral", a partir de la cual se produjo la gran hinchazón cósmica impregnada de magnetismo, electromagnetismo, protones, positrones, materia extraña de las que están compuestos los coasares, se infló la materia, se creó el tiempo y el espacio, así como la antimateria, la gravedad lo impregnó todo, y cuando dicha inflación se dio, se produjo el gran estallido cósmico, a una velocidad superior por millones a la misma luz, habiéndose producido entonces un fenómeno raro que aún se sigue sucediendo ininterrumpidamente, pues todavía aparecen a gran escala y se sienten sus masivos efectos, así para el conocimiento y la comprensión humana hasta ahora los estemos conociendo, acerca de los fenómenos siderales que pudieron haberse causados hace millones de años, pero que solo hasta ahora los está descubriendo la humanidad, cuyos destellos de luz solo hasta ahora están llegando al planeta tierra, fenómenos celestes estos que son los que en últimas nos revelan parte de las incógnitas que sufrió el desarrollo y desenvolvimiento del universo.

De la energía se pueden decir muchas cosas, entre otras, que es eterna o sea que no se acaba, lo que fenecen son sus efectos en la materia misma, y el día que desaparezca la energía, ese día habrá colapsado el universo.

Por dichas razones, fueron creados los halos oscuros estelares que envuelven a cada una de las galaxias, el cual está aparejado a la energía, cuyas partículas recubren el universo dentro de esa interacción infinita de gravedad estelar a medida que se expande, mientras que las galaxias gravitan dentro de su espacio, gravedad, energía, tiempo, materia y antimateria, las cuales igualmente están unidas en el cumplimiento de su misión estelar mastodóntica.

Así se creó la llamada red cósmica de materia oscura que envuelve al universo en un gran manto invisible interno y externo que llega al 98 por ciento, el mismo que con la gran explosión, también quedó diseminando y se encuentra recubriendo invisiblemente todo el universo.

Es por esa razón que la materia oscura o partículas invisibles que atraviesan el cosmos, actúan e interaccionan en absolutamente toda la gama del cosmos y le aplica su aceleración y velocidad a la materia visible, que es la que se refleja en un gran manto o halo en cada una de las galaxias, para en últimas poder mantener unida a la materia, energizadola permanentemente.

Esa materia oscura, son los neutrinos o partículas extremadamente ligeras que se confunden con la nada porque no puede ser vista con por el ojo humano, al punto que, debido a las distancias, puede hacer distorsionar la misma luz, interaccionando con el plasma, taquiones, germanios, y dicha correlación de fuerzas son las que se encuentran impregnadas de energía, gravedad, espacio y tiempo, de cuyas partículas más ligeras son las que nutren el universo.

Igualmente fueron creados los supercúmulos de galaxias, donde la extensión de muchas de ellas pueden superar los 650 millones de años luz, logrando ser unas tres mil veces mayores que la Galaxia de la vía láctea y que son la acumulación por gravedad de cientos de galaxias absorbidas o tomadas por superiores cuerpos celestes, haciendo que esas moles galácticas se comporten como verdaderos micro universos.

Igualmente a partir de ese big-bang que se produjo en la formación del universo, se formaron fenómenos cósmicos sumamente raros como son las denominadas manchas Alfa, que no son otra cosa que burbujas cósmicas de diversos gases calientes que se mueven en distintas direcciones, cuyo diámetro pueden alcanzar entre los diez millones a los mil millones de años luz, siendo estos fenómenos estelares los que precisamente nacen las galaxias, apareciendo como si fuera la sala cuna donde ellas empollan y que finalmente pueblan el universo.

Otra manera de destacar los fenómenos raros en el macro universo, es la existencia de sistemas solares binarios o trinarios, vale decir, donde dos o tres soles dominan un determinado sistema solar, que es algo increíble que ello ocurra, siendo inverosímil para el conocimiento humano, que tales fenómenos puedan estarse desarrollando en alguna de las galaxias que por mas de cien mil millones conforman el macro cosmos.

Los agujeros u hoyos negros, también constituyen otra clase de fenómenos raros y peligrosos en el universo, donde la masa estelar súper masiva, puede transformarse en un monstruo feroz que puede contener diez mil veces la masa de nuestro sol, aparte de los cientos de millones de fenómenos raros en estrellas, galaxias, cúmulos o asteroides que conforman el macro universo.

El universo es ese esplendor de radiación de luz y gravedad cósmica que se dispersa y se comprime, es el estiramiento de la fuerza gravitacional que lo controla todo y que parece que se desplazara hacia el infinito sin control alguno, se encoge a medida que se encuentra atrapada en las galaxias o en los agujeros negros y distintos cuerpos celestes aún desconocidos para el conocimiento humano y que se expande, entendiendo dicho término, como todo lo que gira y se escapa a todo control, pero que en el fondo no es otra cosa que el acople de materia y antimateria visible e invisible, que se encoge y se mueve, pudiendo ir o venir en aparente línea recta, pero que se encuentra convertida en una enorme curvatura distorsionada de luz, sin que ello necesariamente sea así, no solo por las distancias, sino por las formas y tamaños de las galaxias que solo han podido ser observadas por los telescopios y vistas mediante las fotografías que han sido tomadas hasta ahora.

Dichas galaxias son las que científicamente les han dado distintos nombres, tales como trianguladas, barradas, elípticas etc, demostrándose con ello que el cosmos es ese mismo ir y venir infinito, pues para la mente humana le es difícil comprender que nos encontremos en una multiplicidad de universos, metidos todos dentro de un macrocosmos cuya complejidad es precisamente la que ha mantenido y mantendrá al hombre demasiado lejos de encontrar la verdadera respuesta al gran misterio que ello encierra acerca de su gran diversidad, tamaño, composición química etc.,que son los colores y formas muy distintas que han tomado los millones de galaxias que se encuentran poblando ese macrouniverso.

Así las cosas, el universo por el hecho de ser la evolución y la transformación de la materia y antimateria, energía, gravedad, espacio y tiempo, se constituye también en una permanente mutación y nacimiento de nuevas galaxias, y por tanto, esa sumatoria de miles de microcosmos, es lo que hemos denominado macro universo, siendo este otro elemento enigmático que los estudiosos del cosmos tampoco han podido descubrir y me temo mucho que nunca jamás podrán lograrlo, mientras el ser humano continúe siendo imperfecto en sus formas de ser, pensar y actuar, y sin dárselas, es también el dueño absoluto de las falencias y limitantes, que precisamente, son las que lo mantendrán encasillado y aislado por siempre en este globo terráqueo.

Por esas razones es que podemos afirmar que el universo es la ebullición permanente de la materia y la antimateria, espacio, energía impregnada y concentrada de gravedad en el tiempo, que aparece ante los ojos de los seres humanos, que se desplaza buena parte de la materia a una velocidad superior que la que en principio tuvo, que va y viene, sube y baja infinitamente, en circunstancias que revelan el verdadero misterio del cosmos, al punto que, la concentración de la gravedad con las partículas de materia y energía, así como de antimateria, taquiones, neutrinos y plasma, son precisamente los que reinan y abundan en el universo, y que sobrepasan los límites de la materia que observamos diseminada por el universo.

Cuando en un principio se produjo esa gran explosión cósmica, al dispersarse hacia el infinito los elementos que existían, la energía llevó consigo la materia, creando el espacio y tiempo, ahora bien, desde las partículas mas elementales hasta los trozos mastodónticos de energía, llevaron consigo los mismos componentes para la creación sucesiva de los micro universos, que son los que han venido desarrollándose desde ese primer instante, haciendo que la materia y la energía se desplacen hacia el infinito, creando nuevos mundos, en una verdadera multiplicación de ese famoso bic- bang, que en cadena continuará reproduciéndose indefinidamente, y por eso, es que el universo no tiene límites en la medida como ese alo oscuro que lo recubre y que hace de cielo del universo, impide establecer sus verdaderos límites o paredes que puedan detenerlo.

La prueba de esa afirmación es que desde el punto de vista científico, ningún ser humano ha descubierto que la partícula energizada que tanto hemos hablado, se esté extinguiendo desde cuando una vez ella hizo su aparición, y por tanto, la tendencia ahora es que estemos regresando al estado primitivo o que nos estamos devolviendo y que el proceso nuevamente se esta retornando conforme lo predica una tesis científica; pues a decir verdad, esa afirmación hasta ahora no se ha puesto en boga en la comunidad científica, y por tanto carece de plena credibilidad.

Por el contrario, cuando se habla de evolución y surgimiento del universo, dicha premisa está montada hacia su desarrollo, y esta a su vez, hacia la formación de la vida, y con ella, el nacer, crecer, desarrollarse y fallecer, para terminar transformándose en otro estado de la materia, así como la energía, transformándose quizá en otra clase de energía, en una permanente retroalimentación, y por tanto, lo que existe es evolución como producto del desarrollo de

163

esa energía, que como ya se indicó, se fue de la mano creando espacio y tiempo aparejada con la materia y la antimateria, elementos propios de la esencia del universo.

Por esa razón el universo jamás va a involucionar, por el contrario, siempre estará en permanente movimiento para poder crear y transformarse expansiva e ilimitadamente, por ello, nunca podrá producirse otro colapso por la vía del enfriamiento o agotamiento de la energía como motor sideral, porque esta no se agotará o extinguirá jamás, habrá de transformarse en otra fuente de energía, para crear vida u otra clase de fenómenos propios del cosmos.

Es por eso que la fuerza gravitacional es la que hace aparecer que el universo sea cóncavo, y por esa razón, se distorsiona o se desvía la luz en el espacio sideral, pero eso no significa que el cosmos tenga paredes o que haya llegado a sus límites y que ahora vuelve de regreso o que está dando una gran vuelta para aparecer o desaparecer como llegó, según lo indican algunas teorías muy respetables por cierto, pero eso jamás podrá ser suceder.

Es más, si sobre la punta de la aguja mas fina colocada sobre un sitio del planeta tierra, pudiéramos montar un potente telescopio y este apuntara hacia el universo, con perplejidad podríamos observar que irían apareciendo miles de universos en lo profundo de ese cosmos, demostrando con esta premisa elemental, que el macro universo es tan grande, que no puede caber ni siquiera en la sumatoria de todas las imaginaciones humanas de la tierra, prueba de ello, son las llamadas burbujas en expansión, manchas alfa, los radio lóbulos y las mismas estrellas masivas de donde proviene la vida que la humanidad disfruta y conoce.

Si nuestro mismo sistema solar viaja hacia el centro de la galaxia y regresa cada 225 mil millones de años luz, esa es la mayor demostración que ese pequeño microcosmos esta constituido por la galaxia de la vía láctea, hace exactamente lo mismo, respecto de los demás microcosmos

164

que interaccionan en el resto de ese macrocosmos al que pertenecen; ahora bien, es cierto que el universo se expande o se viene desplazando desde sus inicios, ello constituye una aberración intelectual expresar que su destino final a llegado y que estemos prestos a encontrar las murallas que habrán de detenerlo en su profundidad y límites, ya que precisamente para el ser humano no le será dado jamás el averiguarlo y lograrlo, lo cual se convertirá indefectiblemente en las mismas frustraciones que ha permanecido desde el devenir de los tiempos.

Mientras el universo se desplaza infinitamente, en su interior pueden estar sucediéndose cosas fantasmagóricas, tales como, la destrucción y creación de nuevas galaxias, al igual que el aparecimiento de nuevos agujeros negros, vale decir, del nacimiento de millones de mundos nuevos, así mismo, todas las galaxias y cuerpos celestes se estarán moviendo infinitamente dentro de su misma gravedad centrípeta y centrífuga, que impide la colisión anticipada con otras galaxias, o por el contrario, muchas de ellas se destruyen para nacer unas nuevas o transformarse en otros agujeros negros, que es precisamente la mayor concentración de energía, sumidas en un ambiente de gravedad absoluta.

Ahora bien, si partimos de la afirmación científica, en el sentido que la materia no se destruye, sino que se transforma, ello contradice la tesis igualmente científica, en el sentido que, en algún momento el cosmos volverá a su primigenio estado o se acabará por la vía del enfriamiento, y que habrá un momento en que la materia se habrá calcinado o destruido, afirmación científica esta en la cual tampoco podemos estar de acuerdo, pues ella no tiene asidero por virtud del mismo principio indicado anteriormente.

El universo es la ebullición permanente de la materia cargada de energía activa e inactiva, que se desarrolla y evoluciona dentro de la expansión y transformación que se forma, creando las nuevas cadenas galácticas, de tal

165

manera que cada sistema galáctico sólo constituye un punto minúsculo o partícula pequeña de la cual se nutre el macrocosmos, significando con ello, que ninguno de los cuerpos galácticos pueden ser ajenos a las leyes gravitacional y físicas que envuelven ese macro universo, pues esa es la parte interesante con que se retroalimenta el cosmos para destruirse y nacer de nuevo dentro de un ciclo que tuvo principio pero que no tendrá fin.

Los hombres de ciencia interesados en hallar buena parte de los misterios del universo, en el Siglo XX se embarcaron en la construcción de un proyecto científico, consistente en la hechura de un par de anillos al interior del planeta tierra, con el fin de desarrollar el famoso Proyecto L H C, para crear el proyecto Atlas en el Centro Nuclear Europeo, encaminado a verificar en miniatura la Teoría del Big – Bang y adentrarse en la búsqueda de encontrar el origen del universo, acelerando los protones hasta alcanzar la misma velocidad de la luz y produciendo una micro explosión de esos mismos protones, con el propósito de extender las mismas fronteras del conocimiento, experimento simulado este, muy parecido al que en un comienzo pudo ser el origen del universo, para concluir, que el universo tuvo origen pero que siempre se va expandiendo infinitamente, que es precisamente la barrera eterna que encontrará la humanidad entera a través de los siglos y hasta que sobrevenga la total desaparición del género humano, porque siguen ignorando que la energía es el motor que no se apaga ni se destruye, solo se transforma renovándose en su interior.

¿Que es el espacio?. Puede ser definido como la distancia que existe entre dos cuerpos. La física enseña, que el espacio y el tiempo es la velocidad geométrica en la cual se desarrollan todos los eventos físicos del universo, de acuerdo con la Teoría de la Relatividad.

Existen entonces varias clases de espacios conforme se enuncie, así: El espacio natural; está dirigido a proteger el medio ambiente. La astronomía define el espacio como tal, como la región del universo que se encuentra más allá de la atmósfera terrestre.

Así mismo, se define el espacio intergaláctico como el que separa a las galaxias, cerca del vacío total, donde no hay materia física, polvo cósmico ni escombros siderales, pudiendo existir materia invisible.

Espacio interestelar es el existente entre las estrellas, siendo el más amplio, el que se encuentra entre las galaxias, por manera que hay espacios filosóficos, geográficos, biológicos, matemáticos, informáticos etc.

¡Que es la energía? Puede ser definida como la capacidad de obrar, transformar y poner en movimiento la materia; en otros términos, es la creadora de materia, antimateria, gravedad espacio y tiempo ilimitadamente.

Ahora bien, el espacio es infinito en la medida como se extiende hacia sus mismos confines, confundiéndose con el cosmos mismo, partiendo desde lo finito y llegando hasta lo ilimitado, conformando un dúo de universo profundo e inaccesible.

Es falso que el universo sea cóncavo en su parte exterior, si así lo fuera, tendríamos que admitir que el cosmos tiene unos límites o paredes hasta donde pueda extenderse, y ello no es así, pues el ser humano podrá cacarear todo lo que quiera con el fin de llegar hasta los confines del cosmos, pero jamás podrá lograrlo.

Ahora bien, si confundimos las distancias con el recorrido y desplazamiento de la luz a través de las estrellas, galaxias y otros cuerpos cósmicos como son los agujeros negros, en ellos si podemos advertir y estar de acuerdo que existe esa curvatura física, y por tanto, en el interior del cosmos si existe el aspecto cóncavo que efectivamente lo contiene, y por ello, no debe ser generalizado afirmar como sostiene la cosmología moderna, cuando afirma que el universo es cóncavo y limitado.

Esa misma escuela cosmológica afirma, que el universo esta compuesto por un setenta y cinco por ciento de energía negra, un cuatro por ciento de átomos y un veinticuatro por ciento de masa, con fundamento en un modelo estándar que simula el universo, apareciendo entonces un cosmos virtual, que no contiene una base física verdadera, posición esta que no compartimos porque olímpicamente está despreciando la base científica propiamente dicha.

El cosmos en su interior es cóncavo, no así en el exterior y a medida que el movimiento se produce, también las distancias se aumentan o reducen según sea la elipse interna que se produzca de los cuerpos celestes hacia el infinito, y por tanto, el universo es homogéneo e isótropo, lo que significa que tiene la misma apariencia física desde cualquier lugar desde donde se le observe.

La materia se mueve al vaivén de la energía y flota a medida que se profundiza en la expansión permanente en el espacio, lo que hace perturbar el entendimiento humano, haciendo que la noción del universo sea confusa e inaccesible y esa premisa es precisamente la que no se ha querido aceptar, ante todo, porqué la materia tiene partículas diferentes a su masa, desconociendo la descomposición de los neutrinos y el plasmas que se suceden a partir de la contracción de los residuos y su transformación, concentrándose entonces la energía gravitacional en los llamados Agujeros u Hoyos Negros.

Ahora bien, el universo se desplaza velozmente hacia el infinito conforme a los últimos hallazgos científicos que los estudiosos del tema lo han afirmado, pero también es importante recordarlo, que esos nuevos descubrimientos con la evolución de la ciencia que se viene realizando, en verdad no son sino añejas o muy antiguas noticias, ya que los destellos de luz que apenas están llegando o las colisiones que se han venido avistando por los telescopios mas sofisticados, solo están captando unos sucesos que ocurrieron en el universo hace millones de años, por manera que, lo novedoso para el ser humano no es sino la noticia, pues esos eventos siderales pudieron haber ocurrido cuando las culebras comenzaban a dar sus primeros pasos sobre su panza.

El universo es infinito en la medida como se consume en el espacio vacío y materia cósmica oscura y puntos ilimitados que se esparcen en todas las direcciones de ese espacio sideral, conjuntamente con la materia y la energía, así como con la gravedad, que es lo que constituyen el todo, en el convencimiento que, mientras las mismas galaxias se expanden, perfectamente puede estarse aumentando las distancias existentes entre cada una de ellas, o por virtud de la evolución, se producen las colisiones estelares y se destruyen entre sí, para formar nuevos cuerpos celestes, hasta llegar a un punto que el ser humano lo desconoce y que siempre se preguntara: ¿Cual será el final del universo?.

Ahora nos preguntamos: ¿Que es el infinito?. Pues bien, desde los primeros tiempos el ser humano siempre se ha distinguido por preguntarse, ¿de donde venimos?, ¿quienes somos?, ¿donde estamos?, ¿para donde vamos?, y en dicho círculo vicioso, continuará la humanidad en la búsqueda de alcanzar el verdadero razonamiento, acerca del concepto más inaccesible y paradójico que se haya podido posar en el intelecto humano, como es el infinito.

El infinito no ha sido posible ser medido ni descubierto por los grandes matemáticos que la humanidad ha dado, quienes serían los únicos que podrían haber llegado a su feliz descubrimiento de esa enigmática verdad.

En consecuencia, se indica que cuando hablamos de infinito, nos estamos dirigiendo a lo grande e ilimitado, pero mas allá de eso, a la profundidad de esa incógnita que el ser humano no ha llegado y al parecer, tampoco se le permitirá llegar jamás, todo ello constituye un misterio el encontrarlo, y por tanto, los estudiosos de ese escabroso tema, han terminado por conformarse con el hecho de haber llegado hasta encontrar unos pocos destellos cuyas conclusiones no fueron precisamente el haber encontrado la respuesta exacta de lo que se propusieron descubrir, sino que se confundieron debido a lo avezado de sus inalcanzables elucubraciones.

Fueron los filósofos y grandes matemáticos griegos quienes en principio se adentraron en dicho análisis, habiendo sido también ellos los primeros que inútilmente, no pudieron arrojar ningún resultado, habiendo quedado entonces el término infinito, reducido al mero sentido común del mundo.

Por tanto, Infinito es lo mas gigante, así como lo mas pequeño o microscópico a la vez, pero que resulta ser ilimitado, que bien puede ser la sumatoria de varios millones de cosmos, y quizá por ello, los hombres de ciencia han dicho que el universo es un mundo cerrado hacia el infinito, de lo cual solo crearon la llamada lemniscata, como símbolo y forma de su representación… y pare de contar.

Filosóficamente hablando, se define el infinito como la forma de desentrañar místicamente, donde es que se encuentra Dios o Alá.

Sin embargo hasta ahora, no ha sido posible que el sentido humano pueda captar el infinito absoluto y llegue hasta él, precisamente porque eso no constituye objeto de los sentidos, porque si así lo fuera, perfectamente podríamos observar la sustancia y la esencia, simultáneamente, y por tanto, seríamos pródigos en sabiduría.

El universo es hiperisférico abierto y cuadragesimal sin límites, que va y viene, sube y baja con espacio ilimitado para el sentido humano, que llega al infinito absoluto y desde un comienzo para el cosmos nacer y desaparecer, siempre ha tenido que ser violento y caníbal por su naturaleza, y por ello, desde los seres mas pequeños hasta los mas grandes, deben seguir naciendo y desapareciendo a medida que aparezcan, para poderse entender que siempre debe prevalecer la evolución, como base fundamental de esa paradoja que lo contiene y lo confunde todo, por tanto, el cosmos está lleno de energía impregnada del movimiento, se constituye en el gran motor sideral lleno de campos gravitacionales, que a pesar de su autonomía, tiene sendos vasos comunicantes para controlar con su portentosa fuerza, absolutamente todos los micro universos en que se encuentra disperso en la bastedad del espacio infinito.

.

El Universo desde ese primer instante de que habla la famosa teoría del Big – Bang, se ha constituido hasta hoy en día, en una singularidad que es una excepción desconocida para las leyes físicas y hasta los confines de los siglos, y por tanto, el cosmos desde el principio, siempre ha estado vivo y en su interior se encuentran todos los seres vivos que por la evolución existen dentro de él, incluyéndose hasta la misma antimateria que igualmente se mueve y se seguirá moviendo de un lado para otro, y desde entonces, no ha cesado de moverse, expandirse, encogerse, alargarse, girar, subir, bajar, ir, y venir en un movimiento de permanente actividad e interminable ser, estar, morir y comenzar de nuevo, dentro de un movimiento gravitacional cóncavo y esferoidal, elíptico, espiralado, barrado, etc., en otras palabras, el universo es plano, abierto, cerrado, vibrante, pulsante, estacionario, y mas que todo cuadrimencional, conforme se muevan las galaxias en su interior, mientras que ese macro universo se expande, en la medida que dichas categorías no existen.

El universo está compuesto en un 75% de hidrógeno y de un 24% de helio, el resto litio, deuterio y otros compuestos químicos en mínimas proporciones.

Está integrado por 150 mil millones elevados a la 10a potencia, aproximadamente, de galaxias expandidas por el espacio infinito, junto con billones de nebulosas y cientos de

171

billones de sistemas solares, existiendo en su interior, un noventa por ciento de materia oscura o masa galáctica invisible que igualmente se denomina plasma o sea el estado agregado de la materia con características propias que reacciona a los campos eléctricos y magnéticos, neutrinos, taquiones, tucanes etc, que son otras de las disímiles formas de manifestarse la energía.

En el universo están todas las riquezas habidas y por haber, que en gran medida no han sido tampoco descubiertos por los buscadores de metales preciosos, emergiendo ante la vista humana, como la gran maravilla sideral que puede ser un legado precioso que dejó el Creador para que sirva de admiración a toda criatura viva que pueda existir en los mas remotos y apartados lugares del cosmos, así como aparece y se manifiesta la vida sobre el planeta tierra.

El universo es tan grande e inmenso, que la distancia entre la mayoría de cada una de las galaxias, se mide por millones de parcecs. Un parcecs, es igual a 206.265 Unidades Astronómicas y una Unidad Astronómica es el equivalente a la distancia en kilómetros que existe entre el sol y la tierra. Un kiloparcecs, es el equivalente a 1.000 parcecs, o sea igual a 3.000 mil doscientos sesenta años luz. Un Megaparcecs, es igual 1'000.000 de parcecs o sea 3'000.000 millones veintiséis mil años luz.

En el universo no existe el tiempo que el ser humano conoce, ya que esta es una categoría creada por los seres humanos para que le sirva como guía o parámetro en el desarrollo de su vida terrestre.

El universo está lleno de millones de cúmulos de galaxias y objetos estelares, con miles de millones de agujeros u hoyos negros, los cuales se encuentran en los centros de cada galaxia, que son precisamente la masa del cosmos, mientras que el volumen se erige como el espacio que ocupan los objetos dentro de él, así como su densidad, es la dimensión de la masa por el volumen y que los matemáticos son los que han llegado a esa conclusión.

El ser humano es una criatura privilegiada que ha vivido y se ha desarrollado en un mundo maravilloso como el planeta tierra y la circunstancia de su desmedida ambición por conocer y descubrirlo todo, es lo que lo ha llevado a constituirse en el ser vivo mas inteligentemente, entre los seres vivos que actualmente puedan estar poblando el universo, sin embargo, pueden existir otros seres mas inteligentes diseminados por el cósmos, pero hasta ahora no se han descubierto.

Ahora bien, desde el momento del gran suceso estelar o teoría del big – bang, ocurrido hace unos 13.700 a 15.500 millones de años y la formación de la galaxia de la vía láctea ocurrida hace unos 13.000 millones de años, aproximadamente, entonces nos preguntamos, en que momento el universo ha tocado fondo. ¿Acaso hubo un momento en que esa expansión se detuvo ?. ¿Cuál ha sido la distancia en que se ha expandido la materia, antimateria, energía, gravedad, tiempo y espacio por el cosmos desde su nacimiento? ¿Qué podrá decirse respecto de la materia que se halla más allá de la galaxia de la vía lactea, en otras galaxias del universo y que la humanidad desconoce su existencia? ¿Desde que momento el universo se ha mostrado que se está frenando en su expansión por haber llegado a su límite o pared que le impide continuar? ¿Acaso el hombre descubrió su verdadero origen y puede predecir cual será su final?.

Definitivamente, son muchísimos los interrogantes que saltan a la palestra para que los científicos los descifren, y puedan continuar profundizando sobre todo lo que encierra el conjunto del misterio que se halla en el universo.

La sola Galaxia de la Vía Láctea en la cual se encuentra nuestro sistema solar, es una pequeñita criatura viviente en el contexto del universo, y por eso, cuando nos preguntamos de donde venimos y para donde vamos, todo ello constituye apenas las inquietudes mas elementales en que se debaten los seres humanos en la búsqueda de hallar la verdad, al punto que, si miramos a nuestro alrededor, la misma estructura con la que está compuesto el ser humano, también nos indica que formamos parte de ese enigma llamado universo, pues aunque pequeños o insignificantes seamos sobre el planeta tierra, también constituimos en todo un micro universo, colmados de misterios hasta en los tuétanos.

Elevarnos al cosmos con el ánimo de auscultar su profundidad y su misterio, es estirar bastante nuestra imaginación, para podernos convencer que somos demasiado pequeños, y por ello, no entenderemos ni comprenderemos lo formidablemente, inmenso, complejo e insondable que es el universo.

Aunque el universo es tan antiguo, se observa que en él se produce la transformación o muerte de galaxias y también el nacimiento de unas nuevas, así como de sistemas solares, pero no por ello puede indicarse que todo es nuevo o que todo es viejo, ya que hay sistemas relativamente jóvenes, así como sistemas galácticos muy antiguos que son los que en su conjunto, conforman el macro universo.

Mucho se habla que el ser humano algún día conquistará el cosmos, pero pienso que ello jamás podrá lograrlo, ya que a duras penas puede alcanzar a pensar sobre una parte minúscula de él, y hasta podrá conquistar otra mínima esquina de otro sistema solar, pero no le será dado verdaderamente penetrar y conquistar lo mas profundo del universo, si partimos de la premisa que el ser humano no es eterno y su vida está regida por un pestañar en el tiempo de ese espacio sideral, amén de estar metido en ese cascarón de piel donde muchos nacen viejos, circunstancias estas que le restringe su andar y le limita su accionar.

Por algo será que se afirme por parte de la comunidad científica, que el cosmos es el todo, constituyéndose en un verdadero misterio lo que encierra y rodea, metiéndose en verdaderos problemas quien intente llegar mas lejos, en el afán de descubrirlo, y por eso, todos los hombres que pretendan saberlo todo, o casi todo, terminarán siendo los que primero bajen a la tumba, mas por ignorantes y necios, que por cultos y sabios, teniendo esta premisa como verdadera, en la medida que la conquista del universo, sólo le puede pertenecer única y exclusivamente, al Creador o ser Superior … lo demás no dejan de ser sino cuentos de hadas o de la epopeya griega, cuyas hazañas fabulosas pudieron tener mayor certeza, que los controvertidos argumentos que en tal sentido se esgrimen ahora, dirigidos a ponerle fin a esta controversia.

En el universo sí existe mas vida, porque ella es producto de su evolución y en otras galaxias perfectamente puede haber mas vida inteligente, muy distinta a la del ser humano, así como muy diferente a la conocida en el planeta tierra, que también como la nuestra, puede estar perdida en otros de los miles de millones de sistemas planetarios parecidos al nuestro, que se hallan diseminados por el universo.

La vida en el universo puede existir en condiciones extremas, o sea que mientras los seres humanos necesitamos el hidrógeno y oxigeno para sobrevivir, otros seres pueden requerir del azufre y helio también para su supervivencia, adaptados a otro medio ambiente muy diferente y raro al conocido por la raza humana, prueba de ello, es que el cosmos está lleno de cometas, que son precisamente los portadores de la vida convertida en carbono, oxigeno e hidrógeno, elementos químicos estos, que fueron precisamente los primigenios iniciadores de la vida sobre el planeta tierra.

Entonces el cosmos es todo lo infinito e ilimitado que existe y existirá, que tuvo un comienzo y me temo mucho también, que nunca tendrá fin, ya que por la sensación permanente del movimiento de la materia y la energía que produce, hace que el universo sea cuadridimencional y aún mucho más que eso, en la medida que nuevos fenómenos cósmicos vayan apareciendo y sean conocidos por los seres humanos.

El universo es el lugar donde anidan millones de galaxias, constelaciones, estrellas o soles la mayoría de tamaño superior a nuestro sol, planetas y demás objetos y vientos estelares, donde igualmente se encuentran deambulando en inmensas cantidades los llamados agujeros negros.

El universo está saturado infinitamente de una partícula negra denominada neutrinos, plasma y taquiones, que son precisamente los elementos que no pueden ser observados a simple vista y aparecen luego que la materia se ha consumido y transformado en antimateria y energía cósmica, que igualmente se halla dispersa ilimitadamente.

La energía concentrada y transformada en rayos gama y beta, son el nacimiento de los residuos energizados denominados neutrinos y taquiones, por tanto, la antimateria cósmica es la otra cara de la moneda, vale decir, es lo contrario de la materia, pero precisamente aunque entre ellas no se puedan ni siquiera mirar de lejos porque son enemigas y estallan inmediatamente cuando se juntan, de todas maneras se las han arreglado para convivir juntas en esa intrincada y compleja misión mastodóntica del cosmos, que puede estar retroalimentada a medida que los vientos galácticos y residuos de la misma materia se lo permitan.

Así surge por virtud de la energía y la gravedad concentrada que se encuentra en los hoyos o agujeros negros que aprisionan la luz y se muestra invisibles, los que adelante estudiaremos, que aparecen como si fuera el hollín o ceniza quemada acumulada en una estructura compleja invisible, que no es entendible para el intelecto humano y que hasta ahora solo le ha quitado el sueño a todos los científicos del mundo cuando han querido investigarlos y descubrirlos.

Los cúmulos galácticos que conforman el universo, muchas de esas galaxias pueden estar formadas únicamente por antimateria, y otras giran en torno de esa materia oscura, sin cuyo componente no podrían existir, y entre ellas, opera la curva de rotación estelar que permite su movimiento e interrelación gravitacional que impide que ellas se destruyan anticipadamente, movimiento este que se realiza en forma lenta, mientras que las estrellas o soles tienen que llevar a cabo su movimiento de traslación acelerado; algunos lo hacen en contravía del núcleo que las domina y rige, no obstante ello, dicho fenómeno refleja la contraposición que a gran escala existe incluso al interior del mismo universo, contradicción o ley de contrarios esta, donde se refleja en lo grande y mastodóntico, así como en lo mas pequeño o microscópico, que igualmente aparece la aplicación y desarrollo de esa misma ley de contrarios.

Todas las fuerzas que existen en un micro cosmos como el nuestro que podría ser como ejemplo el de "La Galaxia de Vía Láctea", en idéntica manera como el sol jalona y controla nuestro sistema solar, así mismo, el cúmulo de galaxias diseminadas por el cosmos, también se encuentran direccionando y controlando todos los cuerpos celestes que los rige.

En ese orden de ideas es que se desarrolla esa fabulosa e intrincada máquina del tiempo llamado universo, y por tal razón, las fuerzas centrifugas y centrípetas que existen a gran escala, impiden que la materia y la energía, así como la antimateria misma, terminen por volverse a unir o por desbordarse infinitamente.

Las portentosas fuerzas gravitacionales que rigen el cosmos, hace que también a gran escala aparezca la rotación y traslación de la materia y la energía, el tiempo, en ese basto espacio colmados de gravedad, y con ella, la misma antimateria, por tanto, a todos nos parece que siempre vamos, cuando perfectamente podemos estar metidos en un regreso sin fin.

La Teoría de la Relatividad se cumple, en la medida que la masa, la velocidad, la energía y el tiempo, son constantes, no opera lo mismo si en algún momento de nuestras vidas estuviéramos frente a la antimateria o energía negativa condensada en los hoyos o agujeros negros con lo cual también se nutre el universo, sometidos a unas fuentes de energía cósmica distintas, sin los factores de tiempo y espacio que conocemos.

La materia en la medida que se fusiona, pueden surgir procesos o fenómenos de formación estelar, donde nuevas galaxias estén en un proceso de nacimiento, así como los demás soles y otros objetos estelares, que en un momento dado también se encuentran naciendo o desapareciendo según sea el desarrollo evolutivo a que hayan llegado.

Finalmente del universo se puede predicar a todos los vientos cualquier cosa, menos que está loco, los idos somos los seres humanos que se nos corrió la teja al tratar de incursionar dentro de ese gran enigma de misterio que nos ha sido vedado, para buscar encontrar en el mas allá, lo que no hemos descubierto en el mas acá, como es el hecho de encontrar el elixir de la eterna juventud para hacerle una verónica a la muerte.

Capitulo IX

GALAXIA DE LA VIA LACTEA

El vocablo "Galaxia de la Vía Láctea", fue tomado del latín, que significa "camino de leche", pues los antiguos Romanos al observarla principalmente en las noches oscuras, notaban que se iba expandiendo como si fuera un camino blanqueado, que les parecía como una banda alargada lechosa a su alrededor, habiéndole dado ese nombre debido a la luz blanca emitida por el gran disco galáctico.

El gran filósofo Demócrito fue el primero en decir que la Galaxia de la Vía Láctea se constituía en un cúmulo de estrellas que recorre el firmamento tan cercanas entre sí, lo cual las hace indistinguibles unas de otras, atestación esta que posteriormente fue confirmada por Galileo Galiley, quien al utilizar uno de los primeros telescopios, así lo pudo corroborar.

La galaxia de la vía láctea se formó hace unos 13.000 millones de años, a partir de los gases y el polvo cósmico que se transformó en la galaxia y que contenía la materia, antimateria, energía, gravedad, espacio y tiempo, que se fueron diseminando y expandiendo hasta conformarse el contexto de la galaxia y los millones de sistemas solares que la integran incluyendo al nuestro, aparte de los miles de millones de soles, planetas, satélites naturales, cometas, aerolitos, meteoritos y demás cuerpos celestes que la conforman.

La galaxia está compuesta por un halo exterior y uno interior, así como el gran disco galáctico donde precisamente se encuentra un agujero negro. Esta galaxia también es un micro universo de los que hemos indicado y que también es una especie de laboratorio del universo, porque en ella se encuentra reflejada toda la composición química, materia, antimateria, energía, gravedad, espacio, tiempo, plasma, ambiplasma, neutrinos, taquiones y demás material cósmico

179

con el cual está compuesto el resto del macro cosmos o universo.

La galaxia de la vía láctea contiene compuestos químicos en ebullición como el helio, hidrógeno, litio, berilio, sodio, manganeso, potasio, rubidio, bario, entre otros, componentes químicos estos que son los que también abundan y se encuentran diseminados en el resto del cosmos, así como muchos otros elementos raros que el ser humano no ha descubierto y que se encuentran muy distantes en sistemas planetarios y galácticos de muy difícil acceso para llegar hasta ellos.

No obstante esa situación, a pesar de los innumerables estudios científicos que se han hecho acerca de la formación y origen del universo y de las mismas galaxias, todavía existen muchas posiciones científicas encontradas, y cada vez mas, aparecen innumerables lagunas e incógnitas sobre su verdadero origen.

La galaxia de la vía láctea es formidablemente inmensa; tiene una forma espiralada barrada, que contiene unos 200.000 millones de cuerpos celestes en su interior, con un diámetro de unos 100.000 millones de años luz y una masa global de dos billones a la de nuestro sol.

La constelación de Sagitario es considerada el centro de la galaxia, así como la constelación de Centauro que es considerado también el brazo más cercano a su centro galáctico, y en consecuencia, en uno de esos extremos o brazos, es que se encuentra la constelación de Orión, donde precisamente está ubicado el sistema solar al cual pertenecemos, a unos 10.000 parcecs del centro de la galaxia, vale decir, son unos 30.000 años luz aproximadamente.

La galaxia de la vía láctea tiene dos halos y es donde están acumuladas las nubes y gases, al igual que la materia oscura, donde se encuentran las estrellas mas antiguas e inmensas de la galaxia; posee entonces, un halo interior donde se encuentran los miles de soles azules mas antiguos y que giran a 80.000 kilómetros por hora en la misma dirección de su disco o núcleo galáctico, así mismo, existe un halo exterior donde se encuentran otros miles de estrellas mas jóvenes y que giran a 160.000 kilómetros por hora en dirección contraria a su halo interior, donde están las nebulosas enriquecidas con gas difuso, igualmente se encuentran en ese lugar porque es donde están empollando y naciendo las nuevas estrellas, razón por la cual, vista desde la tierra, se distingue por su brillantez y luminosidad.

La galaxia tiene la forma de una lente convexa, con forma elíptica y posee un diámetro de espesor de unos 8.000 años luz, en cuyo centro es donde mas se encuentran agrupadas las estrellas en los brazos que aparentemente se forman, al igual que en su campo exterior, el cual está conformado por nubes de hidrógeno, estrellas y cúmulos estelares.

En el centro de la galaxia de la vía lactea existe un gran agujero u hoyo negro que controla toda la materia y energía, aparte de los miles de pulsares, magnetares y coasares que igualmente tiene y que se constituyen en fuente de radiación cuasi estelar.

Existe un grupo de galaxias cercanas que se encuentran intercomunicadas por la gravedad, ley esta que es común a todas ellas, tales como Andrómeda, que se encuentra a 2.3 millones de años luz y que es considerada como la galaxia hambrienta mas próxima a la nuestra, al punto que puede colisionar dentro de unos 4.200 años luz con la galaxia de la vía lactea; Magallanes; Triangulo; M33 y nebulosas mas pequeñas, orbitando todo el grupo alrededor de la galaxia de Virgo a unos 50 millones de años luz.

La galaxia de la vía láctea, está compuesta por una agrupación de soles, algunos de ellos son los denominados soles azules y que sumados todos, superan los trescientos millones, los cuales vistos y fotografiados por el telescopio Hubble, toma la forma de un gran disco gigante.

La galaxia de la vía láctea es de las llamadas espiraladas, que la conforman la constelación de Perseo, Casiopea y Cafeo. Tiene ocho brazos aparentemente enroscados, y donde precisamente en uno de esos brazos se encuentra la constelación de Orión, a la que pertenece el sistema solar que nos rige con nuestro sol a la cabeza, a una distancia del exterior de la galaxia de 20.000 años luz.

Las galaxias tienen distintas formas: Lenticulares, irregulares, elípticas, espiraladas, barradas o de Magallanes, según sea su forma y tamaño.

Junto a la galaxia de la vía láctea, interactúan galaxias vecinas como Magallanes situada a 200.000 años luz, Enana de draco ubicada a 300.000 años luz, Osa mayor y menor ubicadas a 300.000 años luz, Sculptor situada también a 300.000 años luz, Formax situada a 400.000 años luz, Leo ubicada a 700.000 años luz, NGC.221 a 1'700.000 años luz, NGC.221 ubicada a 2'100.000 años luz, Andrómeda situada a 2'300.000 años luz y la galaxia del triángulo, ubicada a 2'700.000 años luz.

La galaxia de la vía láctea, es una galaxia espiralada barrada, que la integran el llamado grupo local conformado por un promedio de 40 galaxias que ocupan un área de unos 4.000 millones de años luz, y en ella se encuentran entre 200 y 400 millones de estrellas, así como muchos de los soles antiguos que la habitan, algunos de los cuales giran en orbitas excéntricas que no necesariamente pertenecen a la misma galaxia.

Debido a las distancias abismales que existen entre una y otra galaxia, el ser humano biológicamente jamás podrá salir de la galaxia de la vía láctea, a menos que encuentre la manera de construir naves intergalácticas, con parecidas características con las que fue construida la nave espacial

"El Tortuga", para que pueda romper la misma velocidad de la luz y conquiste los apartados planetas habitables que como el nuestro, pueblan el universo, así mismo, pueda estar en condiciones de soportar las abismales fuerzas gravitacionales que se constituyen en un gran obstáculo para el ser humano, y que esa nave intergaláctica pueda soportar las mega temperaturas y demás obstáculos que es lo que mantiene al género humano en total aislamiento en el planeta tierra y en el mismo sistema solar, y mientras tales circunstancias prevalezcan, así como los medios mecánicos no mejoren y la edad promedio de cada ser humano, no se quintuplique, es totalmente imposible pensar siquiera, y menos intentarlo, buscar salir de nuestro sistema solar, porque estaremos tropezando contra verdaderas barreras infranqueables, cuyas fórmulas para hacerlo, escasamente fueron creadas y fríamente elaboradas, para la sustentación de esta obra.

Capítulo X

NUESTRO SISTEMA SOLAR

El sistema solar al que pertenecemos, está ubicado en uno de los brazos de la Galaxia de la Vía Láctea o constelación de Orión y propiamente pertenece a la galaxia de Sagitario en el punto de unión con la vía Láctea. Se encuentra en uno de los extremos exteriores de esta galaxia, a unos 30.000 años luz de distancia de su centro galáctico, así como de 20.000 años luz de su capa exterior.

Nuestro sistema solar está compuesto por el sol y los campos celestes que se encuentran ligados gravitacionalmente, así como por ocho planetas que giran en torno suyo, donde se incluye naturalmente al planeta tierra, así mismo, la mayoría de planetas tienen uno o varios satélites naturales que entre todos suman 166 satélites naturales o lunas que son los que giran en torno de cada uno de ellos.

Nuestro sistema solar se formó hace unos 4.650 millones de años, aproximadamente, a partir de los gases y polvo cargados de partículas sólidas dejados por estrellas anteriores, habiéndose formado un gran disco giratorio que se fue acumulando y producto de ese mini big – bang que se produjo, dio como origen al Sol que nos rige, así como el sistema solar, el cual es dinámico y cambiante y que lo componen a partir del Sol: Mercurio, Venus, Tierra, Marte los cuales son planetas internos de carácter rocoso y los demás planetas: Júpiter, Saturno, Urano y Neptuno que son de composición gaseosa.

Plutón ya no es considerado como planeta debido a que no cumple con las características de ser esferoidal y atmosférico, lo que lo excluye de los demás planetas. Todos los planetas giran en torno del Sol, en órbitas elípticas y cada vez, en muy distantes años, se enfilan uno tras del otro en una de las maravillas estelares disfrutados únicamente por los seres humanos.

Entonces el sistema solar con nuestro Sol a la cabeza que lo controla todo, se encuentra ubicado en una de las esquinas o brazos alejados de la galaxia de la vía lactea, conforme antes se indicó, emulando con millones de sistemas solares y soles muy parecidos, pero muchos de superiores masas y formas dentro de la misma galaxia, al punto que, miles de esos soles son de un mayor tamaño y capacidad calorífica que el nuestro.

El sol gira al rededor del centro de la galaxia a unos 270 kilómetros por segundo y dura 225 millones de años luz, en darle la vuelta al centro de la galaxia, lo que se denomina un año galáctico.

La distancia del sol con respecto a la tierra es de 149'675.000 millones de kilómetros, los cuales son recorridos por la luz solar en solo ocho minutos, lo que es el equivalente a una Unidad Astronómica.

El sol emite luz propia debido a las reacciones termonucleares que se desarrollan en su interior, al producirse la fusión nuclear del hidrógeno con el helio, y tiene un núcleo oscuro y una atmósfera luminosa.

En toda estrella cuando el hidrógeno y el helio que es el combustible con el cual se alimenta en gran medida y cuando dicho componente químico se agota, entonces se produce el lento enfriamiento y van naciendo las denominadas Enanas Blancas, supernovas o gigantes rojas y azules según sea su tamaño, transformándose posteriormente, en una estrella de neutrones, la cual sumada a muchas estrellas, terminan por concentrarse o desintegrarse y en últimas son las que terminan por alimentar a los llamados agujeros u hoyos negros.

El sol tiene un 81% de hidrógeno y un 18% de helio y consume cada segundo 700 millones de toneladas de hidrógeno, con el cual produce la fusión nuclear con el helio que contiene y para poderle dar la luz a los planetas, ofreciéndoles la vida a todos los seres vivos que están sobre la tierra y los demás planetas o asteroides donde también pueda haber alguna manifestación de vida en varios de ellos.

La luz que es producida en el núcleo del sol y debido a su gran tamaño, se estima que tarda en salir a la superficie en el término de un millón de años luz y en su núcleo las temperaturas pueden alcanzar hasta 15 millones de grados centígrados.

La luz contiene varias propiedades como son: el brillo, el calor y la polarización, desde donde provienen los rayos cósmicos, rayos X, beta y gama, energizados por la luz ultravioleta.

Generalmente cada once años, se produce un fenómeno donde aparecen las denominadas manchas solares, que no son otras, que una alteración cósmica que se da en su interior, cuyos vientos o radiaciones solares, según se produzcan, los cuales pueden causar daños de incalculables proporciones en las comunicaciones en el planeta tierra.

El sol contiene el 99.85 por ciento de la materia que se encuentra en el sistema solar, los planetas el 0.135 por ciento, los cometas el 0.01 por ciento, los satélites y meteoritos el 0.000001 por ciento.

El sol por ser el centro del sistema planetario y regulador del movimiento de los planetas y de todos los seres vivos que existen sobre la tierra, se erige como la piedra angular sin la cual no puede existir la vida en alguna de sus manifestaciones y tampoco en ninguno de los planetas de todo el sistema solar.

El sistema solar se encuentra regido por el sol, a partir del cual, lo integran ocho planetas, junto con sus 166 lunas o planetas inferiores, los cuales giran en torno suyo en órbitas elípticas y los planetas gaseosos por el hecho de estar mas distantes, obviamente por ello tienen unas órbitas mas alejadas del sol.

En el sistema solar igualmente se encuentran los aerolitos y meteoritos que se constituyen en asteroides, los cuales son rocas compuestas de metales revestidos de hielo según la distancia que se encuentren en un momento dado respecto del sol, que recorren el espacio exterior de la tierra y que entre Marte y Júpiter existe un verdadero anillo de todos ellos denominado el cinturón de Kuiper o gran disco disperso que supera todos los cálculos, dentro de una banda de quinientos cincuenta millones de kilómetros.

Muchos aerolitos y meteoritos se salen de sus órbitas y posteriormente se estrellan sobre los distintos planetas que conforman el sistema solar, mientras otros van haciendo parte de la estructura y composición de los cometas errantes, por esa razón, algunos de los planetas tienen órbitas excéntricas alrededor del sol y debido a su recalentamiento cuando se acercan demasiado, su cola o larga cabellera puede superar los 100 millones de kilómetros reflejando la luz solar, y por esa razón, es posible que se pueda observar su luminosidad a grandes distancias, los cuales en algunas ocasiones han sido vistos por la humanidad incluso sin necesidad de utilizar aparatos telescópicos, a pesar de los peligros que generan si alguna vez colisionaran contra el planeta tierra.

El sol es tan grande, que tiene 696.000 kilómetros de volumen, y por tanto, perfectamente el planeta tierra puede caber 1'300.000 veces en su superficie, y debido a su gran tamaño, representa el 99.85% de la masa del sistema solar y puede extender su campo magnético, hasta mas allá de los últimos planetas que es el límite de donde orbitan los cometas que surcan el sistema solar.

No obstante su gran tamaño, es considerado que nuestro sol es una estrella relativamente mediana en el contexto de la galaxia y del mismo universo, debido a que existen millones de estrellas con un mayor tamaño y una potencia superior de luminosidad, por tanto el astro rey, fue hecho justo a nuestra medida y ubicado a una distancia prudente del planeta tierra, colocado en un sitio distante, que en lugar de destruír la vida, mas bien es capaz de crearla o hacerla surgir o sostenerla, lo que ubica al planeta tierra dentro de una excentricidad próxima al cero.

Ahora bien, nos preguntamos, ¿que tal que estuviésemos regidos por uno de los inmensos soles azules?, los cuales son los que precisamente alumbran para los súper sistemas solares que pueblan en esta galaxia, evento este que se tornaría irresistible, incluso si estuviéramos ubicados a una distancia donde actualmente se encuentran los planetas Júpiter o Saturno.

De todos los planetas que integran el sistema solar, Júpiter es el planeta mas inmenso o sea es el planeta titán de nuestro sistema solar, el cual tiene 16 lunas, siendo considerado el sol frustrado, porque le faltó muy poco para convertirse en una estrella, ya que contiene los mismos componentes químicos que posee el mismo sol, o sea que es rico en helio e hidrógeno líquido en abundantes cantidades, vale decir, está revestido de un inmenso mar de gases de helio, hidrógeno, metano y amoniaco líquido, al punto que su superficie puede llegar a ser tan caliente como la del mismo sol.

El planeta Júpiter tiene un gran anillo de rocas que giran a su alrededor debido a su gran fuerza gravitacional, que interaccionan con sus lunas mas cercanas y que impide que se salgan de sus órbitas o terminen estrellándose en su superficie. En identicas condiciones y con un anillo de mayores proporciones se encuentra el planeta Saturno de cuyo esplendor apenas se está conociendo.

El planeta Júpiter tarda doce años en darle la vuelta al sol y diez horas para hacerlo sobre su eje y la distancia entre Júpiter y el Sol, es de 778.3 millones de kilómetros, y por la circunstancia de ser tan inmenso, si en un momento dado el planeta tierra se saliera de su órbita y se estrellara contra Júpiter, podría caber unas 318 veces sobre su superficie. La famosa mancha roja que posee ese planeta, no es otra cosa que una gran tormenta de polvo y gas que circunda sobre su superficie, siendo tan grande que el mismo planeta tierra podría caber dos veces en el centro de dicha mancha roja y aún sobraría espacio, y tiene en su interior el 90% de hidrógeno y el 10 % de helio, lo que produce un calor infernal de 20.000°C y puede irradiar mas energía que la recibida desde el sol mismo.

En este sistema solar existen cuatro planetas rocosos y el resto son gaseosos, y por tanto, los planetas gaseosos tienen cada uno de ellos, sendos anillos, los cuales están compuestos de pequeñas rocas o témpanos de hielo según sea el planeta, material este que se ha acumulado con el discurrir de los siglos, producto del material rocoso disperso que fue quedando desde la creación del mismo sistema solar.

Importante también es indicarlo también, que todos los planetas y cuerpos celestes por el hecho de estar cargados de energía centrífuga y centrípeta, así como de gravedad, hacen producir también fuentes enormes de energía, motivo por el cual, se intercomunican mutuamente, en la misma forma y dinámica como se produce dicho fenómeno en todo el resto del universo, siendo esa la razón, para que no necesariamente un cuerpo celeste pueda depender de otro, para ejercer su propia influencia o fuerza gravitacional, los cuales, por pequeños que sean, también guardan y llevan consigo sus propios componentes cósmicos de gravedad, energía, materia etc., y por tanto, ejercen su propia dinámica cósmica.

La famosa Astrología tiene su razón de ser, porque muestra precisamente como funciona la energía, fuerza o influencia gravitacional que un cuerpo celeste puede ejercer sobre otro, y por tanto, dicha fuerza recae sobre todo lo que se encuentre cerca de su entorno gravitacional, así pues, sin la influencia del sol, no existiría vida sobre la tierra y tampoco tendría control permanente sobre los otros planetas.

Igualmente la luna o satélite natural de la tierra, ejerce su influencia sobre la tierra, y viceversa, ahora bien, si existiera vida sobre la luna, la influencia de la tierra sobre ella sería muy superior, y por tanto, los demás planetas de nuestro sistema solar se encuentran ejerciendo su misma influencia sobre sus satélites naturales y viceversa, lo que hace pensar que existen unos vasos comunicantes en el universo, cuya energía gravitacional invisible vigoriza la tesis que no estamos solos, sino regidos por múltiples leyes físicas entre ellas las fuerzas de rotación y traslación que son las que nos gobiernan y controlan incluso al mismo universo y hace que no se salga de control por alguna de sus mastodónticas, concluyendo que de paso generan la vida en todas sus manifestaciones, así como también la quita y transforma la materia según sea su influencia en el contexto del universo.

Capítulo XI

EL PLANETA TIERRA

El vocablo Gea proviene del griego antiguo, que significa suelo o tierra, lo que es igual al vocablo tellus, proveniente del latín que igualmente significa tierra. El planeta tierra se formó hace unos 3.900 millones de años, aproximadamente, 750 millones de años después de haberse formado nuestro sistema solar y unos 8.900 millones de años aproximadamente, después de haberse formado la galaxia de la vía láctea.

Varias tesis científicas sostienen, que hace 3.900 millones de años dentro del desarrollo evolutivo del sistema solar, los planetas que hoy en día lo componen, se encontraban dispersos sin ninguna colocación como en últimas quedaron ubicados, habiendo chocado un gran planeta contra lo que después fue llamado el Planeta Tierra y producto de dicho colapso se creó la luna, así como sus estaciones.

Igualmente se afirma que fueron bombardeados los planetas que se estaban formando por una serie de meteoritos portadores de estromatolitos, que contenían moléculas pesadas de carbono y las cianobacterias que tenían oxigeno en su interior, posteriormente al producirse las lluvias, se fueron formando la fotosíntesis que poco a poco fue polinizando la luz del sol, apareciendo los primeros destellos o primigenias manifestaciones de lo que conocemos como vida sobre el planeta, luego entonces, esas fueron las primeras bacterias que dieron comienzo a la cadena evolutiva y esa secuencia de eventos aleatorios, fueron igualmente las que se constituyeron en la materia prima para que finalmente se diera origen a la vida sobre la tierra.

El planeta tierra es el tercer planeta interno rocoso que tiene el sistema solar y se encuentra ubicado a una distancia de 149'675.000 millones de kilómetros del sol.

Está compuesto de una atmósfera, hidrosfera, litosfera, que son las capas exteriores que le sirven como manto para protegerla no solo de los rayos ultravioletas provenientes del sol, sino también de la lluvia de meteoritos que circundan el sistema solar, y acorde con dicha capa, se encuentra la gravedad, que principalmente se halla acentuada en los polos, haciendo las veces de un imán, con lo cual complementa su protección y evita que le lleguen unas mayores radiaciones solares, así mismo, le sirve como un gran paraguas para que durante el transcurso del día no recalentarse tanto y para en las noches, tampoco enfriarse demasiado.

La tierra está compuesta de un radio ecuatorial que mide 6.3378 Km., su rotación al rededor del sol se produce cada 23,93 horas, con una órbita de 365, 256 días o sea el equivalente a un año, teniendo una temperatura media superficial de 15°C.

La tierra tiene un satélite natural que es la luna, la que se encuentra a 384.400 km., y que se aleja de la tierra 38 milímetros anualmente, siendo unas 81 veces más pequeña que la tierra y por tanto se encuentra 50 minutos mas retrasada.

La tierra igualmente está compuesta de una capa de ozono o capa terrestre, su superficie contiene silicio, hidrógeno, oxigeno, aluminio y manganeso, entre otros compuestos químicos. En su interior la tierra también contiene los distintos minerales y metales como son: estaño, oro, plata, hierro, sal, petróleo, gas, níquel, diamantes, uranio, coltan, bauxita, fosfatos etc.

La tierra es achatada en sus polos y se parece mas a una pera y tiene una superficie de 510'101.000 kilómetros cuadrados, un volumen de 1'083.319 millas cúbicas, con una densidad media de 5.52 veces la del agua y un movimiento de rotación sobre su eje y de traslación alrededor del sol, y se constituye en uno de los lugares paradisíacos, bellos, exuberantes y mas hermosos que hasta hoy se conocen en el sistema solar, la galaxia de la vía láctea y con ella en el universo mismo.

¿Pero en que momento apareció la vida?. Los científicos que han investigado sobre ello, han llegado a la conclusión que la vida sobre el planeta tierra surgió hace unos 3.750 millones de años, cuando la tierra se recuperaba de la incandescencia a la que fue sometida como parte de ese desarrollo evolutivo, cuando vino un momento donde llegó toda una lluvia de meteoritos provenientes del centro del sistema solar y se estrellaron contra lo que después llamaron tierra, lo mismo ocurrió respecto de los demás planetas, denominado el gran impacto planetesimal, llevado a cabo por un proto planeta gigantesco parecido al planeta Marte que rozó a la tierra y producto de dicho impacto surgió la luna, las estaciones de la tierra, etc.; y que igualmente apareció una lluvia de meteoritos que contenían carbono, nitrógeno y oxigeno, lo que hizo que las moléculas de H_2O al condensarse, terminaran por enfriarse, creándose los estromatolitos, rocas estas que contenían en abundancia el oxigeno, que posteriormente al ser liberado, se fueron creando las nubes y la capa de ozono sobre la atmósfera terrestre, haciendo que sobrevinieran las lluvias, aparecieran los mares y con ellos se dieran las primeras manifestaciones en la complejidad de la vida que conocemos en sus distintas manifestaciones sobre el planeta tierra.

Esta teoría tiene de largo como de ancho, y por tanto, puede ser creíble o no, en la medida como, en nuestro sistema solar se estaban sucediendo simultáneamente, fenómenos estelares muy similares o parecidos, ocurridos en los otros planetas mayores y menores rocosos y gaseosos que en últimas quedaron en nuestro sistema solar, y porqué no decirlo, el mismo episodio se sucedía en otros sistemas solares de la misma galaxia, y si ese desarrollo evolutivo fue el que se dio, ¿porqué razón dicho desarrollo de la vida no se observa en otra parte de nuestro sistema solar?. ¿Acaso somos los únicos privilegiados en la galaxia de la vía láctea?. ¿Acaso puede haber vida parecida a la nuestra en otra parte de la galaxia o del mismo universo?.

Todos esos interrogantes y muchos mas, son los que precisamente deben los pensadores del futuro dilucidar para que se tenga una mejor comprensión de la evolución del universo; porque no se entiende cual fue la razón por la que tuvimos que ser la excepción en nuestro sistema solar, si otros planetas fueron creados bajo el desplazamiento de la misma fuerza y componentes cósmicos, como para que nosotros seamos lo que somos, y con fundamento en que circunstancias especiales resultamos siendo los privilegiados, si también los demás planetas que estaban en formación evolutiva, perfectamente fueron sometidos a los mismos rigores de energía y materia cósmica, sufriendo los mismos borbandeos de otros meteoritos que eran portadores de parecida sustancia y configuración química a los que se estrellaron contra el incipiente planeta que posteriormente llamaron tierra, máxime si todos ellos estaban cargados del mismo material químico incandescente provenientes de los hornos de las galaxias, donde precisamente es donde se cocina el carbono que posteriormente se constituyó en la base de la vida en la tierra y en cualquier parte del universo.

Por otra parte, esa otra teoría según la cual indica que hace 3.900 millones de años en desarrollo de la misma formación del sistema solar, un protoplaneta chocó contra la tierra, y en dicha colisión tardía que fue tan violenta, ese inmenso planeta terminó por desgastarse tanto, que finalmente quedó convertido en un planeta menor, solitario y rocoso carente de vida, convertido en todo un desierto, al que millones de años después, llamaron luna, indicando que producto de dicha confrontación o colisión violenta, desde entonces gira alrededor de la tierra.

194

Pues igualmente dicha tesis, también es creíble o no en la medida como tampoco concatena con lo registrado en el resto del sistema solar y la evolución producida al interior de la misma galaxia de la vía láctea, ya que nos parece que mucha materia quedó diseminada por virtud de la energía y la gravedad contenida en los cuerpos celestes, y todos ellos se fueron uniendo y compactando hasta formarse la masa rocosa o gaseosa de lo que hoy en día constituyen los planetas del sistema solar, por manera que se puede afirmas que una vez fue creado el sistema solar, el sol era diferente después de la fusión nuclear, vale decir, conforme aparece a la vista de la humanidad, así como los demás planetas que integran el sistema solar que también son distintos, debido precisamente a su evolución.

Todas esas teorías tampoco pueden ser creíbles plenamente, pues si dicha tesis del protoplaneta fuera cierta, los demás planetas del mismo sistema solar que muchos de ellos tienen un gran número de lunas incluso superiores en masa al satélite natural de la tierra, también podría predicarse que a ellos les sucedió lo mismo, y por eso, debido a tantas contradicciones y lagunas científicas que aún quedan flotando dentro del tintero, eso tampoco puede ser cierto ni estimado como la última palabra que en tal sentido se haya dicho, ya que si hicimos parte de ese mismo proceso evolutivo de nuestro sistema solar, entonces no puede dársele otro tratamiento distinto al planeta tierra como para resaltar que somos la excepción, todo como para denotar que fuimos los únicos en el contexto de la galaxia y del universo mismo, y por tanto, esa la razón que seamos diferentes, solo por el único prurito de buscarle soluciones y respuestas rápidas al enigma planteado en la generalidad del sistema solar, la misma galaxia de la vía láctea y el contexto del cosmos.

Es que después de ese pequeño big-bang en miniatura, con el cual hemos designado la creación de nuestro sistema solar, las fuerzas centrifugas y centrípetas hicieron su aparición para controlar absolutamente todos los objetos estelares que se encontraban diseminados en esta parte de la galaxia, mientras se acomodaba el Sol, quien terminó imponiendo su ley frente a los demás planetas, con el fin que no se dispersaran o escaparan, y ese mismo esquema de formación estelar, fue el que culminó con la creación y el aparecimiento del sin numero de lunas o planetas menores que dependen de sus respectivos planetas mayores, quienes son los que controlan también sus lunas con sus fuerzas centrípetas y centrífugas hasta nuestros días, incluyendo la tierra con su satélite natural, la luna.

Porque cuando hace 4.600 millones de años se produjo esa mini colisión del big – bang en la nebulosa de Orión en la galaxia Sagitario, se creó el sistema solar, habiendo sido el sol quien quedó con una mayor masa o materia (99.85), gravedad y energía, los demás trozos de masa con su respectiva energía y gravedad, así como con las leyes de la naturaleza provenientes del cosmos, se esparcieron y quedaron atrapadas bajo su gran fuerza gravitacional como fue el resto de los planetas internos y externos de acuerdo con su masa y composición química, y por tanto, todos ellos se fueron agrupando habiendo tomado el volumen y las órbitas que finalmente hoy en día tienen en torno del sol.

Por esas razones consideramos que, si bien es cierto, en la creación de este sistema solar hubo de producirse una gran explosión, también lo es, que para el reacomodamiento de todo el sistema solar no se requirió que continuaran produciéndose la autodestrucción de unos protoplanetas contra otros, para que finalmente aparecieran los que finalmente existen; bastó que por virtud de la gravedad y las fuerzas antes citadas, se fuera dando ese fenómeno de reacomodamiento de partículas con sujeción gravitacional de unos planetas a otros y de todos ellos con respecto del sol, como finalmente quedaron.

Prueba de ello son los anillos de aerolitos y meteoritos que en forma de disco se encuentran prisioneros en los planetas gaseosos del sistema solar, así como en el llamado cinturón de Kuiper.

Por eso no encontramos en este sistema planetario, que se haya intentado siquiera la creación de un sistema binario como son las tesis que otros sostienen, para que finalmente quedara rotando nuestra luna en torno de la tierra y el resto de planetas menores en torno de los planetas gigantes que el sistema solar tiene, por tanto, el origen de la luna proviene del reacomodamiento de objetos cósmicos, que al no disponer de gran masa, gravedad y composición química para que fueran erigidos como planetas, tuvieron que ceder en favor de aquellos que sí la tenían, acorde con las citadas fuerzas a las que anteriormente se hizo referencia, - y eso que en nuestro sistema solar quedó un sol apagado como es el caso del planeta Júpiter -, para no irnos mas lejos.

El resto de residuos cósmicos, se juntaron y al no compactarse al planeta principal, quedaron controlados por los respectivos planetas del sistema solar, como es el caso del material rocoso que gira como anillos en torno de los planetas gaseosos y del variado número de planetas menores internos que los planetas mayores tienen.

Entonces el origen de los meteoritos fue ese, los cuales corresponden a dicho material, que al haber quedado a la deriva, conforme a sus respectivas fuerzas centrífugas y centrípetas, energía y masa, terminaron por quedar como los errabundos del cosmos, girando en órbitas distantes y alargadas que les ha impuesto el sol, acorde con su gran fuerza gravitacional que ejerce sobre ellos, habiendo quedado como los recoge basura cósmica, dentro del sistema solar.

Se cree que la vida surgió entonces sobre el planeta tierra, hace unos 3.700 millones de años, debido al borbandéo suscitado en su etapa evolutiva conforme se indicó anteriormente, cuando una serie de meteoritos cargados de carbono, nitrógeno, sílice y oxigeno entre otros, fueron las moléculas que a la postre crearon la vida, habiendo quedado el planeta tierra con una composición química de un 78% de hidrógeno y un 20 % de oxigeno, recubierta en un 70% de agua y un 30% de tierra y quedando igualmente con 105 elementos químicos.

Esas mismas moléculas fueron las que sobrevivieron, luego que se enfrió y conformó la materia bajo las condiciones normales que produjeron nada menos que la vida sobre el planeta tierra, y con ella, millones de años mas adelante, al ser humano, para que hoy en día les podamos estar echando este cuento que va desde la realidad, pasando por traer a colación los postulados de la misma ciencia y llegando hasta la fascinante ficción, que son los postulados centrales de esta obra.

Por eso, el ser humano desde que apareció sobre el planeta tierra, y con ella, en el concierto mismo del universo, se ha distinguido ser por sobre todo, inteligente, insatisfecho, incomprensible, egoísta, incorregible, cismático, traidor, fatuo, dramático, etc., que lo hace aparecer muy especial en la intrincada e incomprensible inmensidad del cosmos, muy distinto entonces de otros seres que puedan estar emulando en el cosmos, y a medida que evoluciona el conocimiento del hombre, aumenta su conocimiento respecto de todo lo que lo rodea.

El ser humano es precisamente producto de esa acción evolutiva conforme al criterio científico que en tal sentido se ha abierto paso, así como también, la otra posición o concepción religiosa, en el sentido que el género humano proviene de la voluntad, imagen y semejanza de un ser superior llamado Dios o Alá, no obstante ello, cualquiera que sea el verdadero origen, la humanidad se adueñó y formó su casa sobre el planeta tierra, como ese ser dominante, raro para los demás, bello para nosotros, intrépido, conspicuo e inteligente por sobre todos los seres vivos que no solo habitan el globo terráqueo, sino en el mismo sistema solar, haciéndolo extensivo a todo el conjunto de la galaxia a la que finalmente pertenecemos.

Desde prudente distancia, puede observarse que el planeta tierra tiene un color azul claro, debido a que el color del agua y por el hecho que la luz del sol al dispersar el color azul sobre la atmósfera, va tomando esa coloración, con lo cual se hace ver distinto de los demás planetas que orbitan el sistema solar.

Aunque el planeta tierra, sea tan pequeño en el contexto de la misma galaxia, también encierra su respectivo misterio, porque hasta ahora somos los privilegiados del universo, ya que todavía no aparecen seres de otro planeta que nos estén emulando con inteligencia, y tampoco han aparecido otros seres extraterrestres, que hayan descubierto ríos de leche y de miel que puedan desembocar en verdaderos mares de felicidad en otra parte del universo, o que haya surgido en algún otro lugar de la galaxia un nuevo planeta con parecidas similitudes a las que el ser humano tiene sobre este planeta.

La humanidad igualmente fue evolucionando y dio comienzo a agruparse, habiendo surgido las primeras ciudades que finalmente hoy en día existen, desde hace unos 10 mil años, aproximadamente, y desde entonces, los seres humanos se han venido esparciendo sobre la tierra poblándola ostensiblemente, para que existan hoy en día sobre el planeta tierra unos 7.000 millones de habitantes, producto de los dos seres humanos que fueron creados según la concepción religiosa, o de las distintas tesis evolucionistas de la materia que igualmente afirman, fue de donde surgió el género humano sobre la tierra, la que habrá de duplicarse para el siglo XXV, si es que no surge un método de control de la natalidad que pueda evitarlo para no llegar al colapso que se cierne sobre el planeta tierra.

La exuberancia de sus polos, montañas, valles y ríos, mares, cadenas montañosas, volcanes en actividad, son entre otros, son la gran atracción de la belleza y esplendor del planeta, conjuntamente con toda la vida humana, animal y vegetal que se desarrolló en su seno, producto de su evolución, ya sea de la materia o la espiritual combinada con esta.

No obstante tanta belleza y esplendor, el núcleo de la tierra está compuesto en gran medida de hierro líquido, que dicho sea de paso destacar, es en esa zona donde produce el planeta ese gran escudo magnético que le sirve de manto externo, que la recubre y le ayuda para crear la vida sobre el planeta, a la vez que lo previene de ser afectado directamente por los rayos gama y beta provenientes de las radiaciones solares.

Sin embargo cada día que pasa se desgasta mas, producto del debilitamiento que supera el diez por ciento de lo que en principio tuvo el campo magnético de la tierra, circunstancia esta que igualmente es preocupante, porque cuando dichas dendritas o hierro se cristalice y se invierta el campo magnético, le puede ocurrir al planeta Tierra, lo mismo que le sucedió al planeta Marte hace millones de años, cuando dicho proceso fue invertido, haciendo que se evaporara el agua y desaparecieran los mares y ríos que entonces dicho planeta tuvo, habiendo quedado sometido a un inmenso desierto de color rojizo, de donde le viene su otro nombre de "Planeta Rojo".

Entonces el planta tierra tiene en su interior, el gran motor, que no sólo le produce su energía interna, sino externa, que igualmente proporciona la vida que ha hecho gala sobre la superficie de la tierra, sin lo cual, tampoco podría haberse incoado la vida, ya que internamente es que se producen las condiciones magnéticas, no solo para rechazar las radiaciones solares externas, sino para proporcionar las demás condiciones propicias para crear la vida sobre su superficie terrestre, complementada con la luz del sol.

Uno de las mayores atractivos y misterios que encierra el planeta tierra, es el aparecimiento del género humano, el cual se ha constituido en el gran enigma, pues con su presencia se ha producido la bifurcación del concepto evolución: ¿El género humano fue creado por un ser superior?, o ¿Acaso el hombre es producto de la evolución de la materia?. Doctores es lo único que le sobran a la santa madre iglesia, así como a los sobrados en ciencia y tecnología, como para que se ocupen y den buena cuenta sobre ese asunto.

Es muy probable que mas adelante, el ser humano pueda llegar lo bastante lejos, y descubra una galaxia distinta a la nuestra, donde encuentre un planeta que le brinde al ser humano su hospitalidad, pero claro, eso es precisamente lo que está por verse y que hasta ahora debe continuar en el tintero de los científicos o del lápiz del creador de esta obra.

Es entendible que el hombre sobre el planeta tierra, constituye una verdadera amalgama de excentricidades, multifacéticas personalidades y plurifacéticos comportamientos que lo hacen especial entre sí, aparte de su inteligencia, que lo ubica en verdaderos mundos o inframundos diferentes incluso unos de otros, estando claro, que el aparecimiento del hombre sobre la tierra en la forma inquieta como se presenta, no es posible que a ello pueda atribuírsele la tesis científica especial y bondadosa de la evolución, siendo menester admitir que, perfectamente pudo existir un halo distinto o una fuente diferente, vale decir, una fuerza cósmica portentosa rara, inimaginable e invencible por cierto, que fue la encargada de crear y moldear el comportamiento e inteligencia del ser humano sobre la tierra, como para que se erigiera en ese rey pensante e inteligente en esta parte del cosmos, muy por encima de los demás seres vivos animales y vegetales que existen, ya que las demás formas de evolución a través de la historia de la humanidad, no le llegan ni siquiera a los tobillos en inteligencia y transformación de la materia para ponerla a su servicio, y por tanto, su tratamiento debe de ser especial.

Es tan francamente osada la mente humana, que puede ser la única que atraviesa en cuestión de segundos el mismo macro universo, se desplaza su pensamiento a cualquier cincuenta millones mas rápido que la luz y enmaraña complejamente un enjambre de galaxias en el universo, se regresa rápidamente para continuar buscando en el tintero de la realidad, el ojo de la aguja que en un segundo estaba enhebrando la dama, para continuar pegando el broche que se había escapado de la solapa del saco, pues a decir verdad, esa hazaña no la realiza sino el ser humano en fracción de segundos, los demás seres vivos se quedaron estupefactos mirando al cielo con la boca abierta diciendo…!ah bestia¡.

Por eso también es razonablemente probable, que en otra parte de la galaxia de la vía láctea o del cosmos mismo, exista vida, segúramente bastante distinta a la nuestra, como pueden ser alienígenas o seres unicelulares que se alimentan de gases mortíferos para la raza humana, muy diferente en su composición anatómica y figura corpórea a la que el ser humano conoce o se imagina que pueda existir, al punto que, bien pueden haber seres en otros mundos a los cuales el oxigeno e hidrógeno que para el ser humano es vida, sea para ellos una sustancia mortífera, lo mismo acontecería si el ser humano consumiera una dosis de helio revuelta con azufre u otro compuesto químico, seguramente moriría inmediatamente.

Capitulo XII

¿QUE ES UN AGUJERO NEGRO?

Cuando se dio el inicio y nacimiento del universo, donde se produjo el famoso Big-Bang o gran explosión sideral, se dio comienzo a ese gran colapso cósmico, que condujo a la creación en cadena de los millones de micro universos, para que finalmente se formaran los millones de galaxias y billones de constelaciones que constituyeron la formación estelar, así como también de los gigantes azules y se crearon los cuerpos celestes que incluso la humanidad desconoce que existan, su rotación y traslación galáctica y demás objetos celestes que pueblan el cosmos, también se produjo el nacimiento de los llamados Agujeros u Hoyos Negros.

En dicho colapso sideral igualmente nacieron los agujeros u hoyos negros, que aparecieron como otro de los objetos celestes misteriosos con que está revestido el universo, y en la medida como a muchas galaxias y estrellas gigantes se les fue acabando su energía y masa nuclear con la cual se alimentaron, poco a poco se fueron comprimiendo, hasta convertirse en enanas blancas, rojas, azules dependiendo de su tamaño, o enanas de rayos gama, beta o de neutrones, que al colapsar, terminaron por extinguirse y alimentar y multiplicar a los monstruos siderales denominados agujeros u hoyos negros.

Entonces esos micro universos desconocidos para los hombres de ciencia, también nacieron con el gran estallido estelar que se produjo, y por tanto, dentro de un agujero u hoyo negro, pueden haber miles de soles que terminaron con su ciclo evolutivo, quedando comprimidos por virtud de la fuerza absoluta de la gravedad, en una mole negra invisible de desechos siderales de energía comprimida, que recoge, succiona y atrapa, todo lo que se le acerque a millones de kilómetros de distancia.

Se constituyen los agujeros u hoyos negros, en esa gran mole que conforma un tornado de gases raros dirigidos hacia el infinito, transformados ahora en neutrinos, plasma y taquiones, así como de residuos de materia y antimateria, atrapados por la energía, transformada en gravedad absoluta, succionando y atrapando la energía de las estrellas que se extinguieron, en el entendido que el material que succiona, buena parte lo transforma en su propia gravedad energizada, pudiendo existir a su vez algunas misteriosas moles de esos agujeros u hoyos negros, que se diferencian de otros, vale decir, que no todo lo digiere, ni lo atrapa y que perfectamente puede terminar parte de dicho material que no es consumido plenamente, convertido en un portentoso y majestuoso chorro de luz, como ocurre precisamente con los llamados quasares y pulsares, los cuales se presume que son esos mismos monstruos siderales que tienen en su interior un gran túnel de desfogue de materia y antimateria, convertida en energía pura, que es precisamente lo que los hace espectaculares, a la vez que inaccesibles en el universo.

Los agujeros negros son inmensos objetos densos y masivos, que se mueven a través de la fricción a fenomenales velocidades, recogiendo materia y energía, cargada de gravedad absoluta, que se mueve invisiblemente por el espacio sideral; que están compuestos por una estructura de neutrinos y plasma, antiprotones, antielectrones, anticones, antimateria, bosones que son los que transmiten la fuerza electromagnética, rayos gama, beta, neutrones, rayos x, tucanes y chandra entre otros, lo que los hace invisibles a simple vista, y que se encuentran por millones poblando y moviéndose como si fueran verdaderos fantasmas carroñeros del universo, porque todo lo que encuentran a su paso se lo engullen inmisericordemente.

Es que para la misma comunidad científica, los agujeros u hoyos negros son todavía un misterio, porque no han podido ser estudiados suficientemente y lo poco que se sabe de ellos hasta ahora, es que son escurridizos porque se mueven a velocidades fantasmales, que aparecen como una nube oscura e invisible en el universo y que giran a dos mil millones de kilómetros por hora, constituyéndose en una fuerza gravitacional salida de toda imaginación humana, motivo por el cual, solo han podido ser observados a inmensas distancias y en forma superficial, a través de telescopios de rayos X.

Dentro de las galaxias mas conocidas tenemos el denominado Grupo Local, que incluye dos galaxias en espiral sumamente gigantescas denominadas Vía Láctea y Andrómeda M-31, I – 4 y el triangulo M-33, que se encuentran entre 2'000.000 y 2'500.000 años luz, aproximadamente, y dentro de ellas, los millones de soles o estrellas, algunas tan pequeñas como nuestro sol que se encuentra como ya dijimos, en una de las orillas de la galaxia de la vía láctea, a demasiada distancia de su centro.

Mas allá se encuentra el Gran Atractor o galaxia de Virgo, donde una de ellas controla, mientras otras se constituyen en galaxias satélites, siendo ese fenómeno como un claro indicativo que en esta parte o esquina del cosmos, existen verdaderos gigantes galácticos incompresibles a la imaginación humana, -y eso que no podemos llegar a lo verdaderamente abismal-, a menos que algún suceso salido de lo normal, nos pueda acercar a esos mundos desconocidos que existen por millones en el universo.

Entonces a medida que el universo fue evolucionando, así también se fueron apagando y destruyendo miles de galaxias y millones de soles, los cuales, al no transformarse en otras nuevas galaxias o no nacer nuevos soles, se fueron extinguiendo y transformando su energía y gravedad en los residuos de materia o antimateria según sea su estado, terminando por alimentar a los agujeros u hoyos negros.

Dentro de la sola galaxia de la vía láctea, existen varios agujeros negros, la Enana de Sagitario, Magallanes, Ursa, Draco, Carina, Sextans, Scultor, Funes, Leo, Tucana, Enana de Pisis y las dos galaxias gigantes más cercanas.

Todas ellas se encuentran siempre en movimiento como lo están todos los sistemas galácticos y solares del cosmos, al punto que, debido a dichos movimientos, continuamente se suceden choques intergalácticos y cósmicos todavía no descubiertos por el hombre, siendo predecible que entre las galaxias de la vía láctea y Andrómeda, se pueda producir un choque gigante dentro de unos 4.500 millones de años luz, pudiéndose formar una nueva galaxia o transformarse en otros cuerpos celestes de incalculables proporciones, dentro del proceso evolutivo de formación estelar, creándose entonces otros nuevos agujeros u hoyos negros.

Los agujeros u hoyos negros pueden ser unos cuerpos inimaginablemente colosales que calladamente se desplazan por el universo, los cuales son de masa estelar, así como los súper masivos o inmensos agujeros negros que pueden contener diez mil veces la masa de nuestro sol.

El espacio sideral está lleno de billones de estrellas y la fuente de su energía, es la fusión nuclear de hidrógeno para producir helio, así como otros gases y cuando dicha materia se consume debido a que los residuos de esos componentes químicos han quedado en grandes porciones de materia y energía, terminan por transformarse y variar su composición, transformándose en agujeros u hoyos negros.

Entonces cuando una estrella colapsa y su temperatura desciende a medida que la gravedad se mantiene o aumenta según la densidad, mientras que la estructura atómica en su interior se consume, quedando libres los electrones, protones y neutrones, transformándose de esa manera en una Enana blanca o gigante roja, supernova o estrella de neutrones según sea el caso, siendo ese el momento del nacimiento de los llamados agujeros u hoyos negros.

De esa manera queda reducida la materia a ceniza cósmica, la que sólo subsiste y queda vigente es la energía concentrada y transformada en gravedad absoluta, que es la que hace que se comprima la materia, a medida que se retroalimenta con los residuos de materia que capta del espacio sideral, previéndose que haya una buena variedad de agujeros negros, los cuales pueden ser de baja o alta densidad, masivos y súper masivos, según provenga de la galaxia o supernova en extinción, con la cual se esté alimentando en un momento dado.

Podemos estar hablando entonces de unos súper gigantes hambrientos, desconocidos e invisibles que enloquecidamente se tragan o engullen todo cuanto se les acerque y encuentre a su paso a miles de millones de kilómetros de distancia, ya que su portentosa fuerza gravitacional centrípeta y centrífuga, es fenomenal e incomprensible al mismo entendimiento humano, y por tanto, la circunstancia de ser invisible, e impenetrable, hace que la misma ciencia hasta ahora desconozca su composición, forma y tamaño real, lo demás solo son suposiciones e imaginaciones alocadas y necias de los científicos, quienes también consumen lo poco que les queda de materia gris, tratando de encontrar y descifrar la manera de descubrirlos plenamente.

Un agujero negro pude estar conformado por la sumatoria de tres millones de soles concentrados en una misma zona, y por tanto, pueden existir variedad de agujeros negros, dependiendo del tamaño de la supernova o millones de mundos que se encuentren atrapados en su interior, según sean enanas blancas transformadas en supernovas, o las mismas, ahora convertidas en supernovas de neutrones.

Los Quasares son agujeros negros que perfectamente emiten por su parte posterior, un chorro de luz, aún mas potente que la luz que es producida por uno de los soles mas grandes y potentes que pueda existir en el universo mismo o en la galaxia de la vía lactea, los cuales se forman cuando las capas superiores de una estrella sufre una implosión en su núcleo, que se contrae, colapsando gravitacionalmente.

Estos quasares emiten un chorro de luz que perfectamente sobrepasan los ciento sesenta años luz de distancia, el cual puede ser giratorio o poseer un rotor gravitacional en su interior, donde precisamente sus fuerzas gravitacionales pueden girar en dirección contraria a su lóbulo exterior.

Un agujero u hoyo negro es llamado así, porque las pocas ocasiones que han podido ser vistos a través de un potente telescopio con luz infrarroja, se revela como una gran mole negra que succiona en su parte central, como si se tratara de un inmenso tornado invertido, que todo lo atrae, captura y engulle, muy parecido a una gran mole de imán, que recoge y atrapa hasta la misma luz, así como a todos los objetos y cuerpos estelares que se le acerquen, apareciendo como un hoyo o agujero profundo que es precisamente por donde se traga la materia circundante, creyéndose que las moléculas que atrapa, están siendo alimentadas por la energía que le proporciona la misma luz que ellas contienen, al igual que los demás componentes que lo integran, afirmándose que nada ni nadie puede escapar de su centro gravitacional, ya que todo es energía transformada en gravedad absoluta.

Es por ello que los agujeros u hoyos negros, son un enigma para los alcances científicos de la humanidad en todos los tiempos, porque su estructura está formada por los residuos calcinados de hidrógeno, helio y demás gases siderales que se muestran invisibles a la vista humana, y por tanto, todo ese enigma y raro micro universo invisible e incomprensible hasta ahora para el ser humano, es lo que denominamos el gran cúmulo de materia y antimateria invisible, concentrada en gravedad y energía pura que se desplaza por el universo.

Precisamente los agujeros negros se formaron a partir del rompimiento de las moléculas de la materia en virtud a su desaparecimiento por extinción, quedando retroalimentados por la concentración de la energía y la gravedad que es la encargada de retener, succionar y atrapar todo lo que se atraviese en su camino, mediante la expansión de remanentes longitudinales de ondas de energía invisible.

Los agujeros u hoyos negros, no se encuentran perdidos en el universo, ni tampoco son la perversidad del mismo, solo se mueven dentro de ese nacer, aparecer y morir, como fundamento misterioso de la evolución del cosmos, para poder que nazcan y aparezcan fenómenos nuevos, que es precisamente la razón de ser, no solo de la vida a escala cósmica, sino de la transformación permanente que desde un comienzo, misteriosamente fue sometida la energía conjuntamente con la materia, antimateria, energía, gravedad, espacio y tiempo.

También se tiene el convencimiento que todo agujero u hoyo negro, tiene la forma de un embudo profundo que absorbe y consume la materia, pero claro, dicho agujero puede tener hasta unos cien millones de años luz de distancia en su sólo diámetro, desconociéndose por ahora, que en su centro se halla concentrada la gravedad, así como la energía, al igual que se encuentra aprisionada la antimateria, y todos esos componentes, son los que impiden que la luz o los demás objetos que en él caigan, puedan liberarse.

Igualmente se tiene por descontado que los agujeros u hoyos negros no son cerrados, sino abiertos en su extremo posterior de dicha mole negra, pudiendo existir un desfogue o vertedero de luz y materia aprisionada, apareciendo entonces los cuásares o pulsares que son estrellas gigantes que emiten un foco o rayo potente de luz, a medida que se desplaza en la respectiva galaxia.

Un agujero negro, bien puede ser parecido a un embudo o tornado, que se dirige con su extremo inferior hacia otros mundos totalmente desconocidos, o sea hacia el infinito, que se encuentra revestido en sus paredes por los residuos de materia y antimateria, ahora transformada en ceniza incandescente cargada de energía y gravedad absoluta, que se asemeja a un gran cúmulo de petróleo quemado que todo lo atrapa y que impide que de dicha sustancia salga hasta la misma luz, debido precisamente a la potente fuerza gravitacional que también ha quedado aprisionada, siendo esta la que se viene a constituir en la misma energía de la cual se nutre, los cuales pueden ser tan grandes, que muchos de ellos podrían superar los dos trillones de años luz de área compacta y estar a una distancia uno de otro de veinte millones de años luz.

Producto del envejecimiento acelerado de muchos soles o estrellas gigantes, se encuentran las denominadas Enanas Blancas o Rojas, según sea su tamaño, las cuales, luego de consumir buena parte de su energía sólida, se contrajeron al máximo y colapsaron, quedando alimentadas por los desechos de la materia energizada con que se nutrieron de energía por millones de años, transformándose en las llamadas supernovas.

Esa es pues, una breve semblanza de lo que pueden ser los llamados "Agujeros u Hoyos Negros", que no solo constituyen un misterio para la ciencia, sino que fue la mole negra advertida por la nave espacial "El Tortuga" a escasos dos años luz de distancia y que apareció en los censores de la nave que inmediatamente se puso en guardia, le dió una voz de alerta roja a todo el cerebro de la nave, haciéndole una gran advertencia que algo raro, poderoso y terrible podría ocurrirle, para lo cual el destino de la nave parecía ir en esa misma dirección, ya que a la velocidad de la luz en que viajaba, empezaba a ser atraída por ese gran monstruo invisible que se reflejaba en el telescopio de rayos X, siendo de procedencia desconocida, incluso para los mismos censores y aparatos robóticos avanzados que llevaba consigo la nave.

Cuando la nave espacial "El Tortuga" se iba acercando aún mas a dicho objeto desconocido, los vientos estelares que la rodearon se fueron haciendo mas calientes, y por consiguiente, la nave se fue descongelando interna y externamente, lo que hizo que su robot central también se pusiera en alerta máxima como si se tratara de un erizo cuando alguien lo induce al peligro, razón por la cual, muy pronto advirtió sobre la fatalidad que se cernía sobre ella, y por tanto, calculó detenidamente la distancias, así como la temperatura que iban en aumento, optando enseguida por apagar el reactor nuclear que le servía de motor principal, igualmente cerró herméticamente todas sus compuertas, escotillas y poros celulares que habían quedado abiertos desde cuando la nave fue lanzada debido a la gran explosión ocurrida sobre la atmósfera del planeta tierra.

Así mismo, tomó medidas conforme a la información suministrada por las computadoras y demás aparatos de medición científica que la auxiliaban, los cuales le indicaban que iban a entrar en una zona donde se estaba produciendo la ebullición de energía y gravedad con unas altísimas temperaturas, lugar este de procedencia totalmente desconocida, donde el calor infernal que allí existía, podría elevarse a los 500.000 grados centígrados de temperatura, circunstancia esta que se constituía en un peligro inminente a la vista, ya que la nave podría ser reducida a cenizas en el instante mismo que hiciera contacto con dicha mole, y por tal motivo, procedió a apagar el reactor nuclear que le servía de energía y fuente de impulso, debiendo tomar todas las medidas preventivas que pudieran impedir su muy segura destrucción.

No obstante la temperatura que paulatinamente iba subiendo en el exterior de la nave, en su parte interna dichas fuentes y oleajes de calor que los iba cobijando, no tenían efecto inmediato como para que se descongelara la sala de control manual de comando de la nave, donde precisamente se encontraban los cuerpos de los infortunados cosmonautas, circunstancia esta que no produjo cambio significativo alguno en la parte central de la nave.

Capitulo XIII

PRIMER MILAGRO EN EL VIAJE SIDERAL

Afortunadamente la nave espacial "El Tortuga", era un robot gigante equipado con todos los adelantos técnicos y científicos que los más avezados hombres de ciencia de mediados del siglo XXIV construyeron sobre el planeta tierra, pues estaba revestida con tres capas protectoras a prueba de todo factor externo que pudiese en un momento dado atacarla, vale decir, era indestructible debido a que su capa externa estaba revestida de energía pura en un cien por ciento.

Es mas, el frío así como el hielo sideral no le hubieran podido hacer mella alguna a la nave y sus tripulantes, sino hubiese sido porque sus escotillas y la puerta de entrada, así como de la palanca con que estuvo sosteniendo el vértice del tubo cuando se produjo el incendio en el cielo sobre la atmósfera de la tierra, no hubiera quedado abierto y destapado, pues lo relativo a las altas temperaturas que iba a encontrar la nave en su recorrido por ese horno sideral, también estaba debidamente preparada para soportar los mas elevados e incandescentes fuentes de calor, ya que había sido diseñada, elaborada y probada en todas sus partes para que no fuera a colapsar, pero además, las aleaciones de los mismos compuestos cósmicos que existían en un hoyo u agujero negro tales como plasma, neutrinos y taquiones, energía sideral esta que precisamente encontraría abundantemente en su recorrido por el sitio donde había ingresado, componentes estos que precisamente ahora la estaban protegiendo.

La nave estaba adaptada y equipada para que todas sus partes respondieran a las temperaturas extremas, y por tanto, fue construida previendo todos los momentos difísiciles que podría encontrar en su recorrido por el cosmos, y por tanto, todas sus partes fueron fundidas en hornos especiales donde se elevaba su temperatura a los 500 mil grados centígrados.

Después que la nave fue succionada por una portentosa fuerza subsónica invisible, que la engulló a una velocidad de tres veces la misma luz, sin que nada ni nadie pudiera oponerse, máxime que el robot de la nave, así como Alquitrán quienes eran los únicos que permanecían al frente de la dirección de los sensores y aparatos científicos que llevaba consigo, los cuales habían vuelto a funcionar, y por la descomunal fuerza gravitacional proveniente del centro de esa mole invisible que era nada menos que las entrañas mismas de un agujero u hoyo negro.

La nave que había sido preparada para experimentar las situaciones mas extremas por las cuales pudiese en un momento dado atravesar, por esa razón, existía ahora la probabilidad que el interior de la nave no se iría a producir desperfecto alguno de carácter grave que no pudiese ser arreglado, pero ahora que se había introducido y desaparecido en milésimas de segundos, habiéndo sido engullida por ese monstruo desconocido, para Alquitrán que no tenía sensibilidad humana, también había entrado a ser presa del pánico y el vértigo a raíz de la desesperación que inusitadamente empezó a sentir, vale decir, la situación que se vivía en el interior de la nave, era mas rara que una serpiente con diez cabezas.

El alienígena rogaba también, por que la nave no se fuera a desintegrar debido a las altas temperaturas y la espantosa presión atmosférica que inmediatamente la invadió; también suplicaba que por todos los cielos, que la nave fuera devuelta o expulsada a otra parte donde él se pudiera salvar, pidiendo además que contra esa fuerza invisible que se los había tragado, también hubiera otra que continuara repeliéndolos, con el propósito que fuera salvado junto con la nave, y en su lugar, se le permitiese cruzar y salir ileso a otra parte.

Imploraba también que la nave pudiese soportar las altas temperaturas y presión atmosférica que le estaban haciendo dar demasiadas vueltas por milésimas de segundo, como si fuera una batidora enloquecida. El alienígena estaba tan familiarizado con la vida humana, y por eso no se resignaba a morir y menos convertido en ceniza cósmica. La nave a estas alturas del recorrido se había alargado y deformado tanto, haciendo las veces de un lápiz o tomando la forma de un gran tubo como ese que había sido construido para succionar el gas mortífero sobre el planeta tierra, debido a la gran fuerza gravitacional que se estaba ejerciendo sobre ella.

No obstante ese fuerte torbellino de presión gravitacional, la nave seguía resistiendo a esas fuerzas que querían desintegrarla o derretirla, habiendo llegado un momento que el material de plasma, neutrinos y taquiones que en abundancia encontraba a su paso, se le iban uniendo a su carcasa exterior, y por esa razón, iba saliendo ilesa de la dura prueba a que era sometida, a medida que la radiación ultravioleta de rayos gama y beta, eran los únicos que hacían de las suyas al interior de ese fango de tormenta invisible.

Así mismo, Alquitrán hacia ingentes esfuerzos para no trasbocar, debido a los millones de vueltas que por milésimas de segundo debía girar la nave, mientras se profundizaba en aquella zona oscura o hueco profundo, donde seguramente el demonio era donde tenía allí su guarida, llegando el momento de encontrarse mas asustado y nervioso, que un gallo tuerto en el centro de un maizal.

La nave había caído en las garras de un agujero u hoyo negro, y por tanto, se deslizaba ahora por los despeñaderos del mismo infierno, donde jamás en la historia de la humanidad se había visto a un alienígena tan asustado, pues entre las cosas insólitas que hacía, era orar, llorar y sudar frío, y eso que no había sido diseñado ni programado para manifestarse de esa manera, sin embargo lo hacía, con el propósito que la nave saliera ilesa del lugar tormentoso en que había caído, ya que pensaba y se comportaba como todo un ser humano, lo único bueno que tenía, era que no necesitaba oxigeno para su supervivencia.

Igualmente como tenía incorporados pensamientos humanos así como buena parte de sus comportamientos, quizá por eso, también maldecía y ofrecía un ofensivo lenguaje a sus creadores, por el hecho de haberlo embarcado en esa nave exclusivamente a sufrir todas esa dificultades por las que ahora estaba pasando, no obstante ello, se consolaba por el hecho que la nave estaba preparada para dilatarse, alargarse como una lombriz de tierra y tomar distintas formas, pero jamás desintegrarse o consumirse dentro del abultado estomago de partículas ionizadas e invisibles con las cuales se alimentaba ese agujero u hoyo negro.

Todo siguió siendo un misterio sepulcral, donde no se podía siquiera prender las luces, ya que la misma nave con su robot auxiliar, habían tomado las previsiones de apagar y cerrarlo todo, incluyendo al mismo reactor nuclear, con el fin que no se fuera a provocar algún conato de incendio o recalentamiento interno.

La velocidad subsónica a la que viajaba ahora la nave, superaba las cinco veces la velocidad de la luz sobre la tierra, aunque la presión era descomunal y variable, la nave contra esa infernal situación se mostraba resistente.

Se cumplían entonces las previsiones hechas con antelación, en el sentido que la gravedad dentro de un agujero u hoyo negro, era variable, y por tanto, el principio de la Teoría de la Relatividad según el cual, ningún objeto podía viajar a velocidades superiores a la luz, aquí no se cumplían, ya que se sentía un ambiente raro, variable e inestable debido a las altas presiones de ondas electromagnéticas que se movían en remolinos superiores a la velocidad de la luz, energía y gravedad, haciendo que esas fuerzas se confundieran en una sola, y por tanto, allá no se podían aplicar ni operar dichos cálculos matemáticos ni físicos.

Internamente cuando Alquitrán se puso a sudar frío debido al miedo permanente que tenía y al calor que igualmente fue invadiendo la nave, fueron activados automáticamente los mecanismos de refrigeración y aire acondicionado conque independientemente estaba equipada la nave por si alguna situación interna o externa así lo ameritaba, con el propósito que se fuera suavizando la temperatura interna que repentinamente había invadido su interior.

La nave se había constituido en mucho mas que un meteorito, que desaparecía tan rápido como aparecía debido a su velocidad, vale decir, se había convertido en una chispa electromagnética de luz y radioactividad, en medio de las tormentas invisibles que allá adentro se estaban produciendo, abriéndose paso a medida que se profundizaba, pero por fortuna iba tomando una ruta central dentro de aquél inmenso túnel, que giraba como si fuera toda una enloquecida batidora, a medida que se hundía en ese infierno desconocido para la imaginación humana, sin que por suerte quedara atrapada o fuera colisionada contra otro objeto extraño que internamente llegase a existir.

La nave iba flotando sobre un gran torbellino de fuego que la mantenía friccionada incesantemente y que rugía como si se tratara de un dragón enfurecido defendiendo su cría, pero a su vez estaba siendo repelida dentro de ese hoyo profundo, afortunadamente por la circunstancia de haber sido recubierta con una capa de taquiones, plasma y neutrinos que en gran medida ese era el material con el cual estaba compuesto ese agujero u hoyo negro, y esa circunstancia hizo que poco a poco se fuera nutriendo y recubriendo aún mas por dicho material que allá existía en abundancia, y por tanto, la nave era rechazada a medida que avanzaba, siendo esa la razón para que tampoco quedara aprisionada o derretida como en principio todo parecía que iba a ocurrir.

Cuando ya habían transcurrido varios millones de kilómetros dentro de ese agujero u hoyo negro, desde cuando la nave hizo su ingreso, así como internamente fue descongelada totalmente, sobrevino todo un increíble y descomunal acontecimiento, muy difícil de aceptar y creer para el intelecto humano.

Sucedió   entonces   lo   impensable,   inimaginable,   y fantasmagórico, pues de un momento a otro, los signos vitales del oso de agua, así como los de la rana selvática, fueron haciendo su aparición en cabeza de todos y cada uno de los astronautas muertos desde hacía muchísimos años, habiéndose llevado a cabo un primer milagro, porque no   de   otra   manera   podía   llamarse   semejante acontecimiento.

¡Por todos los cielos!... No era concebible siquiera pensar que un puñado de seres humanos después de tanto tiempo, poco a poco fueran como naciendo a la vida, vale decir, volvieran a resucitar de ese letargo profundo que por tantos años terrestres los había mantenido prisioneros de   la muerte.

Nuevamente comenzaron a moverse a medida que el calor los iba invadiendo y sus cuerpos fueron tomando su antigua temperatura corporal que en principio tuvieron, a medida que el hielo y el frío que de sus cuerpos desaparecía e iban dejando atrás el estado de hibernación y congelamiento en que habían estado sumidos, en el increíble transcurso de tiempo de por lo menos cien años terrestres.

Cada uno de los astronautas se iba despertando y saliendo como de ese profundo sueño, recobrando las nociones de tiempo y vida a medida que   sus   cuerpos   se descongelaban, al igual que el saco de oxigeno que portaban e igualmente también se iba inflando y tomaba su antigua forma, y cada uno de ellos muy lentamente se fueron activando y dando cuenta que se encontraban vivos, cada uno por su lado metidos en ese traje espacial y que ahora parecía que estaba sellado, porque sus trajes aparentemente no tenían puerta de salida, ni cremallera para abrirlo, debido a los años que habían permanecidos muertos debajo de esa espesa capa de hielo y quizá por esa razón parecía que ya no funcionaban.

Ese fue el instante que comenzaron a mostrar sus primeros signos de vida dentro del traje espacial, pues internamente todo fue un proceso lento; primero fueron abriendo y moviendo sus ojos, sus pestañas, sus dedos y poco a poco fueron recobrando la plenitud de sus sentidos y cuando ya se sintieron con el ánimo dispuesto, ahí se quedaron amarrados cada uno a sus antiguos puestos esperando que amaneciera y al notar que tampoco amanecía, se fueron desesperando por ser una noche demasiado larga, y cada uno a oscuras, y aunque el mundo circundante les giraba tan rápido como si estuvieran dentro de una rueda espiralada, siguieron teniendo paciencia esperando ubicarse plenamente donde era que verdaderamente se encontraban.

Muy lentamente fueron atando cabos y tratando de recordar acerca del sitio donde se encontraban, pues eso de volver a retomar sus recuerdos desde el último instante cuando se encontraban atentos al desarrollo de la extracción de una sustancia química sobre los cielos del planeta tierra y que entonces sufrieron un fuerte impacto, el cual los había dejado muertos, era un tanto complicado ubicarse mentalmente; porque ahora donde nuevamente despertaban, se hallaban en un lugar que no tenían la menor idea acerca de su ubicación y en que parte era donde podrían encontrarse, o la razón de lo que les estaba ocurriendo, habiéndoles surgido todos los interrogantes del mundo, pues se imaginaban que como habían muerto, sus penas se iban aliviando y seguramente ahora habían llegado a otro estadio superior llamado purgatorio, que según sus creencias reliosas, esa era la secuencia que se debía seguir camino de conquistar el cielo.

Se encontraban en un lugar desconocido para ellos, desde cuando les sucedió aquél terrible impacto donde perdieron la vida y quedaron sumidos en ese profundo sueño o bajo una muerte aparente, y por tanto, después de hacer tantas cábalas, uno de ellos haciendo uso de esos vagos recuerdos, se ubicó rápidamente buscando donde era que posiblemente se encontraba, recordando que la última vez que estuvo con vida, fue desempeñándose como astronauta y que esa caparazón que llevaba puesta, correspondía a su antiguo traje espacial, y por esa razón, cada uno de ellos portaba en los bolsillos de sus respectivos trajes espaciales, una porción abundante de "Rubodomina", con el propósito que si alguna vez la necesitaran, con ella podían alimentarse mientras permanecieran adheridos a sus puestos, pero la circunstancia de haber tenido esa muerte aparente, ahí llevaban consigo todas sus provisiones, así como varias pastillas para conciliar el sueño por si alguno de ellos llegaba en un momento dado a variarle su metabolismo y no pudiese dormir.

Igualmente llevaban adheridos a sus trajes espaciales, un dispositivo de linterna y otros elementos de urgente uso para la solución de emergencias, sin embargo, debieron continuar en el mismo estado en que despertaron, ya que la inestabilidad corporal que se les presentaba, a ello los conducía, pues no sabían si estaban de pie, acostados, parados o de cabeza, en todo caso era una situación complicada, inestable e incomoda que tendrían que soportar mientras continuaran con vida, ahora que por fortuna habían resucitado.

Para todos los infortunados astronautas les había llegado el momento donde todos los interrogantes habidos y por haber les salieran al mismo tiempo, preguntándose que habría sido del planeta tierra, de sus familias, cual la razón para encontrarse en ese lugar totalmente a oscuras donde todo era un ensordecedor silbido sideral y una verdadera locura que reinaba por doquier, ya que nadie acudía a darles explicación alguna, ni indicarles la situación de oscuridad e incomodidad por las que estaban pasando, aparte del sofoco o calor que también tenían que estar soportando, a pesar del aire acondicionado que internamente había.

Tampoco tenían la mas mínima idea de cual era la causa de ese encierro, ¿para donde iban?, ¿que era lo que debían hacer en medio de la profunda oscuridad donde se encontraban?, ¿porqué daban tantas vueltas?; interrogantes estos que provenían como del mismo sueño de donde se habían acabado de despertar, pues el medio circundante les daba mas vueltas que una ruleta enloquecida, a medida que iban recordando las raíces de lo que habían sido sus vidas y la razón primordial para encontrarse ahora como unos prisioneros en esa tenebrosa oscuridad.

Igualmente se preguntaban, porqué razón aún viajaban en unos puestos estrechos y dentro de una nave también alargada que ahora no conocían, ya que por el conjunto de sus trajes, ellos iban reconociendo a medida que palpaban con sus manos los elementos que tenían cerca, que se encontraban en la antigua nave, ya que al parecer nada había cambiado, solo que ella se había transformado y como viniendo de un viejo recuerdo, no cesaban en la búsqueda de encontrar las explicaciones que les permitiera dar solución a esa intrincada situación acerca de que hacían y para donde iban, pues a esas alturas, estaban mas desconcertados y despistados, que una loca en un baile de disfraz.

Muy pronto comprendieron que se encontraban como en un callejón sin salida y que nada podían hacer para detener la nave o salir corriendo para otra parte, pues se hallaban atrapados dentro de un cascarón parecido al hierro colado, que en estos momentos se encontraba dilatado y alargado habiendo tomado ahora la forma de una alargada lombriz de esas que se profundizan en la tierra, la misma que buscaba por todos los medios no dejarse desintegrar junto con todo lo que llevaba por dentro, sintiendo también cada uno de ellos una permanente fuerza que parecía que los iba a descuartizar.

Por fortuna la nave al dilatarse, podía igualmente minimizar la carga que llevaba por dentro, con excepción de los pasajeros quienes eran los únicos que debían continuar estirados sobre sus puestos dentro de sus trajes espaciales resistiendo la altísima presión sideral, trajes estos que habían sido diseñados también a prueba de la desintegración de las células para que la fuerza gravitacional no los desintegrara, como podía ocurrir cuando la nave superara la velocidad de la luz como efectivamente estaba sucediendo en estos precisos momentos.

Por esa razón, se dedicaron a continuar recordando e imaginando acerca de lo que realmente sucedía en su entorno, pues lo único que percibían a través de sus sentidos, era que se estaban moviendo y avanzando a la vez que giraban mas rápido que una licuadora en movimiento, ya que la nave se desplazaba a una mega velocidad desconocida para ellos, situación aburridora esta, que comenzó a preocuparlos, pues mejor hubiese sido haber continuado muertos, que haber resucitado en ese inexplicable laberinto y no tener que soportar todas esas vicisitudes por las cuales fueron recibidos al volver a la vida, pensó y balbuceó en silencio un malhumorado miembro de los viajeros, porque ya se sentía cansado de estar apoltronado y amarrado a una silla, sin saber porqué razón en esa forma se le estaba castigando.

Así mismo, no tuvieron otro remedio que comenzar a buscar, y con mucha dificultad, poderse tragar las pastillas que les producía un profundo sueño para disimular el susto y el dolor de cabeza que ya casi les arrancaba hasta los mismos cabellos debido a la presión sideral, y en consecuencia, su única salida era la de continuar dopados por el resto del viaje y que se les permitiera por ahora continuar respirando, ya que todas esas interminables vueltas que la nave estaba dando solo borrachera y deseos de trasbocar era todo lo que estaban sintiendo, ya que ni siquiera podían intercomunicarse entre ellos porque las comunicaciones internas habían sido cortadas por completo.

No obstante esa situación, lamentablemente no se podían salir de sus respectivos puestos, en razón al permanente movimiento y círculos completos que al parecer iba girando la nave, a medida que se profundizaba en el fondo del abismo y que en sentir del pensamiento de esos infaustos navegantes del espacio, les parecía que iban camino de un despeñadero que los conducía hasta las cataratas del mismo infierno, y por tanto, ante tales circunstancias, nada les importaba ya que habían acabado de salir de un profundo sueño y eso era lo que deseaban continuar haciendo.

Capítulo XIV

OTRO MILAGRO EN EL COSMOS

Por fortuna la gruesa capa de neutrinos, así como el plasma al igual que el abundante taquion que también la nave contenía en su caparazón externo, material cósmico este con que había sido revestida, así como la fuerza de antirradiación que también llevaba consigo, hizo que la nave en el interior de dicho agujero u hoyo negro fuera repelida incesantemente por la fuerza gravitacional interna, que continuaba succionándola por el centro de ese mar de neutrones, rayos gama y beta por los cuales transitaba, sin que por fortuna chocara contra algún otro objeto que se hallara en su interior, y por tanto, se mostraba como todo un hueso duro de roer por parte de esas fuerzas incontrolables por las cuales iba haciendo ese mega recorrido, y por tal razón, la nave no fue derretida dentro de ese horno de energía pura, ni enviada a otro sitio donde hubiera quedado aprisionada y convertida en fracción de segundos en el mismo material radioactivo con el cual estaba compuesto el centro de ese monstruo carroñero, material este con el cual se retroalimentaba.

Luego que la nave viajó a cinco veces la velocidad de la luz dentro del estomago de ese monstruo relleno de materia que ardía bajo la profunda incandescencia de color oscuro, en ese raro ambiente y cuando ya las esperanzas de salir ilesos de ese tortuoso encierro infernal se les había esfumado a esos infortunados terrícolas, quienes continuaban dopados en el interior de la nave para no sentir los rigores de ese hostil e insostenible ambiente, de un momento a otro el rugido abrumador y ensordecedor que los acompañó por muchísimos años terrestres, de un momento a otro fue mermando y se dio comienzo a una nueva fase, la cual poco a poco se fue extinguiendo dicho rugido a medida que la nave continuó avanzando, habiendo sido ese el instante en que reinó el suspenso sepulcral.

En el interior de la nave aún continuaba la oscuridad y un silbido estelar que no cesaba de acompañarlos siendo esa la tónica principal, por tanto, cada uno de los astronautas, poco a poco fueron despertando de ese sueño inducido y fueron haciendo cuentas alegres de todas las alocadas ideas que les pasaba por sus mentes, pues aun no podían llevar a cabo ninguna comunicación entre ellos, y por tanto, su aislamiento era total y en silencio hacían reminiscencia de su pasado y por el hecho de hallarse acostados como entre un enorme tubo, no podían pensar en otra cosa, sino que iban camino de la llamada "gloria celestial", pues estaban seguros y convencidos que donde se encontraban era el llamado "purgatorio" y que posteriormente pasarían a la siguiente fase o sea al cielo, de acuerdo a las creencias religiosas que en todo caso no cesaban de ser practicadas mentalmente por cada uno de ellos, después que fueron despertando por la acción de las pastillas que habían ingerido.

Sucedió que la nave no fue atrapada ni consumida al interior de ese agujero u hoyo negro, y mas bien, esas fuerzas gravitacionales decidieron inexplicablemente ponerla en libertad, para gracia y ventura de la raza humana, no solo por haber tenido esa tamaña odisea, sino la de haber probado con éxito una nueva nave para desafiar las leyes del universo bajo situaciones extremas por las que objeto alguno haya podido someterse a semejante prueba, sino porque además, era la nave robótica que contenía toda la sapiencia humana de todos los tiempos.

Teniendo en cuenta que la nave espacial pudo abandonar ese infierno o gran mole denominada agujero u hoyo negro, y por tal motivo, fue expulsada o lanzada con mas fuerza que la bala de un cañón cuando es disparado por mil millones de veces la fuerza con que se disparan los cohetes mas potentes sobre la tierra, habiendo salido por la parte

225

posterior de aquella legendaria mole negra, convertida ahora en una gran chispa a una velocidad cinco veces la de la luz, la cual fue lanzada a una distancia cinco años luz, evento este cuando la nave nuevamente fue volviendo a recuperar su anterior normalidad y entonces los infortunados viajeros del espacio, tuvieron la oportunidad de enderezar sus cuerpos y ponerse de nuevo en posición vertical.

Todos los astronautas se dieron cuenta que ahora ese silbido estelar iba cesando paulatinamente, produciéndose un cambio repentino en dicho comportamiento, pues aunque internamente no se daba cambio alguno y los censores así como los aparatos científicos que llevaba incorporados la nave, tampoco funcionaban, la razón de ese cambio repentino que poco a poco se estaba produciendo, era un indicativo favorable para los desdichados cosmonautas, quienes por el viaje, habían llegado por momentos a convertirse en verdaderos emparedados humanos al interior de la nave, y que por el hecho de estar dopados, no se percataron de la situación por las cuales tuvieron que pasar.

La nave por ahora no daba vueltas, continuaba planeando convertida en un pequeño meteorito o chispa incandescente, que seguía abriéndose paso a una velocidad que superaba ahora las tres veces la misma luz, con tendencia de ir mermando esa velocidad, a medida que continuaba su raudo recorrido hacia lo desconocido.

Transcurrieron entonces muchos años terrestres desde cuando fue expulsada la nave por aquél agujero u hoyo negro, hasta cuando ya muy lejos, el robot central de la nave automáticamente prendió el reactor o motor principal y les colocó la luz, así como les devolvió la vida al interior de la nave, cuyo regocijo inmediatamente se hizo sentir, ya que esa actitud era un sinónimo de reencontrarse verdaderamente con la vida terrenal así estuviera muy lejos de su entorno planetario, y por tanto, la sonrisa se vio reflejada en sus rostros y el llanto aparecía en los ojos adormilados de aquellos infortunados cosmonautas, a quienes también el llanto parecía que se les había acabado en sus lagrimales, habiéndoles vuelto a correr por sus mejillas el producto de su llanto, ya que se sentían como si un nuevo amanecer había aparecido ante sus ojos, teniendo la certeza que esa era la antesala para ser recibidos con bombos y platillos en el cielo.

Fueron muchos momentos de alegría los ocurridos al interior de la nave, los que nuevamente se dejaron sentir en los rostros de esos aburridos e infortunados seres humanos, quienes alguna vez se encontraron para ir tras la conquista del espacio, pero que el destino les dio una mala pasada al haberlos embarcado en una odisea no recomendable para ningún otro ser humano sobre la tierra.

Fue hasta entonces cuando cada uno de ellos comenzó a desatarse de su respectivas sillas y de nuevo se fueron incorporando, debido a que la nave nuevamente había adquirido su antigua forma; posteriormente, todos se unieron en interminables llantos, rezos y abrazos, cuando al quitarse sus cascos en el salón de la nave, se dieron cuenta que todos parecían como unos orangutanes del espacio, ya que al observarse mutuamente, notaron que todos se parecían a unos simios salvajes.

Los hombres tenían unas abundantes barbas que les llegaba hasta la cintura, unas alargadas pestañas que no les permitía mirar, y las damas, también tenían una larga cabellera que les llegaba hasta sus pies, y por tanto, se habían transformado mas en unos orangutanes del espacio, que en miembros del género humano en el espacio sideral.

Sus uñas eran unos garfios parecidos a los osos hormigueros, habiendo sido esa la sorpresa ya que el resto de sus células orgánicas permanecieron inactivas o sea que no se habían desarrollado mientras estuvieron bajo esa muerte aparente, y cuando cruzaron por el hoyo u agujero negro, por la circunstancia de haber estado la nave a una velocidad superior a la misma luz, por esa razón, siempre estuvieron estables sus células, sin que la vejez de sus cuerpos su hubiera hecho visible, vale decir, que con excepción de lo indicado antes, ellos permanecieron siempre jóvenes con la plenitud de sus capacidades físicas e intelectuales que tuvieron al momento de hacer parte de la misión espacial que terminó por enviarlos hacia lo desconocido del universo.

Por manera que uno de los primeros actos luego de haberse reencontrado y quitado sus trajes espaciales, fue el de ducharse y asearse hasta volver a recuperar la antigua forma física que lucieron al comienzo de esa odisea y por tal motivo, se dedicaron a quemar en el horno que portaba la nave, toda esa abundante melena y barba así como las inmensas uñas que se recortaron, con el fin de no acumular basura que les ocasionara problemas para su salubridad.

Todos los cosmonautas tenían la sensación que verdaderamente habían muerto hacía muchos lustros y que todo lo que ahora hacían, sentían y compartían, era nada menos que las manifestaciones de sus almas en ese mas allá y que el Creador les había dado esa otra oportunidad de resollar, beber y dormir, actividades estas que eran muy parecidas o similares a todas las cosas que ellos realizaron cuando precisamente vivieron como humanos sobre el planeta tierra.

No podía ser de otra manera como estuvieran concibiendo las cosas, pues ya se habían acostumbrado a entender que estaban muertos y que posiblemente, esa era la famosa, otra vida que el ser humano encontraría al fallecer, al igual que el comportamiento de sus almas en el mas allá, ya que comprendían que iban dentro de la misma nave que los sacó un día de la superficie terrestre, la misma que los subió por encima de la atmósfera terrestre y que debido al siniestro sufrido, seguramente la nave pudo haber colisionado contra algún objeto, y por esa razón, ese era el resultado de la interminable misión espacial, que posiblemente los había llevado al fondo del mismo infierno, cuando les sucedió el fuerte impacto y por eso sus almas se comportaban como si volvieran a ser humanos.

Tuvieron entonces todo el tiempo para analizar detalladamente la situación, y posteriormente fueron entrando en razón y comprendieron que verdaderamente si estaban con vida humana y por el hecho de estar nuevamente con vida, ahora se sentían más que agradecidos con la rana selvática y el oso de agua, así como con aquellos científicos que en el planeta tierra tuvieron la fortuna de elaborar una nave que los había salvado, hasta ahora claro está, de la misma muerte, así como el haber elaborado el producto alimenticio con base en la composición molecular de los invertebrados, al igual que celebrar como, a pesar de esas circunstancias extremas, hubieran logrado preservar la vida y regresar o resucitar a la normalidad física de sus viejos cuerpos y de todas sus capacidades psicomotoras, así como ese nuevo despertar pudiera estar rodeado de un alto riesgo que todavía no llegaba a su fin, en un plano sideral muy distinto y diferente al que un día los vio nacer y que ahora se encontraban muy distantes del planeta tierra perteneciente a los miles de sistemas solares de la galaxia de la vía láctea, que habían dejado atrás hacía muchos años terrestres, dirigiéndose ahora hacia otro lugar desconocido del universo.

El robot central de la nave, por fin se hizo escuchar y los felicitó por el hecho que cada uno de ellos habían vuelto a resucitar, se congratuló con volverlos a ver "jóvenes y bellos" a pesar del largo tiempo que ya había transcurrido, así mismo, les ofreció las respectivas disculpas por la incomodidad y el silencio sepulcral, así como por las tinieblas que los mantuvo durante los últimos setenta y cinco años terrestres, que en promedio habían transcurrido desde cuando fueron absorbidos por esa misteriosa mole negra y que abruptamente entraron en ese abismo de fuego.

A su turno Alquitrán, en su condición de robot auxiliar de la nave y de toda la comitiva humana, salió personalmente de su encierro y les estrecho la mano a todos los astronautas, felicitándolos también, indicándoles que ellos eran unos verdaderos héroes del espacio, al haber podido pasar por donde la imaginación humana no lo había podido hacer, así mismo les platicó acerca de la situación anterior por las que él mismo tuvo que pasar y les comentó la tragedia personal que le tocó vivir, en la cual hubo un momento tan tenebroso, que hasta se orinó en su carcasa que hacía las veces de pantalones, y por tanto, algunos de sus conductos resultaron seriamente dañados, habiéndose dedicado a restaurarlos.

De todas maneras los invitó a no llorar mas, así como a tener paciencia para continuar en ese interminable viaje, a la vez que se burló de cada uno de ellos al notarlos bajos de peso, comparándolos con su figura, la que también había rebajado por lo menos veinte kilos de peso de tanto sufrir y hasta llorar, de solo pensar y padecer la sin salida por las que había tenido que pasar dentro de la nave, cuando apenas se había introducido en ese enigmático y peligroso agujero u hoyo negro.

Igualmente les dio las buenas noticias, en el sentido que un nuevo amanecer estaba por aparecer ante sus ojos, después de la noche mas larga de que se tenga noticia en el intelecto humano, por eso, una vez que la nave fue dejando atrás la envoltura de llamas incandescentes que la habían rodeado durante casi un siglo terrestre, se disponía ahora a emprender una faceta nueva dentro de esa odisea que mas parecía ser de una novela de ciencia ficción, que producto de una realidad que era la que precisamente ellos estaban viviendo.

El ayer había desaparecido hacía muchos lustros, el hoy parecía que no había nacido y ese presente se iba esfumando o escapando más rápido de lo que llegaba, así como el mañana no llegaría nunca jamás, y por ello, ya no volvería a existir el factor tiempo, ya que había llegado el momento que ese hoy y el mañana se confundieran, consumiéndose al mismo tiempo con el ayer, desapareciendo por completo la noción o categoría del tiempo.

La nave espacial "El Tortuga" había logrado traspasar las barreras del infinito donde ni siquiera la mente humana había penetrado en sus contornos, encontrándose en un espacio sideral colmado de soledad, camino de otro plano galáctico donde solo el misterio reinante del universo era todo lo que los cobijaba, y quizá allá en lo profundo de lo desconocido, podrían encontrar otros esquemas distintos de vida, vestigios estos que podrían estarlos esperando si las cosas continuaban saliendo bien, siempre que los astronautas tuvieran alguna mínima esperanza de continuar con vida.

Ahora el silencio era total entre todos los viajeros, pues posteriormente cuando la nave abandonó el radio de acción de ese agujero u hoyo negro y se enrumbó hacia lo desconocido atravesando un espacio y tiempo infinitos, que era un gran vacío sin lunas y sin estrellas, donde solo se tenía la sensación de disfrutar un presente inagotable que les brindaba su destino, con la posibilidad de llegar con vida a enfrentarse a otra realidad que podría ser precisamente su etapa final.

Los 225 años luz que inicialmente fueron calculados por parte del robot central de la nave para traspasar el Agujero u Hoyo Negro de un lado al otro, en caso de que ello fuera posible, lo cubrió en un promedio de 75 años terrestres, tiempo este que tardaron en aparecer en otros mundos totalmente distintos al humanamente conocido, debido a que la totalidad del trayecto pudieron viajar a una velocidad permanente de cinco y mas veces la velocidad de la luz.

Posteriormente y luego que se ducharon, cortado el pelo y afeitado, toda esa aparente euforia generalizada que se mostraba en los rostros de los viajeros, nuevamente el enmudecido robot central de la nave intervino otra vez para decirles: "No canten tanta victoria que todavía no hemos llegado a casa", notándose con ello que también se encontraba mas despistado que un pingüino en el centro de un desierto, ya que seguramente estaba pensando en ese instante que venían   de regreso hacia el planeta tierra.

Como la nave espacial había llegado a una zona sideral donde seguía avanzando sin tropiezo alguno, en razón a que los astronautas   lo único que hacían era comer, asearse y dormir, mientras el robot central de la nave continuaba con su control y la dirigía hacia el infinito, por esa razón, la vida se les había convertido ahora en una tortuosa monotonía.

Por otra parte, debido a que todos los cosmonautas tenían sus facultades humanas en perfectas condiciones, ya que todos continuaban teniendo un excelente estado físico y de salud, según lo diagnosticaban los médicos que iban en la nave, en virtud a que su desarrollo físico sencillamente se había suspendido, vale decir, que inexplicablemente se había detenido el desarrollo de sus células dentro de sus cuerpos, pues a decir verdad, aparentaban tener los mismos 25 y 28 años de edad que habían tenido en la tierra cuando fueron seleccionados para hacer parte de esa misión espacial.

Uno de los primeros trabajos que tuvieron que realizar los dos médicos que integraban la comitiva de viajeros del espacio, fue llevar a cabo una minuciosa evaluación médica a   cada   uno   de   los   cosmonautas,   encontrándolos completamente sanos y en perfectas condiciones físicas, razón por la cual, era de entender que todas sus facultades biológicas,   sensoriales,   sexuales   e   intelectuales,   se encontraban en pleno furor y desarrollo, ya que sus células humanas no habían sufrido mengua alguna o sea que no se habían deteriorado, ni tampoco se habían desgastado, atrofiado o envejecido, y por tanto, todas sus aptitudes psicofísicas se mantuvieron intactas, a pesar del abultado periodo de tiempo de congelamiento que estuvieron sumidos, así como el haber transitado por un agujero u hoyo negro que por viajar a una velocidad superior a la misma luz, sus células permanecieron intactas.

Por esas razones, disponían entonces de todo el tiempo habido y por haber para hacer el amor y como no les habían empacado ningún preservativo, producto de dichas relaciones sexuales, las damas fueron quedando en estado de embarazo y eso constituía también una verdadera novedad, porque por primera vez, bajo un estado gravitacional podía concebirse el nacimiento de un embrión humano en condiciones extremas, como si se tratara de un hijo del espacio, siendo esta la prolongación de la semilla humana para que fuera a nacer en cualquier otra parte o rincón del universo.

No se trataba de estar minimizando el grave problema por el cual se encontraban atravesando, ni tampoco de estar menospreciando un viaje sideral como ese y tampoco se trataba de una situación de irresponsabilidad y menosprecio por la que estaban viviendo, ya que precisamente no se encontraban en vacaciones en un lugar paradisíaco del planeta tierra.

Lo que sucedía al interior de la nave donde se hallaban esos infortunados hombres y mujeres terrícolas, era la demostración que también esos infortunados, eran humanos como los que habían quedado sobre el planeta tierra, y por tanto, como cualquier otro mortal, ahora sentían las mismas necesidades fisiológicas como los demás de su especie, siendo apenas obvio que esa necesidad biológica, muy humana por cierto, todas sus apetencias sexuales salieran a relucir y eso fue lo que precisamente sucedió, donde les había renacido o despertado en los diez astronautas viajeros ese furor humano natural, siendo apenas previsible que esos resultados se dieran, y por tanto, no podía ser raro que dichos acontecimientos en algún momento no se fueran a presentar, pues esas circunstancias estaban dadas, pues aprovechando un momento de relativa tranquilidad y pasando por un plano sideral totalmente desconocido, todo ello podía acontecer.

La nave espacial había llegado demasiado lejos y aunque sabían que ahora se encontraban en un espacio libre de toda actividad galáctica, no podían establecer en que lugar del universo se hallaban y hacia donde iban, sencillamente se encontraban como unos conejillos humanos que estaban enjaulados y perdidos en el espacio, desconociendo su verdadera ubicación del entorno sideral y hacia donde se dirigían.

Al cabo de mucho mas de los meses terrestres que son destinados para ello, fueron naciendo tres niñas y dos niños, circunstancia esta que se convirtió en otro verdadero milagro en el cosmos, ya que por primera vez en la historia de los hombres, podía procrearse y nacer bajo circunstancias adversas, cinco niños quienes representaban el renacer de una raza perteneciente a la especie humana.

Con ese nuevo florecer de la vida, poco a poco fue cambiando la monotonía y aburrimiento de aquél inusual encierro, debido a que hubo un mayor dinamismo e interrelación humana, como que había llegado el entretenimiento y se había disipado un poco la preocupación y el tedio, y por tanto, esa nueva vida a la que finalmente habían sido sometidos luego de haber resucitado, con el discurrir de los tiempos, todos ellos se adaptaron a esa situación, habiendo encontrando la manera de disipar el infortunio de estar prisioneros y vivir bajo los rigores del espacio sideral indefinidamente.

Aunque la nave no estaba preparada para esos menesteres, como era el tener que constituirse en hospital y sala cuna a la vez, por fortuna contaban con suficiente espacio, y además, tenían varias recámaras herméticamente cerradas, donde podía fluir el aire que igualmente estaba siendo reciclado por la nave, sin que operara la gravedad y allá se instalaron todos, ya que de esa manera se prodigaban compañía, pues no se sabía hasta cuando iba a permanecer volando la nave sin rumbo y sin destino o en que momento les volvería a sobrevenir la muerte.

Lo bueno de toda esa travesía era que disponían de varias mantas o cobijas que les habían empacado con el fin que eventualmente los astronautas las pudiesen utilizar, así como útiles de aseo y ropa sencilla para trabajar en la ingravidez, lo que les venía al dedillo ya que dichas vestiduras estaban hechas   como para la ocasión, pues todo ello era utilizado ahora que los niños requerían de una esmerada atención.

Capítulo XV

OTROS SECRETOS DEL VIAJE ESPACIAL

Cuando la nave salió de esa mole negra que la mantuvo prisionera durante un promedio de setenta y cinco años terrestres y que viajaron dentro de un agujero u hoyo negro a una velocidad superior a tres veces la de la luz, pues allí no se cumplió la Teoría de la Relatividad del famoso Albert Einstein, ya que ella había sido elaborada conforme a la masa y energía constante, en razón a que en el planeta tierra existían unas condiciones muy diferentes a las encontradas dentro de ese monstruo u hoyo negro, y por tanto, esa circunstancia constituía una excepción a la regla, situación esta que jamás fue prevista por el citado científico.

Entonces los caminantes perdidos en el espacio como se encontraban en una relativa tranquilidad y luego que habían traspasado las fronteras del infinito, habiendo llegado a las cercanías de otro plano galáctico, donde nuevamente encontrarían trabajo para mucho rato, todos los viajeros se dedicaron a trabajar y dieron comienzo al estudio detenido de la información así como de todos los detalles que la nave les había guardando, al igual que su robot auxiliar y las otras diez computadoras que contenían el resto de material científico, como fue el material fílmico y datos estadísticos que había captado y recopilado desde el momento mismo que la nave fue lanzada al espacio desde el planeta tierra.

Sucedió entonces, que desde cuando la nave salió del planeta tierra habiéndose ubicado sobre una de las plataformas que se hallaban apostados sobre la atmósfera terrestre, y posteriormente, cuando el tubo fue elaborado por los habitantes que residían en los transbordadores espaciales que se encontraban apostados sobre la atmósfera de la tierra y luego que la nave fue llamada para que se hiciera cargo de ese alargado objeto, dirigido a succionar la mortífera atmósfera o nube de gas que se había formado sobre los cielos del planeta, todos esos detalles el robot principal de la nave los había comenzado a filmar, y en principio, estaba transmitiendo todas esas imágenes e incidencias a los habitantes de la tierra, quienes seguían con mucha atención esa complicada operación.

Por esa razón, ahora la nave robótica ahora les estaba mostrando en circuito cerrado de ultra visión a los astronautas, todos los pormenores posteriores al siniestro, los cuales ellos desconocían por completo, indicándoles el lugar exacto donde se había presentado el escape de gas en el famoso tubo que succionaba la sustancia y la forma violenta como se sucedió el incendio en el cielo del planeta tierra, hasta el instante mismo en que la nave dejó de funcionar, el cual se produjo varios minutos después de haber sufrido el tremendo impacto que se   presentó y que fue la causa que dio al traste con el proyecto, terminando la nave   por ser expulsada fuera del sistema solar.

Posteriormente les fue mostrando los momentos previos a la llegada de la nave al centro de la Vía Láctea y todo lo que el robot auxiliar tuvo que hacer para arreglar y enchufar buena parte del sistema interno de comunicaciones, así como el instante mismo en que se dio a la tarea de cerrar herméticamente la nave cuyas compuertas habían quedado abiertas cuando le sobrevino el accidente.

Les mostró entonces las tomas que el telescopio llevó a cabo cuando se acercaron al centro de la galaxia de la vía láctea y la forma como fue succionada la nave, que precisamente fueron estos los momentos finales cuando el robot tuvo que apagar el reactor nuclear con el fin de evitar que las altas temperaturas que iba a encontrar, no fueran a poner en peligro su estructura y con ella la tripulación, así todos estuvieran muertos para ese momento.

Igualmente antes de apagar los equipos de la nave incluyendo el dispositivo de propulsión, dejó activados los sensores de medición cuántica, temperatura, velocidad, medición de componentes químicos, y por ello, tuvo oportunidad el robot central de almacenar dicha información para posteriormente estudiar la estructura y composición del agujero u hoyo negro y podérsela ofrecer a los que se apoderaran de la nave cuando en los confines del cosmos pudiera llegar, pues hasta entonces tampoco había previsto que se fueran a producir los milagros que anteriormente se relataron y que finalmente se sucedieron.

Igualmente les mostró internamente, como se observaban los cuerpos petrificados de ellos mismos, cuando precisamente se encontraban congelados y la nave entera recubierta de una gruesa capa de hielo, demostrándose con dichas tomas, que efectivamente ellos habían permanecido hibernado por muchos años terrestres, información esta que se hacía necesario que ellos la conocieran, para que se dieran cuenta que la juventud que ahora tenían, era una figura aparente cargada de años terrestres, no solo por la hibernación a la que fueron sometidos, sino porque dentro de aquél agujero u hoyo negro se dieron velocidades fantasmales, que llevó a que la materia humana no se desgastara, constituyéndose entonces en una verdadera excepción por el hecho que un puñado de terrícolas fueran mas jóvenes que el famoso Matusalén cuando tenía la misma edad sobre el planeta tierra.

Conforme a los datos recibidos por parte del robot central de la nave, dicha mole negra estaba compuesta de partículas minúsculas de neutrinos, residuos de bióxido de carbono y moléculas muy pequeñas de nitrógeno en descomposición convertidas en el plasma, taquión, helio, rayos gama, rayos beta, compuestos químicos estos que abundan en el universo, entre otros, y que dicho agujero negro tenía un diámetro superior a los 100.000 años luz y un túnel donde no existía el factor tiempo cuya boca succionadora era de 10.000 años luz.

Que igualmente su interior era todavía mas negro e invisible, debido a que su estructura se encontraba comprimida de la misma antimateria, alimentada también por los residuos de helio concentrado por virtud de la gravedad, que atraía toda clase de material cósmico y que engullía todo lo que se le atravesara a su paso sin consideración alguna, debido a su portentosa fuerza gravitacional y energía concentrada y que contenía en su interior, todas las fuerzas raras del cosmos que precisamente el hombre de ciencia desconoce.

Dicha información indicaba también, que ese hoyo o agujero negro, tenía una boca de escape o desfogue de salida de 1.000 años luz pero que la nave pudo hacerlo en menor tiempo, a una distancia de 50.000 años luz, por donde finalmente fue expulsada la nave, y que afortunadamente salió ilesa de haber sufrido daño alguno o quedar atrapada entre sus intestinos para siempre.

Se trataba entonces de un Cuasar, que por la parte posterior a dicho infierno negro, era por donde emitía un portentoso chorro de luz y evacuaba también residuos de la materia que por alguna razón no era consumida y tampoco quedaba atrapada, habiendo sido ese el túnel que la nave atravesó y el lugar por donde finalmente salió disparada al final de esa terrible odisea, la que por un milagro, pudo salir satisfactoriamente ilesa, sin haber quedado atrapada, colisionada, derretida o aprisionada por alguna de sus partes, recorrido éste que se produjo en un promedio de setenta y cinco años terrestres, a una velocidad interior de tres veces y mas la velocidad de la luz, o sea la bobadita de 2.1300796 x 10 a la 15aba potencia, aproximadamente, vale decir, un recorrido de 2.130 billones 796 mil millones de kilómetros.

La nave les indicó igualmente la razón por la cual todos ellos se venían conservabando siempre jóvenes, pues se debía a que habían permanecido criogenizados o congelados por espacio de cien años terrestres, aproximadamente, y por el hecho de haber transitado dentro del agujero u hoyo negro a una velocidad de tres veces y mas de la luz, no existía tiempo y sin él tampoco podían deteriorarse las células, y por tanto, debían de darse por bien servidos, ya que el desgaste de sus células, no se había producido, permaneciendo intactas sus todas ellas así como sus cromosomas, a medida que ocurrió su desplazamiento, y por dichas razones, se habían constituido en los seres mimados del cosmos, amén de ser los privilegiados de la raza humana, por descubrir la fórmula para desafiar a la muerte y haber encontrado el elixir de la eterna juventud, así como también, encontrar el camino mas corto para poder llegar hasta otro de los miles de universos con los cuales está compuesto el macrocosmos. Este relato satisfizo a los cosmonautas con la información presentada, porque les podría servir no solo a ellos, sino a los mismos científicos del mundo en caso que alguna vez se enteraran acerca del contendido de este informe, quienes son los que han estado ansiosos de poder llegar hasta los umbrales del universo, observarlo y degustarlo, así no puedan tocarlo ni congraciarse con sus múltiples misterios.

Así mismo, la nave robótica tuvo la oportunidad de filmar su mismo interior, cuando precisamente los cosmonautas aparecían como petrificados por el hielo cósmico que la invadió, conforme antes se indicó, pero que debido al calor que fue captando a su llegada al centro de la galaxia, poco a poco se fue derritiendo dicho hielo, al punto que hasta se veía correr el agua por debajo de la escotilla al momento de derretirse la parte exterior de la nave, debido a las altas temperaturas a que era sometida la nave, momentos previos a entrar al citado agujero u hoyo negro.

Igualmente "Alquitrán" fue filmado, cuando aparecía como un joven travieso e inquieto que no se cansaba de masticar los témpanos de hielo y de tomar el agua que había sido acumulada producto del derretimiento del hielo, antes de entrar en aquél agujero u hoyo negro, al igual que cuando el alienígena tuvo todo el tiempo del mundo, no solo para arreglar los desperfectos que habían resultado en la nave, sino de ayudar a filmar a todos los astronautas mientras ellos se encontraban bajo esa espesa capa de hielo, al igual que los instantes precisos cuando el robot central de la nave procedió a apagar todos los aparatos e instrumentos importantes, incluyendo obviamente al mismo reactor nuclear, así como el circuito cerrado de publivisión y filmación.

Toda esa información que para los infortunados astronautas era totalmente desconocida, fue para ellos de vital importancia con el propósito que se informaran y conocieran parte de la odisea por la que habían tenido que atravesar, así ellos no hubieran estado vivos, y una vez que el robot se las dio a conocer, fue muy apetecida por todos los viajeros, pues el hecho de llegar a conocer todos esos pormenores y detalles que ignoraban y la forma como se desarrollaron todos esos sucesos, hizo que mentalmente se volvieran a ubicar y recompusieran sus ideas, así como comprendieran acerca de su situación personal respecto de lo sucedido.

Con fundamento en toda esa base de datos que la nave les tenía acumulados, fue como ellos regresaron a razonar y entender el hecho acerca de la manera como resucitaron y volvieron a la vida, y como aparecieron en ese interminable encierro bajo una oscuridad que entonces les pareció que no iba a terminar, pensando en un principio que iban camino del cielo, así como el de recordar la secuencia de esos momentos que a la postre ellos no pudieron vivir para darse cuenta de esa realidad que ahora era una verdadera historia de un pasado funesto, pero que en fin de cuentas, aún todos continuaban siendo los protagonistas de los múltiples sucesos del futuro, así dicha categoría no operara al interior de la nave.

Por esas razones, todos los viajeros que ahora se incluían a cinco niños más, a los cuales tampoco los afectaba el factor tiempo, ya que no existía, y por tal razón, su desarrollo humano no se les veía progresar y quienes también les hacían compañía.

Por su parte los astronautas no se cansaban de repasar y volver a mirar todas esas secuencias fílmicas que el robot central de la nave había gravado, porque eran no solo las incidencias previas al momento que fueron despedidos al espacio, sino todos los detalles mas importantes que se sucedieron en el resto del viaje y que ellos por el hecho de estar muertos, por supuesto que lo ignoraban completamente.

Las últimas grabaciones que precisamente ellos escuchaban, fueron las comunicaciones hechas por la torre de control en tierra, donde le daban instrucciones al capitán de la nave y los demás miembros de la tripulación, acerca de la difícil situación por la cual se encontraba atravesando el planeta tierra después de ese fatal incendio en el cielo, luego de esa complicada pero fallida operación.

Indudablemente que no todo resultó negativo en el viaje, porque si bien es cierto, que en principio el haber pasado por ese agujero u hoyo negro fue todo un fiasco por el hecho de pasar por una zona áspera y tenebrosa, profunda y peligrosa por demás, también es verdad, que la circunstancia de haber llegado muertos al centro de la galaxia de la vía láctea, así como a ese monstruo sideral y que hubieran venido a despertar o resucitar dentro de ese terrible lugar, ello constituyó por sí solo una gran proeza, porque en últimas esa circunstancia hizo que hubieran tomado un gran atajo sideral en el camino de llegar la nave hacia otros mundos inimaginables mas temprano de lo posible, y por tanto, esa odisea no fue tan desafortunada que digamos.

Igualmente la nave robótica los sorprendió, por el hecho que en el momento cuando les dio a conocer la información, cuando precisamente analizaron buena parte de los datos que les tenía acumulados, donde les informaba que habían sido absorbidos por una poderosa fuerza gravitacional invisible atribuida a la energía que se halla dentro de un agujero u hoyo negro, y por tal razón, le encarecía a su colega "Alquitrán" que se apretara el cinturón de seguridad, recomendándole también que no fuera a salir, ni encender ningún objeto hasta cuando él se lo ordenara o le diera otras instrucciones, con el fin de prevenir nuevas catástrofes por el inminente peligro a que iban a estar sometidos.

Obviamente que esa información ya Alquitrán la conocía, pero tenía que obedecer órdenes de la computadora o cerebro central de la nave, que en últimas era su jefe, y además, porque era la encargada de coordinar el grueso de los datos científicos de la operación y quien debía de acumular toda la información que le fuera suministrada.

De esa manera toda la misión espacial de la nave "El Tortuga" se enteró de la información privilegiada que comprendía la etapa antigua o sea los momentos cuando colapsaron, así como de todos los sucesos que recientemente habían acabado de pasar y por donde ni siquiera la mente humana nunca había tenido la osadía de introducirse, pero que ya estando del otro lado de la galaxia, disfrutando de un nuevo plano sideral bastante distinto de los mundos conocidos por el hombre hasta entonces, camino de otras latitudes del universo diferentes y totalmente desconocidos al plano galáctico que habían dejado atrás, era menester entonces regocijarse con la noticia, aunque tardía, la cual fue hasta mejor recibirla de esa manera y que no hubiesen estado vivos y consientes de tales situaciones, pues lo que vivieron después de haber resucitado, fue poco, comparado con los difíciles tiempos relatados anteriormente.

Por esa razón, en sentir de varios de ellos, de haber estado vivos antes, seguramente se hubieran podido haber muerto anticipadamente, o como mínimo, se les habría puesto la piel de gallina y se les había erizado hasta los cabellos, debido al verdadero susto que dicha situación les pudo haber causado, la prueba fue la vivida y comentada por el mismo "Alquitrán", cuando no solo estuvo a punto de desmayarse por el hecho de haber sido sometido a una situación de espanto y desesperación, situación esta que según lo afirmaba, no se la deseaba ni al peor de sus enemigos, conceptos esos para los cuales tampoco nunca había sido programado.

Los últimos instantes captados por la nave, luego de esa gran explosión, fue lo consignado en la siguiente grabación que sintetizaba la angustia desatada sobre el planeta tierra y que decía: **"Aló, Aló . . . atención . . . atención a los tripulantes de la nave espacial "El Tortuga" . . . han pasado momentos angustiosos sobre el planeta . . . ha ocurrido un incendio en el cielo y la vida sobre la tierra puede terminar en cualquier momento . . . . solo podrán vivir por mas tiempo la gente que habita en lo profundo de los mares o los que están en otros planetas . . . por favor si están vivos . . . respondan, que ya estamos siendo atacados por aerolitos y meteoritos y la ley de la gravedad ya no opera sobre el planeta tierra. . . En estos momentos muchas de las cosas comienzan a flotar porque al parecer la gravedad se nos está acabando. . . si me escuchan, por favor. . . respondan o sino, busquen otro planeta donde puedan refugiarse…"**

Ese mensaje causó gran consternación entre todos los participantes de esa misión estelar, ya que desconocían por completo la clase de catástrofe a la cual sometieron al planeta tierra, sin proponérselo claro está, luego de aquella imprevisión humana, pues toda esa información fue tan valiosa e importante para ellos, porque de esa manera tuvieron la oportunidad de darse cuenta acerca de todos los sucesos ocurridos posteriormente a los instantes del colapso ocurrido sobre el planeta tierra y que les produjo a los ocupantes de la nave su muerte aparente, y por tanto, esas notas históricas de todo lo sucedido era tan importante que los ponía al día de los sucesos que antiguamente habían pasado y que solo hasta ahora ellos se estaban enterando.

Entre tanto los cosmonautas, continuaban observando en que lugar del universo podían avistar nuevamente a las galaxias pertenecientes a la galaxia de la vía lactea, pues para entonces estaban convencidos que se encontraban en ella y venían de regreso hacia la tierra, conforme lo estaba pensando el mismo cerebro central de la nave o que una situación mejor los estaba aguardando, ya que estaban seguros que todo lo ocurrido, se circunscribía a tan solo algunos pocos años que habían transcurrido, cuando en verdad, a estas alturas, ya habían pasado mas de ciento ochenta años terrestres.

Debido a la información acumulada por la nave, los viajeros del espacio pudieron enterarse de esos otros detalles que desconocían plenamente, pues la computadora central les indicó la velocidad a la que fueron despedidos, así como la forma violenta y rápida como si se tratara de la luz de una luciérnaga en la oscuridad de la noche, que penetró dentro de ese agujero u hoyo negro, así como igualmente les mostró la forma como se había dilatado y como hizo para atrapar una nueva capa de neutrinos y taquiones a su paso por dicho lugar, así como los demás detalles que pudo captar dentro de lo profundo de ese monstruo, debido a que había dejado abierto uno de los poros externos de la nave.

Capítulo XVI

DESESTABILIZACION DEL PLANETA TIERRA

Por otra parte, mientras que los cosmonautas eran sometidos a las mas difíciles pruebas en el espacio sideral, ya que en la historia misma de la humanidad, ningún ser humano tuvo que padecer los rigores y penurias por las que esos diez cosmonautas habían pasado en el espacio exterior del sistema solar, como fue el de haber permanecido hibernando o bajo una muerte aparente durante un promedio de cien años, así como la nave en que viajaban fuera absorbida por un Agujero u Hoyo Negro y que por fortuna logró salir ilesa de dicho monstruo sideral y traspasar las fronteras de la Galaxia de la Vía Láctea y se profundizara en el espacio infinito del universo.

Paralelo a esa situación, en el planeta tierra posteriormente al momento que se produjo el escape de gas inflamable cerca de la atmósfera terrestre ocasionando un gran incendio en el cielo exterior de la tierra, circunstancia esta que hizo despedir a la nave espacial "El Tortuga" hacia los confines del universo, donde colapsaron las comunicaciones y se produjo la muerte de media humanidad, así como de los numerosos habitantes que se encontraban residiendo sobre las plataformas espaciales internacionales, así como la destrucción de los miles de satélites artificiales y laboratorios espaciales que se encontraban apostados por encima de la atmósfera terrestre.

Cuando le sobrevino semejante suceso al planeta tierra, del cual no hubo manera alguna para contrarrestar esa desgracia, conflagración esta donde intervino la fusión nuclear de rayos gama y beta que fueron los causantes de semejante explosión, que por fortuna se produjo hacia el exterior de la tierra, porque de haberse llevado a cabo hacia el interior, habría terminado por incendiarse totalmente la faz

246

del planeta con la pérdida total de la vida, a partir de ese momento se fue produciéndose un acelerado debilitamiento de sus fuerzas, sumándose al deterioro del medio ambiente que fue precisamente el que dio al traste con ese episodio del incendio en el cielo, dándose así inicio a una nueva cascada de acontecimientos de destrucción masiva y muerte que se fueron produciendo durante los siguientes veinticinco años.

Todo el planeta tierra obviamente quedó despejado de las nubes negras y grises que hasta entonces la atormentaban e impedían que los rayos de la luna y del sol penetraran directamente sobre su superficie, y por tanto, nuevamente sus luces volvieron a brillar como en el primer momento de la evolución del planeta, esta vez sin el color azul claro que fué su característica principal, ya que al desaparecer la atmósfera terrestre, la luz solar no encontró en donde dispersarse, quedando un brillo claro e intenso, a medida que el sol aparecía en las mañanas y desaparecía en el ocaso, por manera que hasta los cielos que tradicionalmente conoció la humanidad, también habían desaparecido sobre el globo terráqueo.

Entonces comenzaron a penetrar directamente los rayos gama y ultravioleta provenientes de los vientos estelares del sol, que empezaron a hacer de las suyas, destruyendo mas aceleradamente la vida que aún quedaba sobre el planeta tierra, produciéndose un recalentamiento global superior al que se había registrado en años anteriores en las regiones donde se había acabado la capa de ozono, antes de producirse la situación que finalmente dio al traste con ese fatídico acontecimiento.

Las altas temperaturas solares, poco a poco se fueron haciendo cada vez mas intensas sobre la faz de la tierra, por el hecho de haber desaparecido la capa protectora de la tierra, así como la fuerza atmosférica que era la que brindaba un coraza contra los rayos ultravioleta provenientes del sol, dando comienzo a la lluvia de aerolitos y meteoritos que igualmente fueron haciendo su aparición con una mayor intensidad sobre la superficie terrestre.

Como era obvio, la famosa capa mortífera de gas, fue consumida y destruida totalmente debido a la conflagración, y por tanto, desapareció de la faz de la tierra sin que se volviera a tener noticia, y por supuesto, en adelante ningún otro inconveniente por dicho concepto la humanidad volvió a padecer.

Entonces la tierra fue quedando desnuda y totalmente desprotegida, sin que nada ni nadie pudiese darle la mano para restaurarla o por lo menos sostenerla.

Aconteció que una vez se produjo esa terrible explosión y la atmósfera fue destruida, el planeta tierra fue sufriendo un paulatino desquiciamiento en su elipse alrededor del sol y las fuerzas centrifugas y centrípetas también fueron presas de su debilitamiento y comenzaron a ceder, perdiendo cada vez mas la fuerza gravitacional que desde la evolución del planeta era la que hacía girar la tierra en forma elíptica al rededor del sol.

Obviamente dicha situación condujo a la natural conmoción dentro de todo el sistema solar, pues hasta en el mismo sol se produjeron fenómenos estelares de incalculables proporciones, ya que su fuerza gravitacional encontró una mayor facilidad para atraer poco a poco a la tierra y su satélite natural, observándose entonces que paulatinamente se fue produciendo la desestabilización de la tierra en sus órbitas, al igual que en los demás planetas del mismo sistema solar.

Los seres humanos que quedaban sobre el planeta tierra, también entraron en desesperación y caos total, pues una vez que se produjo ese gran suceso para la humanidad y demás seres vivos que habitaban la tierra, por el hecho de haberse incendiado los gases de metano que se habían concentrado muy cerca de la atmósfera terrestre, y luego que se esclareciera su superficie, al igual que regresó la visibilidad y apareció un nuevo cielo, todo pareció volver a la normalidad y todos los seres humanos, la flora y la fauna se volvieron a regocijar por un corto tiempo cuando la luz solar volvió a brillar, y por tanto, lo que aún quedaba del medio ambiente comenzó de nuevo a reactivarse y tomar nueva vida, así como el dinamismo habitual de los seres humanos, quiso volver a florecer.

No obstante, ya no era lo mismo, pues con el discurrir de los tiempos, se fueron produciendo situaciones de mucha hambruna y carestía de alimentos, se produjeron las migraciones masivas y los especuladores de alimentos y agua hicieron su agosto por todas partes, mientras en otras partes la humanidad se moría a medida que continuaba el desquiciamiento del planeta, así como su satélite natural y con ellos, los otros planetas que también fueron formando parte de la gran hecatombe cósmica aparecida en esta parte de de la galaxia de la vía láctea, proceso este que como ya se indicó, se llevó a cabo durante los siguientes veinticinco años.

Los habitantes de todo el globo terráqueo, dieron comienzo también al desarrollo de muchas concentraciones de protestas humanas por todo el mundo, en contra de los gobiernos, así como de las entidades públicas y privadas, solicitando alimentos, agua y oxigeno, a la vez que exigían la recolección de las basuras que desde hacía varios años este servicio no se les prestaba, pero en cambio, dichos servicios públicos si se les cobraba, conduciendo ese caos a una mayor insalubridad; sin embargo, todas las protestas de inconformidad, no hacían sino complicar aún mas la situación, ya que debido a los saqueos y actos de vandalaje se fue desatando una mayor violencia, guerras civiles, no había quien los pudiera impedir, ya que hasta las mismas fuerzas del orden se declararon en huelga para que se les cancelara sus salarios, y por tanto, la humanidad entera estaba desesperada y desenfrenada, no solo por la hambruna y sequía presentada, sino porque había caído el caos y la desesperación humana se sentía por todas partes, así como las plagas y pandemias se expandían por doquier.

Debido a todos esos fenómenos sociales, las entidades gubernamentales e internacionales que desde los tiempos remotos se especializaron en la prestación de ayudas humanitarias en todo el mundo, ahora habían desaparecido, pues los gobiernos así como las entidades que donaban los recursos económicos para tales fines, los habían suspendido, debido al déficit fiscal y carencia de agua, alimentos y menajes de cocina, vestuario y drogas que se estaba presentado por todas partes, era una calamidad generalizada por todo el mundo.

Las comunicaciones que existían hasta entonces, también colapsaron, ya que los satélites de comunicaciones que se encontraban apostados sobre la atmósfera terrestre antes de ese suceso, igualmente fueron destruidos debido a la gran explosión y los científicos de todas partes de la tierra se dieron a la tarea de preparar nuevas naves que los llevaran hasta mas allá de la Luna, porque se preveía que ésta también se desestabilizaría, entonces unos se fueron hacia el planeta Marte, así como otros partieron para Titán, satélite natural del planeta Saturno, con el fin de buscar preservar sus vidas y con ella la misma raza humana, poniéndose en boga aquel dicho universal que dice: **"sálvese quien pueda".**

Llegó el momento que todos los relojes del mundo, se pararon, vale decir, había llegado la hora cero. El pánico cundió por todas partes, pues mientras unos corrían de un lado para otro como si fueran ratas envenenadas, otros se morían de física hambre, igualmente, los mas cobardes terminaban por suicidarse, desatándose entonces la incertidumbre y el caos total, que se fue apoderando de los humanos por todas partes del planeta habiendo llegado el llamado "juicio final".

Otros mas inteligentes y que estaban aferrados a la vida, se dedicaron a construir grandes bodegas donde poder envasar y almacenar oxigeno, mientras otros construían máquinas que les permitieran fabricar artificialmente agua y oxigeno vital para la vida, porque se trataba de buscar por todos los medios la supervivencia humana, en la medida como las reservas de oxigeno que habían quedado sobre la tierra, ya se estaban agotando, constituyéndose esta situación en una muerte lenta pero segura, respecto de los humanos, animales y plantas, al igual que los demás seres vivos que quedaban sobre la tierra.

Entonces se recordaba y echaba de menos, todos aquellos tiempos de permanentes lluvias e inundaciones que ocurrieron sobre la tierra, tiempos estos que habían pasado, y las mismas nubes que antes cubrían la tierra junto con sus estaciones, así como los vientos monsónicos, sus páramos y nevados, así como la tundra y los polos, ya no volvieron a servir de protección, pues la mayoría del planeta se había secado, continuando el planeta bajo un calor infernal y poco a poco se fue convirtiendo en un inmenso desierto, pues todo se fue transformando en polvo y hasta los mares también se fueron evaporando paulatinamente a medida que el planeta se achucharraba y quedaba convertido en un inmenso desierto, muy parecido a la superficie de la luna o del planeta Marte.

Habían llegado los tiempos del Apocalipsis y las predicciones trágicas de Nostra Damus, donde a los cielos así como a la tierra se les acercaba su hora final, ya que se había colocado al planeta en la dirección de la destrucción y muerte total, consolidándose por fin la cacareada "destrucción del hombre por el hombre".

Por su parte los científicos que habían quedado en la base de experimentación Ciudad Ciencia o Centro Espacial de Naves Tripuladas de las Américas - Centa, quienes fueron los encargados de recepcionar la información que le suministraría la nave espacial "El Tortuga", así como de monitorear en detalle todos los movimientos de ese fatídico y último viaje espacial, quedaron esperándola, pues esta nunca jamás regresó y desde esa gran explosión, sus tripulantes jamás se volvieron a comunicar, ni tampoco volvieron a recibir comunicación alguna a la torre de control o central de comunicaciones en tierra.

Fue esa la razón por la cual, en la base espacial de lanzamientos tripulados y no tripulados, los técnicos y científicos que la administraban, duraron aún varios años tratando de establecer alguna comunicación con la nave, pero todo fue inútil, y posteriormente, todos ellos se dieron por vencidos, abandonaron dicha base y declararon a todos los tripulantes de la nave siniestrada, perdidos para siempre en el espacio, luego que se diera por desaparecida la nave y con ella a todos sus tripulantes, pues de ellos no se volvió a saber nada, a pesar de los múltiples llamados que les hicieron en muchas oportunidades, pues uno de los mayores inconvenientes fue que al no existir satélites, tampoco podía haber comunicación alguna hacia el espacio exterior.

La última comunicación hecha en tierra hacia la nave, fue la que termino gravada por el robot central de la nave, la misma que les dio a conocer muchos años después a todos los cosmonautas cuando iban en un nuevo plano sideral, camino de lo mas profundo del cosmos, nota esta que fue muy importante, porque dejó al descubierto la clase de inconvenientes que empezó a vivir la humanidad a partir de esa gran conflagración sobre los cielos del planeta tierra.

En consecuencia toda la tierra observó su acelerada transformación y debilitamiento, debido al aumento del recalentamiento global, mucho más del que se venía produciendo antes de la aparición de ese suceso que desencadenó el desquiciamiento de la tierra, y por tanto, con el discurrir de los años se tornó insoportable.

Posteriormente, sobrevinieron plagas sobre plagas, enfermedades y catástrofes que arrasaron la tierra, ya que el clima se enloqueció, muchas inundaciones se produjeron antes de secarse la tierra, y vinieron los ciclones, tornados, maremotos, tsunamis, sismos, borrascas y temblores a gran escala, que finalmente fueron el pan de cada día antes que dichos fenómenos desaparecieran.

La ruina generalizada se dejó sentir con el correr de los años en todos los rincones de la tierra y la desesperación de los seres humanos y animales se generalizó por todas partes, al punto que, nadie quiso volver a trabajar y menos dedicarse a producir alimentos, pues tenían la certeza que sus días estaban siendo contados, y por tanto, no les corría afán para transformar la materia prima y producir nuevos artículos de consumo, como lo venían haciendo hasta antes del gran cataclismo presentado sobre la tierra.

Las bolsas de valores de todo el mundo, también colapsaron, pues no solo temblaron, sino que se desplomaron ante la crisis, hasta cuando llegó el momento que nadie quiso tomar mas acciones de las empresas captadoras de dinero, ni siquiera regaladas, y muchos habitantes por el hecho de la anterior oscuridad que había sufrido el planeta, con los billetes de cada nacionalidad y títulos valores que tenían a su disposición, fueron haciendo antorchas, vale decir, los fueron quemando hasta cuando llegó el momento de respaldar al poeta cuando dijo: **"Señor dinero, con cara de dama; no vales ni un pito, sino fuera por tu fama."** 22.

Parecía que toda la destrucción del planeta, anticipadamente se había consumado, y por tanto, ya no quedaba otro remedio que esperar el golpe final.

Proliferaron entonces las guerras, se acentuaron las pestes y males sobre la faz de la tierra, mientras ella se erosionaba

22, Nelson Alberto Gómez Rojas. Manantial de Pasiones. Pág. 63

y moría, al punto que los pocos arroyos de agua dulce que aún quedaban convertidos en verdaderos oasis, se secaron más rápidamente y los grandes ríos del planeta, terminaron por ser vestigios de arena seca.

La vida animal y vegetal se extinguió paulatinamente, como queriendo indicar que la muerte había llegado y todo lo que encontraba a su paso lo había arrasado y acabado, y ante esa circunstancia, a los pocos humanos que aún quedaban, no les quedaba otro remedio distinto que el de cavar sus propias tumbas.

Toda la humanidad cayó en una desesperación terrible, pues nadie quería hablar con ninguno, cada uno de los habitantes de la tierra querían vivir sus últimos días a su manera, olvidados de amigos y familiares, las esperanzas de vivir estaban mas que perdidas, y por tanto, nadie daba un peso para obtener de otro aunque fuera una pequeña migaja de consuelo, de alegría o de una sonrisa.

Por su parte todos los gobiernos del mundo hacían ingentes esfuerzos para mantener la calma y el orden de sus desesperados habitantes en cada uno de sus países, al punto que, todas las potencias de la tierra viendo y sintiendo la calamidad mundial que se vivía, por fin se unieron y se pusieron de acuerdo, con el fin de desarmarse, al igual que sus espíritus y buscar lo mejor en favor de la humanidad, pues precisamente eso era lo que tenían que haber hecho desde cuando aparecieron mandando sobre la tierra, pero ya a estas alturas, todo estaba perdido y no había nada que hacer.

Los mismos cacaos o multimillonarios que aún quedaban sobre la tierra, se reunieron y donaron sus capitales a los pobres del mundo, pero ya nadie quiso recibir dichos aportes económicos, pues algunos comentaristas afirmaban que eso ya no remediaba los males que existían, ni servían de cortapisas sobre este enfermo, demacrado y moribundo planeta, pues estaban ad portas de los estertores finales del colapso finadle la tierra.

Por su parte los políticos del mundo, hacían ingentes esfuerzos para que sus caudas políticas no se les desintegraran, al igual que los bancos del mundo ofrecían dinero regalado para que invirtieran en el campo y los campesinos volvieran a cultivar la tierra, pero ya nadie les paraba bolas, porque ésta   se había vuelto árida y seca.

Igualmente surgieron   nuevas fórmulas salomónicas a los hombres de ciencia,   dirigidas a restaurar nuevamente la atmósfera de la tierra, así como la   capa de ozono, base fundamental de la vida sobre el planeta, pero todo fue en vano, ya que nadie logró esa proeza, pues sin ella el planeta continuaba expuesto a que siguiera penetrando directamente toda la radiación   solar, siendo mas preocupante aún, que ya no existían montañas que produjeran oxigeno, ni glaciares o nevados para que mantuvieran fría la tierra.

Los humanos por fin volvieron a ser vegetarianos, ya que su nueva alimentación fue cambiada por el cultivo de algas marinas, crustáceos y corales que extraían del fondo del mar, vegetales estos que también se estaban extinguiendo debido a que los rayos gama provenientes del sol, hacían imposible la vida sobre la tierra, así mismo, los humanos continuaban consumiendo las últimas reservas de "Rubodomina" que convertidas en pastillas, pero que debido a la ausencia de materias primas, los laboratorios tampoco las volvieron a elaborar.

Lo mas curioso e interesante fue, que por fin todos los seres humanos del mundo se encomendaron a Dios o Alá y lo querían adorar a toda hora, cada uno a su manera, llegando el momento que todos se convirtieron en los mayores puritanos del mundo; no querían salir de los templos religiosos, tales como pagodas, iglesias, mezquitas, catedrales y templos, ya que a decir verdad, en todos ellos

255

se habían formado grandes hacinamientos, pues todos los seres humanos querían vivir y dormir dentro de las iglesias, permitiendo con ello, otra clase de comportamiento social y humano, para demostrar su arrepentimiento total por el castigo recibido, pero lamentablemente ya no había nada que hacer, todo estaba fríamente definido.

De nada le sirvió a quienes se propusieron restablecer la atmósfera y los creadores de nuevas fórmulas para crear agua y oxígeno, porque el planeta tierra no se recuperó y finalmente llegó el momento que no pudo mas y junto con su satélite natural, terminó precipitándose anticipadamente sobre el sol.

Todos esos sucesos ocurridos en esta parte del sistema solar, fueron de improviso, porque científicamente se había estudiado, pregonado y cacareado por todos los medios científicos del mundo, que una situación parecida o similar a esta, podía ocurrirle al planeta tierra, por lo menos unos cuatro mil o cinco mil millones de años posteriores a este suceso, el cual fue advertido por el mismo presidente de la nonagésima primera reunión de la Conferencia Mundial del Medio Ambiente – Conmudema celebrada en la ciudad de Bogotá Colombia, cuando tangencialmente se refirió a la hecatombe que se iría a producir en el planeta tierra, si los seres humanos no hacían nada por mejorar y restablecer el medio ambiente por lo debilitado que ya estaba.

Entonces no hubo necesidad que el sol se hinchara y se convirtiera en una Enana Blanca dispuesta a cobijar los demás planetas mas cercanos, ya que con el transcurso de unos pocos años, el rey de nuestro sistema solar fue ejerciendo su mayor influencia sobre el planeta tierra, que poco a poco también fue quedando a sus expensas, ya que cada vez su fuerza gravitacional la fue atrayendo, hasta que finalmente no pudo resistir mas y terminó estrellándose contra el sol, así como también, se fue produciendo lentamente el colapso del resto del sistema solar, al haberse acabado inesperadamente   el espacio que ocupaba y la fuerza gravitacional de la tierra.

La luna también entró a pique en su elipse alrededor de la tierra y con ella su total desequilibrio alrededor del sol, hasta cuando ya no pudo tampoco resistir y   terminaron por consumirse también en la superficie del sol, y el vacío que dicho   fenómeno   cósmico   produjo,   tuvo   serias consecuencias en los demás planetas integrantes del sistema solar, pues ante el vacío o ausencia de la tierra y de su satélite natural que dicha situación provocó, con el discurrir de los años,   también terminaron por correr la misma suerte los demás planetas cercanos al sol, hasta que finalmente se produjo la gran hecatombe cósmica en este sistema solar.

Se cumplía lo dicho por el Profeta Isaías, versículo 24: 1 - 6 cuando dejó escrito lo siguiente: *"He aquí que Jehová vacía la tierra y la desnuda, y trastorna su faz, y hace esparcir a sus moradores. Y sucederá así como al pueblo, también al sacerdote; como al siervo, así a su amo; como a la criada, a su ama; como al que compra, al que vende; como al que presta, al que toma prestado; como al que da a logro, así al que lo recibe. La tierra será enteramente vaciada, y completamente saqueada; porque Jehová ha pronunciado esta palabra. Se destruyó, cayó la tierra; enfermó, cayó el mundo; enfermaron los altos pueblos de la tierra, y sus moradores fueron asolados; por esta causa fueron consumidos los habitantes de la tierra, y disminuyeron los hombres."*[23]

---

23. La Santa Biblia. Capítulo 24. Pag. 1027. Versión reina – Valera. 1960

Capítulo XVII

IRIS DENIA, UNA GALAXIA FASCINANTE

Cuando la nave espacial "El Tortuga" salió disparada y envuelta en llamas por los fuertes vientos cósmicos expelidos por el agujero u hoyo negro a una distancia de por lo menos diez años luz, muy superior a la distancia que existe entre el sol y la tierra donde solo hay 8 minutos, y luego que poco a poco se fuera enfriando la nave y volviera a tomar la misma forma que antiguamente tuvo, y que los astronautas se hubieran tomado un aparente descanso y hasta naciera su descendencia y nuevamente su tripulación tomara la dirección de la nave, la que hasta entonces había sido dirigida por insinuación únicamente del robot central de la nave, al igual que por su robot auxiliar, desde cuando fueron expulsados de la atmósfera terrestre y enviados a ese viaje sin rumbo y sin destino, al que hasta ahora por fortuna habían logrado escapar ilesos de ese horno infernal e inimaginable agujero u hoyo negro por el cual tuvo que atravesar la nave.

La tripulación junto con los demás científicos y sus hijos que integraban la comitiva de viajeros perdidos por el cosmos, se dedicaron a poner la casa en orden, sobre todo lo relacionado con la información acumulada que por muchos años terrestres no habían tenido la oportunidad de leer, ni menos analizar o verificar detenidamente todas los funcionamientos de la nave, la ubicación de los aparatos de carácter científicos con los cuales estaba acondicionada, así como todos los demás detalles a los cuales era necesario hacerle una paciente verificación, actualización y limpieza.

Se trataba entonces de ponerse al día con respecto a la nave misma, así como también el de recordar absolutamente toda la información que cada uno de ellos tenía acumulada en sus memorias, relacionadas con sus vidas y de resolver todos los interrogantes del cuando, como y donde habían dejado de existir y desde que momento su intelecto humano se había quedado en suspenso, mientras estaban sumidos en ese profundo sueño al que cayeron sin habérselo propuesto, ahora que reconocían que por un milagro habían vuelto a la vida terrenal, así estuvieran volando ahora mas lejos, que los pensamientos de los pobres cuando son entusiasmados por los ricos.

La tarea ahora era poner los conocimientos a su servicio y aprovechar ese resucitar de nuevo, en procura de encontrar salidas a tan difícil odisea que por muchos años se había iniciado y que todavía parecía no iba a terminar, porque como dice el refrán popular, se encontraban a "tabaquito y medio" de llegar al lugar donde la suerte, el destino o el autor de esta obra les tenía preparado aterrizar.

Por primera vez desde cuando revivieron y se soltaron con alguna dificultad de sus amarras, nuevamente cada uno de los cosmonautas fueron ocupando sus antiguos puestos de control, los que se les habían asignado desde un comienzo para el desarrollo de la misión estelar, poniéndose al frente de los visores y aparatos científicos, así como del mismo laboratorio donde dieron comienzo a nuevas tareas para desarrollar y llevar a cabo los experimentos que tenían como meta investigar y desarrollar.

Uno de los cosmólogos que integraba la misión, observó a través del potente telescopio, que a unos quince kiloparcecs, vale decir, a una distancia de 489.000 millones de años luz, se podía observar una galaxia inmensa y majestuosa, que por la gran variedad de colores que se observaba en su interior, para todos los ocupantes de la nave les llamó poderosamente la atención y no dudaron en darle el nombre de "Iris Denia", debido a la significativa presencia de muchos colores que irradiaba, y por dicha razón, la señalaron como elegible para acercarse a ella, pues les pareció importante estudiarla y conquistarla, motivo por el cual, no vacilaron en partir en dicha dirección, ya que era la única que aparecía estar mas cerca según lo indicaban los visores de la nave.

Así mismo, el telescopio dirigía su lente hacia otros lugares de la inmensidad infinita del cosmos, donde igualmente se avistaban viarios cúmulos de galaxias a cientos de millones de años luz, evidenciándose con ello que el universo tuvo comienzo pero que no tendrá fin, partiendo del mismo principio científico que afirma, que en un momento la masa o materia, energía, volumen, espacio y tiempo eran también infinitos, y por tanto, con fundamento en dicha premisa científica y luego de examinar el universo a través de su potente espectroscopio, el astrólogo y la cosmóloga que iban en la nave, se asombraron una vez mas y reafirmaron entonces que el universo continuaba expandiéndose y que definitivamente su interior era demasiado profundo, infinito e insondable para el intelecto humano o robótico, razón por la cual, para ellos todo eso era admirable, pero verdaderamente misterioso, inentendible e inconprencible.

Luego de todos los exámenes físicos que detenidamente le fueron hechos a la nave y que incineraron en los hornos eléctricos las basuras, barbas y cabellos que con anterioridad se habían cortado, así como verificaran externamente el funcionamiento del reactor nuclear que hacía las veces de motor principal, y el funcionamiento de absolutamente todos los aparatos científicos con que contaba la nave, continuaron su raudo vuelo hacia esa nueva galaxia que había sido escogida para llegar hasta ella, que por su distancia, parecía también estar perdida en otra de las esquinas del universo, para desde esa posición tan extremadamente lejana que ahora se encontraba la misma galaxia de la vía láctea que a estas alturas del recorrido, ya no podía ser vista por ninguna parte, sin embargo el cosmos continuaba siendo homogéneo e isótropo a la vez, que es otra de las características que el universo tiene, es igual y parecido por todas partes.

En la inmensidad de ese basto universo, no existía otra alternativa que la de seguir viajando indefinidamente mientras las circunstancias así se lo permitieran a la nave, que era la guardiana de ese puñado de terrícolas que se encontraban aventureramente perdidos en el espacio, con la fortuna que la tripulación ahora había pasado a ser la encargada de dirigir, maniobrar y colaborar con buena parte del funcionamiento y direccionamiento de la nave.

Entre tanto el alienígena Alquitrán, prosiguió en la difícil tarea de continuar avistando los peligros y analizando con los aparatos científicos todas las secuencias del viaje, así como mirando y analizando no solo las distancias, sino la estructura y posible composición de la galaxia donde se proponían llegar, al igual que toda la tripulación y los científicos que integraban la nave, que al fin de cuentas, eran todos, quienes a través del potente espectroheliógrafo que también llevaba incorporada la nave, podían continuar observando buena parte de las superficies de millones de los sistemas solares que habían en esa nueva galaxia a la cual se dirigían, habiendo continuado a la misma velocidad de la luz, pues en esta parte del espacio infinito los meteoritos y rocas cósmicas del espacio sideral no existían y eso facilitaba su mayor desplazamiento.

Por su parte Iris Denia o galaxia observada y punto de meta propuesto, era otra de las que por millones se encuentran poblando el universo, cuya estructura y tamaño se constituía en una inmensa galaxia triangulada, un poco superior en tamaño a la Galaxia de la Vía Láctea, ya que por las mediciones que se iban llevando a cabo por los aparatos científicos que disponía la nave, se podía advertir que tenía unos dos billones de soles en su interior, muchos de ellos superiores al sol del planeta tierra y que tenía una edad aproximada a los a 14.200 millones de años terrestres, o sea que era un poco de mayor edad que la galaxia de la vía láctea, a la que solo se le calculan unos 13.000 millones de años.

Igualmente indicaban los aparatos de medición científica de la nave, que la ubicación de esa galaxia en el mapa sideral era desconocida, la cual estaba ubicada mas allá de lo conocido por el género humano hasta entonces y que contenía numerosos cuásares y pulsares en su interior, nebulosas y muchos cúmulos estelares o sea la sala cuna donde nacen todos los sistemas solares del universo.

Con la luz infrarroja con que contaba el potente telescopio, también podían observar que en el interior de esa galaxia, había varios agujeros negros y que se desplazaba y giraba en torno a su eje compuesto por viarias galaxias menores, que igualmente controlaba.

Por otra parte, eran observados también muchos cúmulos estelares así como inmensas nebulosas que también conformaban esa nueva galaxia, y como las demás, se mostraba atractiva por su variedad de colores que revestían su colosal brillo interior y exterior.

Su composición química estaba constituida de Helio, Hidrógeno, Oxigeno, Nitrógeno, Litio, Berilio, Sodio, Manganeso, Potasio, Rubidio, Bario, Oxigeno, Helio y Neon entre otros.

A medida que la nave se iba acercando a dicha galaxia, se sentía una mayor atracción debido a la fuerza gravitacional que ella iba ejerciendo sobre los demás cuerpos u objetos estelares que se le acercaran, y por esa circunstancia, la nave era atraída mas rápidamente, dirigiéndose entonces a una mayor velocidad que la luz, acelerando el viaje hacia ese mundo totalmente desconocido para los ocupantes de aquella tortuosa misión.

De los datos que poseía la nave robótica respecto de las mediciones estelares que le habían sido retroalimentados para que produjera información relacionada con la Galaxia de Vía Láctea y todo ese mundo intergaláctico conocido desde el planeta tierra, con base en dicha información científica el robot procedió a llevar a cabo las respectivas mediciones y se propuso establecer algunos parangones, y por ello, indicaba que la nueva galaxia descubierta, pertenecía a un cúmulo de galaxias totalmente desconocidas, que contenía aproximadamente 6.000 galaxias en su interior, cuyo grosor aproximado era de 300 mil años luz, sin que pudiera disponer de nuevos datos ya que era una galaxia que se hallaba en un espacio y plano sideral diferente al conocido desde la tierra por los distintos telescopios, y por esa razón, toda la información relacionada con dicha galaxia, era totalmente ignorada por los aparatos científicos que la nave llevaba, ya que tales datos no podían ser leídos ni captados por los instrumentos encargados de suministrarlos.

Dentro de la nave existía bastante actividad como para mantener a todos los cosmonautas ocupados; los unos en el laboratorio, los otros al frente de la nave y el resto al frente del telescopio, mientras que los dos médicos que hacían parte de la delegación, estaban entretenidos con la valoración médica a los ahora cinco jóvenes que ya habían crecido y se estaban volviendo adultos, sin los juguetes habituales de los humanos, pero a cambio, tuvieron que ir creciendo en el ambiente de un laboratorio y de los experimentos de distinto orden que muy pronto se fueron habituando a tener que aprenderlos a manejar, debido a que lo pasaban estudiando buena parte de las ciencias terrestres, para ponerse a la par de quienes ahora tenían que ser sus padres y mentores, quienes también conformaban ahora el conjunto de astronautas que se dirigían a lo profundo del cosmos.

El halo que rodeaba la galaxia Iris Denia, estaba constituido por el polvo galáctico y las nebulosas que la rodeaban, así como por el material cósmico que contienen todas las galaxias del universo, que se desplazaba a unos 298 kilómetros por segundo aproximadamente, observándose también que mas allá habían otras galaxias que parecían dirigirse hacia el infinito y en uno de los costados se encontraban otras galaxias muy parecidas a las del Triangulo, que era una de las mas alejadas de la galaxia de la vía láctea y que se hallaba a 2.750 millones de años luz, pero que esta nueva galaxia podría encontrarse a una distancia superior a los cincuenta y cinco mil años luz.

Igualmente al ser consultado el robot central de la nave, al igual que su auxiliar, respecto de la real ubicación de esa nueva galaxia, se atrevió a confirmar que efectivamente se hallaba ubicada a unos cincuenta y cinco millones de años luz de distancia de la galaxia de la vía láctea, situación esta que llevó a toda la tripulación a horrorizarse, pues jamás una nave tripulada había traspasado con éxito las barreras de la misma galaxia y menos podría llegar tan demasiado lejos, como ahora la nave espacial "El Tortuga" se encontraba en dirección a los confines del universo.

Todos los cosmonautas gozaban de buena salud y vitalidad, pues aunque habían sobrepasado con creces el promedio de vida si hubieran estado viviendo sobre la tierra, ellos se conservaban bien y en plena juventud y adultés vigorosa, así como sus hijos, quizá porque dentro de la nave y en dicho espacio sideral no operaba el factor tiempo, ni existía la contaminación por ninguno de sus rincones, pues todo era luz u oscuridad según estuviera pasando por los vacíos o espacios cósmicos, además los viajeros ahora se dedicaban a desarrollar permanentes sesiones de ejercicios para mantenerse físicamente en forma, y por tal razón, el deterioro de sus células parecía producirse cien mil veces mas lento que el desgaste natural producido sobre la tierra.

La galaxia Iris Denia era totalmente desconocida para el robot central de la nave, ya que no se hallaba en el mapa sideral levantado con ocasión de las mediciones telescópicas llevadas a cabo en el planeta tierra, mediciones estas que antes de emprender el viaje, alcanzaban unas veinte mil galaxias más allá de la vía láctea.

Posteriormente los jóvenes que habían nacido durante el viaje, fueron creciendo en el cautiverio de la nave, educándose ahora en el laboratorio y en el salón hermético que llevaba consigo la nave donde recibían clases sobre las distintas áreas del saber, quienes tuvieron que irse capacitando, pues por fuerza mayor se hacía necesario que aprendieran, educándose en las distintas disciplinas que sus padres dominaban, y por tanto, debían de adaptarse cada día mas, a las circunstancias del permanente encierro que al comienzo no comprendían, pero que ahora si lo sabían y entendían perfectamente, a medida que el viaje continuaba.

Por su parte todos los ocupantes de la nave, a medida que se acercaban a la galaxia escogida, iban sufriendo transformaciones en sus rostros, no solo por el desgaste lento de sus células, sino porque sus cráneos y sus mismas extremidades se agrandaban, alargaban o deformaban, probablemente debido a la variación de la gravedad, a la cual por varios años terrestres habían estado sometidos.

Se trataba de la verdadera mutación a la que es sometida la materia humana bajo condiciones extremas, dentro de un ambiente prolongado de inactividad e ingravidez, para la cual, nunca el ser humano tampoco nació para enfrentar o tener que adaptarse en ninguna de las etapas históricas por las tuvo que atravesar sobre el planeta tierra.

Capítulo XVIII

SISTEMA TRISOLAR EN IRISDENIA

La nave hizo su entrada a la galaxia, mas rápido de lo que en principio se había propuesto llegar y dio comienzo a su aventura dentro de ella, viajando a una velocidad de dos veces la de la misma luz, ya que cada vez la nave era atraída con una mayor velocidad debido a la fuerza gravitacional que la galaxia ejercía sobre ella, y por tal razón, su ingreso se realizó en un relativo corto período de tiempo terrestre.

Posteriormente, cuando traspasó los umbrales de esa nueva galaxia y se introdujo por uno de sus costados, habiendo llegado a una parte donde se advertía con mas precisión un sistema solar multiplanetario regido por tres soles, que desde distancias diferentes, ejercían un basto control sobre un inmenso sistema solar que podía captarse a través del telescopio y de los otros instrumentos de quinta generación que la nave portaba.

Dicho sistema solar fue calculado por el robot central de la nave que se hallaba a unos 35.000 años luz de distancia aproximadamente, del centro de la galaxia, así como de unos 15.000 años luz aproximadamente, del exterior de la misma.

No obstante ello, la galaxia contenía en su interior, unos dos millones de sistemas solares, de cuyos cúmulos galácticos era el surgimiento o nacimiento de miles de nuevas estrellas, así como infinidad de objetos cósmicos que igualmente hacían parte de dicha galaxia.

El robot de la nave, dio inicio a la elaboración de un mapa del nuevo sistema trisolar, una vez ubicó con su potente telescopio los tres soles, comenzando a llevar a cabo las respectivas mediciones, tales como distancias, número de planetas, temperaturas y demás detalles que podían ser estudiados a una distancia de diez años luz.

Se trataba entonces de un sistema trisolar múltiple, donde el sol principal, era de los llamados soles azules de una enorme apariencia pero que estaba en un período de enfriamiento, el cual se encontraba ubicado a 450 millones de kilómetros, aproximadamente, y que parecía ser el rey de todo ese sistema solar; existía otro de mediano tamaño el cual se hallaba ubicado a unos 250 millones de kilómetros, que parecía girar en distinta órbita pero en torno suyo, así mismo, se observaba un tercer sol de mediano tamaño parecido al sol del planeta tierra, que se encontraba situado a unos 155 millones de kilómetros del décimo planeta de aquél sistema planetario o sea que estaba ubicado a una mayor distancia comparativamente hablando, de la que existe entre el sol y la tierra, en nuestro sistema solar.

La tripulación de la nave luego de realizar los distintos análisis y mediciones científicas, optó por dirigirse a ese sistema trisolar, en razón a que en su interior se observaba la existencia de varios planetas de distintos tamaños y colores, entre ellos, un inmenso planeta que reflejaba una coloración verdosa y que tenía una atracción especial que en todo caso les fue llamando poderosamente la atención.

Dicho sistema trisolar que en verdad se hallaba tan lejos del exterior de la galaxia, pero que viajando a la velocidad de la luz, podría gastar la nave en llegar más de ochenta años terrestres, no obstante, por el hecho de estar viajando a velocidades superiores a la luz, dicha distancia podría ser cubierta en menos tiempo.

Igualmente se observaba a través del potente telescopio, que en ese sistema trisolar existía una serie de planetas en número de cincuenta, distantes uno de otro y en medio de todos ellos giraban una buena cantidad de lunas o planetas menores.

Por otra parte, desde la entrada a ese inmenso sistema solar, podían avistarse que en medio de ese gran número de planetas, que giraban en torno de los tres soles, existía un planeta titán de inmensas proporciones, el cual era observado ahora desde una distancia de 100 millones de kilómetros, los cuales giraban en torno de esos tres soles, así como varios planetas menores o lunas de distintos tamaños, formas, materia y composición química, que también se encontraban girando alrededor de ellos.

Se observaba también que dichos planetas, a su vez tenían muchas lunas que podían sumar entre todos unos 250 satélites naturales o planetas menores, que constituían ese sistema trisolar, por el hecho de tener tres soles girando en diferentes orbitas dentro del mismo sistema solar.

"Vamos camino de un sistema solar que refleja demasiado misterio, pero con respecto a lo que a nosotros compete, debemos estar preparados y habituarnos a cualquier nueva situación que se nos pueda presentar, pero con la fundamental ayuda que nos está prestando el robot de la nave, encontraremos un lugar apropiado donde podamos descender", enfatizó en voz álta por fin el enmudecido comandante de la tripulación, buscando con ello brindar algún grado de tranquilidad al resto de sus compañeros.

Conforme a los datos suministrados por la nave, se trataba de una serie de planetas de los mas alejados que estaban conformados por masa gaseosa y otros mas cercanos al sol interno con masa sólida o rocosa, los que comparados con el planeta tierra, algunos presentaban similitud y lo que era mas importante, en varios de esos planetas rocosos, era donde existían muchísimas probabilidades de hallarse signos que pudieran incoarse alguna manifestación de vida, pues todos esos datos que emitía el cerebro central de la nave, eran alentadores para el grueso número de viajeros del espacio.

Como en todo sistema solar, los primeros planetas no pueden mostrar signos de vida por encontrarse relativamente cerca del sol que los rige y eso mismo acontecía con los siete primeros planetas mas cercanos a los tres soles, pero en cambio, a partir del octavo planeta, las cosas eran distintas, pues conforme lo indicaba la información que suministraba el robot al respecto, entre el octavo y el quinceavo planeta podían haber serios signos incipientes o moleculares de vida, ya que su composición química, las posibles temperaturas, así como la concentración de H_2O que eran detectados en ellos, indicaban que tales estimativos podrían salir positivos, pues se trataba que dichos planetas eran de carácter rocoso.

Con esos datos creíbles y por el hecho que de la superficie de varios de los planetas que iban siendo analizados, les llamaba la atención para que alguno pudiese albergar signos de vida y tener mejores condiciones para desarrollarla, la tripulación de la nave optó por escoger el décimo planeta para buscar en él un posible descenso, pues era el que presentaba a lo lejos un color verdoso y además la concentración de mucha nubosidad, parecía que lo recubría todo y se acumulaba sobre su superficie impidiendo observar su superficie.

Igualmente los científicos presentaban un marcado interés por conocer mas acerca de dicho planeta, porque de cuerdo a los datos que suministraba el robot, dicho planeta titán parecía tener bastantes condiciones y podría servir para desarrollar también allí la vida, pues las altas concentraciones de H_2O que se advertían en su superficie, era un indicio importante que ese planeta era apto y podría servir para que allí descendieran los viajeros del cosmos.

Entre tanto los ocupantes de la nave, ansiosos por conocer la composición química de la atmósfera del planeta, se dedicaron a profundizar los estudios acerca del nuevo sistema trisolar, y al hacer una similitud con el sistema solar terrestre, que era toda la información con que contaban, pues no de otra manera podían avocar la nueva situación a la que esperaban enfrentarse, ya que solo esa era la forma de establecer los parangones entre   los datos conocidos y los encontrados en ese nuevo universo, que era precisamente la base científica con la que contaban.

Por otra parte, los viajeros en medio de todas las peripecias y expectativas, recordaban su pasado y se preguntaban lo que le hubiera podido acontecer al planeta tierra cuando súbitamente se produjo aquél incendio sobre su atmósfera terrestre, luego de la última comunicación captada por la nave en el sentido que estaban siendo atacados por una lluvia de meteoritos, pues al final de cuentas, ellos también eran humanos y aunque cada vez mas se les iba notando su deformidad física, sentían en su interior que sus corazones y sentimientos no habían cambiado, y por tanto,   la suerte de lo que a sus hermanos terrícolas les hubiera podido acontecer, también era de su incumbencia.

Debido a que ese sistema trisolar era de una mayor envergadura que el sistema solar al que pertenecía el planeta tierra, así como su gran fuerza gravitacional, que para darle la vuelta completa sobre su eje al centro de la galaxia, se producía cada quinientos mil años luz, datos estos que indicaban el tamaño y distancia de dicho sistema, respecto del eje central de la galaxia.

Capítulo XIX

FRIDON, UN PLANETA VERDE

De acuerdo con los análisis y especificaciones dadas por el robot o cerebro central de la nave, habían penetrado en un sistema trisolar donde existían no solo tres soles que lo regían sino también muchos planetas rocosos y gaseosos, los cuales a la distancia revelaban una mayor o menor actividad estelar y varios de ellos bien podrían estar compuestos de gases como helio, hidrógeno líquido de los que abundan en el universo, al igual que otros rocosos donde era posible el desarrollo de la vida, así fuera a nivel molecular u otra forma de vida que perfectamente habría de haberse desarrollado, posiblemente bien distinta a la conocida por ellos.

La nave fue tomando dirección hacia lo que parecía ser el planeta titán, que era precisamente un gigante que giraba en torno de los tres soles, el cual era un poco de mayor tamaño que el planeta Júpiter, en nuestro sistema solar, y por tanto, poco a poco se fue acercando hacia sus inmediaciones con el fin de llevar a cabo las respectivas mediciones meteorológicas, composición química y demás detalles que les interesaba saber a los ocupantes de la nave perdida en los umbrales del universo.

El cerebro central de la nave dio comienzo al análisis respectivo, indicando que se trataba de un planeta de inmensas proporciones o sea que era un gigante completo, pues por su tamaño, se constituía en el planeta mas grande de aquel sistema trisolar, de masa sólida o rocosa, que comparado con la tierra, era unas 450 veces mas grande que nuestro planeta y un poco mas grande que el planeta Júpiter, que   contenía además unas veinticinco lunas o planetas menores que giraban en torno suyo en parecida posición de elipses como lo hacen todas las lunas o planetas menores en torno del respectivo planeta, en nuestro sistema solar.

Tenía un diámetro de 162.839 kilómetros, con una densidad de 5 grados cúbicos de agua, y una masa de 2037 a la 35 kilogramos, radio medio de 850'327.572 kilómetros, período orbital de 13 años, 110 días, 3 horas terrestres, una temperatura que oscilaba entre los menos 6 grados y los 15 grados centígrados, con una gravedad de 13.52 grados o sea un poco superior a la tierra, inclinación axial de 2,10 grados, velocidad de escape de 38,66 kilómetros por segundo, con una presión atmosférica de 105.204, observándose una distancia con relación al sol mas cercano de 780 millones de kilómetros o sea un poco mas alejado que el sol del sistema solar con respecto de nuestro planeta tierra, con un radio de 75 millones de kilómetros, una rotación de 27.50 horas y una inclinación elíptica sobre su eje de tres grados y ocho minutos, y una excentricidad de 0, 078 mts.

También estaba compuesto de 70.02 por ciento de hidrógeno, 28 por ciento de oxigeno y 1.52 por ciento de argón entre otros componentes químicos, así como mínimas cantidades de dióxido de carbono, neon, helio, criptón, nitrógeno, oxido nitroso, xenón y monóxido de carbono entre otros.

La abundante vegetación verde que se encontraba esparcida por toda la faz del planeta, vale decir, era un planeta lleno de clorofila, siendo un hecho cierto que en dicho planeta había una variedad de vida vegetal, muy parecida a la vegetación que en principio se desarrolló sobre el planeta tierra, lo que hacía presumir que también era un planeta abundante en oxigeno, y que su color verdoso, obedecía a que se encontraba concentrado dicho color en las distintas capas atmosféricas, y debido a ello, su atmósfera contenía una gruesa capa protectora de ozono, que impedía que la luz de los soles penetrara directamente, haciendo que en su atmósfera la luz se esparciera, y por esa razón, aparecía sobre los cielos de aquél planeta ese color verde claro, que lo hacia ver diferente a los demás, y por dicho fenómeno el color verde era el que se reflejaba en esa parte de ese sistema trisolar.

El planeta tenía una gruesa y densa capa atmosférica de por lo menos un millón de kilómetros de espesor, la cual se dividía en varias capas muy parecidas o similares a las de la tierra como eran: Troposfera, Estratosfera, Mesosfera, Termosfera y Exosfera con su correspondiente capa de ozono.

Toda la tripulación de la nave, queriendo identificar y con el fin de darle una distinción cualquiera, bautizaron a ese planeta con el nombre de "Fridón" que significa frío en las alturas, indicándose por parte del robot central de la nave, que por la circunstancia de ser dicho planeta tan inmenso, esa circunstancia hacía que su fuerza gravitacional también era enorme, y por tanto, la tripulación debería tener bastante cuidado al aproximarse a él, so pena de ser destruida la nave cuando tratara de penetrar en su atmósfera fridiana.

La permanente nubosidad de color verdoso que se presentaba sobre el interior del planeta y que lo recubría todo, era tan intensa, que ello dificultaba tener una apreciación física mas directa, que pudiese visualizarlo plenamente, así mismo, las mediciones que realizaba la nave sobre la composición química de su atmósfera, indicaban que estaba compuesto de agua y oxigeno en grandes cantidades, y por tanto, dicha información era muy importante para la tripulación y de buen recibo para todos los cosmonautas, así como para los jóvenes que hacían parte de de este viaje tortuoso de la nave "El Tortuga" por el espacio sideral, camino de otro sistema planetario muy distinto del conocido por los cosmonautas hasta entonces.

El astrónomo, la cosmóloga, los dos ingenieros físicos nucleares y cuanticos, los dos ingenieros electrónicos, los dos médicos, el físico cuántico, así como el capitán de la nave que era un químico, al igual que su propia descendencia que ahora eran también otros científicos en potencia, estaban divididos en áreas de trabajo, estudiando en forma intensa, toda la información suministrada y que había sido captada por la nave, y por ello, se dedicaban a consolidar y estudiar toda esa abundante información sobre los datos científicos recibidos, razón por la cual, les era difícil evacuar rápidamente por la complejidad de la información científica, y por demás novedosa, que no cesaba de ser suministrada por el robot central de la nave a toda la tripulación.

Cuando la nave se aproximó al planeta, tuvo que girar y mantenerse por fuera de su atmósfera por varios meses terrestres, ya que darle la vuelta entera, constituía toda una proeza debido a lo inmenso de su masa, tuvieron que tardar mas de un mes terrestre, para darle la vuelta completa, entre tanto, dentro de la nave los especialistas viajeros, desarrollaban toda clase de averiguaciones científicas y técnicas y se llevaban a cabo una serie de análisis y mediciones atmosféricas, temperatura, luz, etapas o estaciones, densidades, radiaciones solares, clima y demás detalles que una operación espacial como esa, era elemental no pasar por alto, con el fin de buscar terminar con éxito la operación de descenso que se habían propuesto llevar a cabo cuando se dieran las condiciones para ello.

Capitulo XX

INGRESO EN EL PLANETA FRIDON

Luego de avanzar con la información para conocer mas acerca del citado planeta, el capitán de la nave luego que consultara con el robot central, así como con todos sus compañeros, tomó la determinación de penetrar en la atmósfera del planeta Fridón, para lo cual se tomaron todas las medidas humanas y técnicas por parte de la tripulación en coordinación con el cerebro central de la nave, situación esta que era de enorme riesgo, en la medida como, una pequeña falla humana podría dar al traste con la operación y con ella, la semilla de la raza humana en otro lugar del universo muy distinto del planeta tierra, ya que se tenía entendido que su presión atmosférica era lo suficientemente potente, como para rechazar o hacer añicos la nave, y por tanto, dicha maniobra debía calcularse muy bien, so pena de no volver a cantar victoria, como hasta ahora por suerte la habían tenido, por parte de los perdidos astronautas humanoides del espacio.

La nave "El Tortuga" nuevamente cerró sus poros, apagó el reactor nuclear y procedió a sumergirse dentro de la atmósfera de ese inmenso planeta, habiendo tenido que tomar un ángulo de cuarenta y cinco grados, que le permitiera a la nave penetrar sin tropiezo alguno, pero en todo caso la temperatura a la que fue sometida, se elevó a los cinco mil grados centígrados, lo que afortunadamente ya había sido sometida la nave con anterioridad a temperaturas mayores, y por tanto, estaba mas que preparada para seguir resistiendo tan elevadas temperaturas, hasta que en un lapso relativamente corto, pudo volver a salir ilesa de ese infernal lugar, y por eso, llegó hasta las capas atmosféricas superiores del planeta, desde donde empezó a visualizar mas de cerca sus paisajes, llevando a cabo algunas mediciones sin tomar contacto con las nubes de color verde claro mas elevadas que recubrían al planeta.

Una vez que la nave penetro sobre los cielos de Fridón, sus tripulantes consideraron oportuno llevar a cabo nuevos reconocimientos a baja altitud sobre su superficie, con el fin de tener una mejor información, ya que las espesas nubes verdes que lo recubrían, impedían hacerlo cuando estaban sobrevolando por encima de ellas y aún continuaban obstaculizando visualizar la verdadera superficie del planeta, y por ello, había que tomar todas las medidas de seguridad para luego si tomar la desición de descender sobre su superficie.

Esas mínimas medidas de precaución permitían que antes de descender, debían llevarse a cabo no solo una inspección visual sobre el verdadero relieve del suelo fridiano, sino también hacer un exhaustivo estudio geográfico y antropológico relacionado con la antigüedad del planeta, y por esas razones, le dieron tres vueltas en torno suyo, llevando a cabo toda serie de mediciones y observaciones que era oportuno y necesario desarrollar.

De esa manera se dieron cuenta, que se trataba de un planeta con una edad aproximada a los 4.200 millones de años terrestres, de los 5.000 millones que aproximadamente tenía el sistema solar, así como de los 14.200 millones de antigüedad que igualmente tenía la galaxia "Iris Denia".

De la orogénesis llevada a cabo sobre el planeta o sea el estudio de formación del relieve de la superficie, se establecía que el planeta tenía una atmósfera densa, con altos porcentajes de oxigeno e hidrógeno, con abundantes formaciones de minerales como estaño, oro, hierro, sal, gas, zinc, uranio y coltán, así como una serie de diversos metales raros, lo que hacía predecir, la existencia de vida sobre su suelo y la nubosidad permanente que cubría la superficie, indicaba que por su abundante composición de bosques que lo reverdecían, así como la casi permanente luz solar que le ofrecían los tres soles, por ello la hibernación no le faltaba sobre dicho planeta, y por tanto, a las claras se trataba de un sistema planetario muy similar o parecido a lo que en principio fue el planeta tierra luego de su desarrollo evolutivo, con muchas grandes diferencias por su tamaño, además porque no estaba rodeado de agua sino de tierra o suelo fridiano, y por otra parte, solo se avistaban una serie de mares interiores que hacía suponer que el suelo rocoso era de un 70 por ciento, mientras que sus mares internos solo constituían el 30 por ciento de su superficie.

El planeta aunque era de color verde claro ya que estaba lleno de oxiliana que su contextura es verde, tenía una abundante clorofila hasta en sus misma mismas entrañas, como era su superficie y composición rocosa, lo cual indicaba que la vida que se había desarrollado en su interior, también contenía su mismo color, siendo de prever, que su verde naturaleza era la que reinaba habiéndose desarrollado en ese mismo sentido, muy posiblemente, una forma de vida muy diferente a la conocida o imaginada por el género humano en el planeta tierra.

Fridón era entonces un enorme planeta que tenía una gran fuerza gravitacional que triplicaba la del planeta tierra debido a su tamaño, por dicha razón, era factible que los viajeros la asimilaran y se acomodaran a ella, pues no tenían ahora otra alternativa, ya que no podían disponer de ninguna otra variable o sitio diferente para donde partir, siendo entonces esa su gran oportunidad y el último lugar donde próximamente se disponían a descender, si en verdad querían preservar sus vidas.

El anemómetro que tenía incorporado la nave, indicaba que la fuerza de los vientos que allí existían, eran relativamente suaves o apacibles con algunas tormentas eléctricas, cuyos vientos no superaban los diez nudos por hora.

Como las nubes se movían lentamente de un lado para otro como si se tratara de los tiempos de invierno sobre el planeta tierra, al penetrar la luz solar a la superficie del planeta, se pudo observar por parte de los ocupantes de la nave, que en realidad era un planeta habitable, cubierto de una espesa y muy verde vegetación que se constituía en un invernadero con muy similares características a la de la misma tierra.

Tenía elevadas montañas con muchos volcanes en actividad, de donde brotaba una abundante lava incandescente de material verdoso, muy parecido al color de sus nubes, coligiéndose con ello, que también su composición rocosa, correspondía a ese mismo color verdoso, así mismo, tenía también profundas depresiones, al igual que una serie de valles o planicies tan inmensos, que parecían ir hasta el infinito.

Se observaba que una de sus principales llanuras, era tan grande, que bien podría caber el planeta tierra unas quince veces y aún sobraba llanura, en la cual se advertían también varios mares interiores de agua, o sea varios lagos inmensos y en ellos se notaba la confluencia de los grandes ríos que igualmente desembocaban.

El planeta tenía un 70% de terreno sólido de carácter rocoso y el resto o sea un 30% de agua líquida potable, superficie esta que estaba en su totalidad cubierta de una vegetación verde oscura, con algunos claros de elevadas montañas y regiones quebradas con profundas hondonadas que reflejaban la variedad del clima que imperaba, lo que hacía predecir que allí la vida era de clorofila y sus habitantes podrían ser alimentados bajo esa misma composición química, los cuales podría estar mimetizados dentro de la misma naturaleza, vale decir, era una vida clorofiloide, muy rara para el conocimiento y la imaginación humana,

Igualmente se observaban en distintos lugares del planeta, la existencia de grandes macizos de montañas e infinidad de zonas inmensas, las cuales eran bordeadas por estepas y depresiones, así como bajos lugares, donde también existían diferentes cadenas montañosas que eran las imperantes sobre el planeta.

En esas variadas partes del planeta donde había una serie de elevaciones montañosas constituidas por nevados, así como en los polos, se denotaba la existencia de inmensos glaciares que igualmente recubrían una gran zona de ese inmenso planeta.

Se trataba entonces de un formidable planeta vivo, achatado en sus polos, de forma redondeada, que contenía su propia presión atmosférica que lo protegía de los aerolitos y meteoritos que igualmente circundaban los cielos externos de ese paradisíaco planeta, los cuales provenían del resto de ese sistema trisolar.

Así mismo, se advertía la existencia de cadenas montañosas, donde algunas de ellas resaltaban por su color verdoso, producto de lo que pudo ser la evolución misma del planeta, que terminaban en elevados picachos, nevados y volcanes algunos en actividad, donde se veía fluir no solo la lava verdosa, sino además todo el material piro plástico, conforme antes se indicó, con lo cual se infería, que se trataba de un planeta vivo y en permanente actividad evolutiva, con muchas disparidad pero con alguna similitud al planeta tierra, con la gran diferencia que su masa era tan enorme, que para darle la vuelta la nave espacial "El Tortuga", tuvo que volar a una prudente velocidad, un promedio de un mes terrestre.

La abundante flora que se observaba desde lo alto, denotaba también, que ese era un planeta que se había convertido en un invernadero natural, por la luz y la permanente humedad de que hacía gala y lo tupido de su follaje, impedía la visibilidad de cualquier movimiento de posibles seres vivientes que de cualquier clase, forma y tamaño se hubieran podido desarrollar, sin embargo, su existencia para nada podía ser descartable.

En la zona tórrida o sea su zona ecuatorial, se notaba no solo abundante vegetación sino que sobre ella confluían la gran variedad de ríos, los cuales desembocaban en los inmensos lagos cuya agua de color verdoso clara, parecía que se evaporaba para regresar en permanentes lluvias sobre el suelo del planeta.

Así mismo, debido a la gran masa del planeta y por la diversidad de los soles y lunas que influían sobre su superficie, existían ocho estaciones climáticas, que obedecían a los mil doscientos sesenta días terrestres en que podía ser estimado el año fridiano, así como las treinta y dos horas terrestres en que se estimó por parte de los científicos y el mismo robot, que se podían dividir los días, los cuales cada uno era de treinta y cinco horas durante el día, y de ocho horas durante la noche, según el lugar donde estuviere ubicado el sol mas cercano.

En el interior del planeta podía advertirse un permanente sonido o zumbido cósmico que parecía provenir de las entrañas mismas del planeta debido a su inmensa masa o volumen, presión atmosférica y la presencia permanente de los tres soles que lo circundaban y que giraba en torno de ellos en una dirección elíptica respecto del sol mas cercano, al igual que de sus enormes lunas internas que igualmente giraban a gran distancia en torno suyo.

Capítulo XXI

DESCENSO EN EL PLANETA FRIDON

Luego que la nave le dio varias vueltas por encima de la capa atmosférica al planeta y fueron tomadas varias fotografías y hecho innumerables cálculos matemáticos, habiéndose filmado también muchas zonas de aquél inmenso planeta, así como de sus lunas mas cercanas y se recopiló una abundante información relacionada con su climatología, hidrografía, hidrología, clases de minerales, y por tanto, con el telescopio de rayos X, ubicaron las zonas de mayor concentración de preciosos metales, altitudes, altiplanicies, el promedio de su climatología y temperaturas, así como de otras mediciones que los científicos consideraron necesarias llevar a cabo, para tener como puntos de referencia cuando descendieran sobre la superficie Fridiana, y además, como buena parte de los estudios que se habían llevado a cabo por parte del grupo de científicos, se hallaba consolidada y recopilada por parte del mismo robot principal de la nave, la tripulación tomó la determinación de descender sobre el suelo del planeta.

Efectivamente penetraron dentro del planeta y planearon sobre sus alturas, a la vez que igualmente bajaron a una relativa baja altitud, bien por debajo de las nubes de color verdoso que rodeaban buena parte de la superficie del planeta, con el fin de llevar a cabo todas las mediciones necesarias que no se pudieron precisar cuando estuvieron por encima de la capa atmosférica, desde donde tomaron todos los datos para desarrollar un mapa sobre el relieve del planeta, y por esas razones,   ahora se encontraban sobrevolando entre diez y cincuenta kilómetros sobre su superficie, entonces la nave junto con su tripulación, procedieron a la actualización de toda la información que con anterioridad habían recepcionado.

De esa manera llevaron a cabo otra serie de maniobras a baja altitud sobre la superficie del planeta, examinando una vez mas el suelo fridiano, corroborando su composición química, capas de nubes y el aire que dicho planeta poseía, ya que por el enorme volumen del planeta, resultaba difícil su estudio y reconocimiento, aparte que estaban temerosos de encontrar toda clase de sorpresas e inconvenientes que seguramente iban a tener, una vez descendieran en ese enigmático planeta, que afortunadamente habían encontrado en esa otra esquina del cosmos y que finalmente lo habían elegido para buscar hacer allí, en lo posible, el desarrollo de lo que sería el futuro de la nueva raza humanoide – fridiana en esa parte del universo.

Teniendo en cuenta que todo se había calculado, ya que todos los detalles y previsiones por parte de la nave robótica, así como de su tripulación se habían llevado a cabo minuciosamente, ya que se trataba de unos avezados científicos que no dejaban pasar nada por alto y todo lo averiguaban, precisamente con el fin de producir nuevos descubrimientos para la ciencia que ellos mismos desarrollarían, haciéndose necesario profundizar en ellas, en razón a que una nueva etapa de vida era la que los estaba esperando.

Por su parte, debido al transcurso del tiempo transcurrido hasta entonces, por fin la figura humana de los primeros cosmonautas que habían subido a la nave, se había ido deteriorando y mermado ostensiblemente en su salud, así como en unos avanzados años, notándose la sensación de cansancio y desesperación que se observaba en todos y cada uno de los viajeros, quienes en sentir de varios de ellos, se encontraban mas que mamados y aburridos en ese permanente encierro que les parecía que nunca iba a terminar, y por tanto, todos estaban dispuestos a saltar de alegría, correr, estirar sus extremidades y hallar prontamente otro ambiente donde poder encontrar una posición distinta, pues esa obligada caverna voladora que por siglos terrestres los había llevado por el espacio sideral, fuera de su sistema planetario, los mantenía mas que desesperados a medida que los tiempos pasaban.

Igualmente, debido a la permanente expectativa con que debían permanecer, ahora mas que nunca tenían que estar expectantes, pues era de esperarse que para todos los astronautas y sus hijos, los nervios habían desaparecido hacía muchos años, pero la expectativa de vida siempre permanecía intacta, máxime que en la nave viajaban personas humanas jóvenes, hijos de los hijos o sea que eran nietos de los antiguos cosmonautas, para quienes ante todo se debía tener sumo cuidado en preservarlos, porque ellos encarnaban el nuevo género humano en otro plano galáctico del macro universo y eran quienes en principio iban a continuar diseminando la semilla con los clones humanos que mas adelante iban a desarrollar en esa parte del universo.

Por otra parte, ya el hacinamiento que se les estaba presentando, no se podía esperar mas, pues los antiguos cinco jóvenes, que ahora eran unos adultos, también habían procreado entonces una tercera generación, y tal circunstancia, copaba absolutamente todos los espacios que en principio tuvieron los primeros astronautas, por manera que, el desespero cada vez era mayor y por la circunstancia de estar sobrevolando por fin un planeta donde podrían descender, eso los hacía mantener en guardia y hasta trasnochar ya que ahora no podían conciliar el sueño y lamentablemente desde cuando pasaron por el agujero negro, habían consumido buena parte de las pastillas que les habían empacado para conciliar el sueño.

Así mismo, todas sus antiguas formas de vida habían cambiado, ademanes, manera de comunicarse, costumbres y otros aspectos humanos, ya que todos lo viajeros fueron cambiando a medida que iban pasando los tiempos, y hasta el entusiasmo se les había acabado, pues en gran medida para los primeros cosmonautas, se habían dado al dolor del envejecimiento, y por esa razón, ahora casi no se levantaban ni se preocupaban por el desenlace final a que pudieran llegar, pues estaban convencidos que de esa situación tampoco se pararían jamás y dudaban que en verdad pudiesen llegar con vida a algún otro lugar, donde pudieran descender y hacer que descansaran sus deformados huesos eternamente.

Por fin la nave robótica sacó de sus lados una especie de alas, donde también portaba una serie de paneles solares, aparte de los adaptados en la carcasa principal y con los cuales podía captar energía para el motor nuclear, lo mismo hizo con su cuello, cuando sacó su larga nuca que hacía de brazo o palanca mecánica y se dispuso a tomar muestras del aire que fluía en el planeta y de inmediato trasmitió dicha información al robot central para que fuera analizado conjuntamente con los demás datos que ya habían recogido las otras computadoras y aparatos científicos de la nave, con el fin que se llevara a cabo un cotejo de muestras, respecto de su composición química y demás aspectos que se pudiesen descubrir.

Igualmente debían ser estudiadas las bacterias y virus que pudiesen encontrar en el aire o en las moléculas de agua que pudieran captar, y luego de ser analizadas dichas muestras y que no se encontró nada nocivo para los astronautas y sus descendientes, razón por la cual, el robot central de la nave, autorizó a su capitán para que se diera la orden al resto del personal, con el fin que se prepararan para el respectivo descenso, pues se consideraba que toda la operación había sido estudiada suficientemente, y por tanto, no era necesario seguir dorando la píldora innecesariamente por mas tiempo.

No obstante hechos todos los análisis, siempre debían seguir teniendo en cuenta hasta en los mas mínimos detalles todos los protocolos de seguridad, y por ello, aún no se debían abrir las escotillas y portezuelas de la nave, porque perfectamente habiendo llegado del espacio exterior, hasta un planeta que ellos no conocían, muchas sorpresas y fatales consecuencias podrían sobrevenirles.

"Se trata de un paraíso hermoso y rogamos que nos reciba sin tropiezo alguno", volvió a exclamar el enmudecido jefe de la misión. No podía ser para menos el hecho que por fin les hablara a los demás compañeros de viaje, pues se trataba de la enorme similitud verde del paisaje, que le traía inmensos recuerdos de su antigua patria chica, ubicada en el departamento del Tolima, república de Colombia, y con ella, el mismo planeta tierra, y pensar que todavía estaban sobrevolando al planeta antes de percibir la realidad de su suelo fridiano, y quizá lo afirmaba así, porque no veía saltar las cabras sobre las empinadas montañas, ni ver correr los conejos sobre la inmensa llanura fridiana.

Después de haberle dado dos vueltas sobre el planeta y luego que fueran analizadas muchas variables, así como bastantes lugares donde poder descender, los unos en inmensos valles, los otros sobre empinadas montañas y otros al lado de grandes lagos que aparecían ante sus ojos como inmensos mares, los cuales iban siendo mostrados por las cámaras cerradas de televisión que se encontraban intactas en su funcionamiento y que ahora nuevamente eran utilizadas para tomaran un muestreo y de esa manera se formalizara el sitio para el posible descenso, finalmente se tomó la desición para descender sobre una extensa planicie junto a uno de esos inmensos mares interiores que el planeta tenía.

Por fin en mucho mas de trescientos años terrestres, las cuatro patas de la nave espacial "El Tortuga" fueron saliendo lentamente, habiéndose dado el comienzo del descenso, mientras que todos sus ocupantes se comían las uñas y se consumían en una gran tensión, porque estaba de por medio la vida humana, que aunque deformada para todos ellos, era vida, y por esa razón, había que buscar preservarla a toda costa, pues no en vano habían hecho esa no despreciable travesía que estaba por concluir y que rondaba los 295 años terrestres, y por tanto, cada uno de los cosmonautas antiguos tenían en promedio trescientos treinta años de edad, luego que fueron lanzados abruptamente por la explosión de ese incendio en el cielo en cercanías a la atmósfera del planeta tierra, y por tanto, no era dable que todos esos esfuerzos y sacrificios para llegar hasta esos lejanos parajes en otro de los millones de rincones del universo, se esfumaran por la inobservancia de algún pequeño detalle.

Se escuchó el chirrido de la nave cuando se posó sobre sus cuatro alargadas patas, pues estas desde el momento que la nave fue construida, no las había vuelto a poner en funcionamiento, y por esa razón, se encontraban requiriendo de una buena aceitada, incluso que al momento de salir del planeta tierra no las usaba, ya que en dicha oportunidad sus patas mecánicas estaban debidamente guardadas, aterrizando solamente sobre su base que se constituía como la panza de una tortuga gigante.

"Hemos aterrizado con bien y la capa vegetal y rocosa de este planeta, ha resistido el peso de la nave. Tampoco se advierte ningún peligro por ahora, pero recomiendo prudencia en cada uno de los desplazamientos que vayan a realizar", les dijo finalmente el cerebro central de la nave, quien los estaba ayudando y protegiendo hasta el último momento.

Confiados en esa información y luego que todos se quedaron estupefactos y por un momento atónitos dentro de cada uno de sus puestos, así como maravillados de lo que sus ojos veían a través de las pantallas de televisión en el salón donde el resto de viajeros se encontraban, tomas estas que iban enfocando el paisaje de ese nuevo paraíso fridiano, se regocijaron porque finalmente habían tocado la superficie del planeta y aunque no era de fiar, ya que nada tenían asegurado, pero de todas maneras lo que sí aspiraban era que sus vidas fueran preservadas, para poder continuar los episodios futuros de la conquista de un nuevo planeta en otra de las esquinas del universo.

Aquellos científicos que al momento de ingresar a la nave en el planeta tierra, apenas contaba con veinticinco años, como era el médico recién especializado en genética de la Universidad Nacional de Colombia, quien hacía parte de la delegación de astronautas, ahora mostraba una edad aproximada de setenta y cinco años, pues a decir verdad, no demostraba la cantidad de años o edad avanzada que tenía bajo su demacrado rostro, ya que el resto de edad, formaba parte de esa etapa de crionización que a estas alturas del viaje, no quería volver ni siquiera a recordar.

Habían llegado a otra realidad que parecía no serlo, ya que la edad que aparentaban, tampoco correspondía a la que en verdad ellos tenían, ya que por lo menos un promedio de cien años habían permanecido congelados, setenta y cinco años cruzando el agujero negro y por lo menos ciento veinte años desde cuando observaron y eligieron a la nueva galaxia hasta llegar al sistema trisolar, mas los años que cada uno tenía al ingresar a la nave, era la síntesis de la edad que tenían ahora a la llegada al planeta donde acababan de aterrizar.

Lo mismo acontecía con el resto de sus compañeros, quienes también eran jóvenes al momento de emprender el viaje y tuvieron que pasar congelados bajo esa muerte aparente, que los mantuvo durante buena parte del viaje, haciendo que todo pareciera como si la vida se les hubiera desvanecido en ese tortuoso viaje que se había hecho interminable, pues para ningún miembro de la raza humana ningún evento parecido a este le había sucedido jamás.

Igualmente los astronautas viajeros, no solo se les notaba el agotamiento por esa odisea sideral, sino por tantos años que llevaban a cuestas y aunque no los demostraban, la verdad era que no los habían podido disfrutar, debido al encierro eterno al que fueron sometidos, quizá por cuenta y riesgo de su propio destino que los llevó a hacer parte de la primera delegación humana que pudo traspasar las barreras del infinito y ubicarse tan lejos como la misma imaginación humana los pudo llevar.

Los únicos miembros de la delegación espacial que parecían haber nacido para adaptarse a un medio distinto al conocido por la raza humana, eran los hijos de los hijos de los primeros cosmonautas o sea la aparición de una segunda generación, quienes también habían procreado nueva familia y se hacían jóvenes también, que era una nueva generación muy distinta a los abuelos astronautas, porque se estaban levantando con una concepción muy distinta de lo que fué la vida, costumbres y el medio que los rodeaba si hubieran estado en el planeta tierra, vale decir, eran unos nuevos humanoides portadores de genes humanos, hijos del espacio y nietos del universo.

A su vez los médicos genetistas se dedicaban a sacar del criostato donde llevaban almacenados los genes, no solo de los viajeros sino de muchos humanos que también les hicieron esta clase de donaciones antes de partir del planeta tierra, con el fin que en el laboratorio se llevaran a cabo las respectivas clonaciones humanas, para hacerse perdurar cada uno de ellos, en unos seres mas perfectos y mejor dotados de inteligencia, como herencia de la raza humana, que no fueran a tener las malformaciones humanas y congénitas que ellos ahora parecían tener, con lo cual garantizarían una vez mas, que podrían convertirse en los seres superiores e inteligentes del cosmos, pudiendo seguir apareciendo como miembros de la raza humana, así estuvieran en un lugar extraño como ese, pero que en todo caso estaban en condiciones de emprender una nueva vida, así sus embriones nacieran con otras características distintas a las conocidas hasta entonces.

La nave volvió a alargar su cuello que le servía de palanca mecánica y tomó muestras de la vegetación, así como de la corteza o suelo fridiano que por primera vez le fue tomada una muestras de las rocas que se encontraban cerca, con el propósito que fueran estudiadas rápidamente   su composición química, concentración de clorofila y las demás sustancias químicas de la que estaban compuestas para que fueran analizadas, con el fin de asegurarse que no fueran a ser nocivas para los recién llegados, y porque además, debían de estar totalmente seguros de prevenir algún incidente que de entrada les pudiera causar algún daño, haciéndose   necesario, ir despacio pero seguro, pues la inmensa incógnita que allá afuera los estaba esperando, no era de poca monta, ya que apenas la nave había tocado por primera vez la superficie del planeta, para lo cual todos ellos debían estar preparados.

Del   análisis y muestras tomadas, todas ellas resultaron positivas para la vida, pues en principio ningún germen nocivo se advirtió, pero que de todas maneras era importante indicar que no estaban solos, ya que existían serios indicios que en ese planeta existía vida a nivel celular y molecular, y por tanto, el desarrollo de alguna clase de seres superiores, perfectamente se habría podido generar, los cuales podían estar en cualquier sitio y se podrían tropezar con ellos en cualquier momento,   cuando   se desplazaran en la profundidad e   inmensidad de ese enigmático planeta, que por su volumen, mas de una sorpresa los podría estar esperando.

Capítulo XXII

EXORTACION A LOS CONQUISTADORES DE UN MUNDO NUEVO

Cuando ya el robot y los mismos científicos corroboraron que el medio ambiente del Planeta Fridón, no era hostil para los recién llegados, el Ingeniero químico Afranio Pérez, capitán de la nave, se dirigió a todos sus compañeros con las siguientes palabras:

"Queridos hermanos de aventura:

Antes que nos dispongamos a descender de esta nave, deseo dejarles este corto mensaje que hace las veces de consejos y recomendaciones, con el propósito que les pueda servir de pautas para todos ustedes, ahora que hemos llegado al final de esta tortuosa odisea, pero que igualmente se constituye en el comienzo de una nueva aventura.

Hemos llegado hasta aquí, en la culminación de una travesía por demás espantosa para nuestras vidas, que comenzó hace un promedio de doscientos noventa y cinco años terrestres, sin contar con la edad que cada uno de nosotros teníamos, con ocasión de haber sido lanzada esta nave hacia el espacio sideral por aquella súbita explosión que nos arrojó muy seguramente al centro de nuestra antigua galaxia de la vía láctea de donde provenimos y debido a esa fatal explosión, finalmente fuimos expulsados de nuestro sistema solar donde quedamos muertos, habiéndonos mantenido así bajo ese estado de hibernación o muerte aparente durante los primeros cien años terrestres, hasta cuando volvimos a resucitar dentro de un agujero u hoyo negro, donde volvimos a la vida e igualmente estuvimos prisioneros bajo la oscuridad absoluta por lo menos setenta y cinco años, y que por pura suerte fuimos liberados y desde esa época hacia acá, hemos viajado un promedio de ciento veinte años, hasta llegar a este lugar donde acaba de descender la nave.

Toda esta odisea sideral se constituye para los miembros del género humano, en una verdadera hazaña o milagro que aún estemos todos con vida humanoide contando este cuento y reconstruyendo mentalmente toda la historia de lo fueron los distintos episodios que nos ha tocado vivir hasta llegar a este planeta, el cual se debe constituir en nuestro nuevo hogar para todos los que hoy aquí nos encontramos congregados, así como para el futuro de las generaciones que habrán de sucedernos, constituyéndonos entonces en los primeros colonizadores de este nuevo mundo fridiano.

Es mas, para que ustedes se aterren, conforme al último informe que nos ha brindado la nave robótica y el alienígena Alquitrán, hemos llegado mas allá de lo impensable, y por tanto, dicho sea de paso reconocer, que fueron ellos los autores de nuestra verdadera salvación, y por eso, ahora pido que les rindamos un merecido homenaje, por haber sido los que nos prodigaron llegar con vida, que a decir verdad, se constituyeron en los verdaderos protectores para que pudiésemos llegar con vida hasta aquí, y por ser ellos los portadores de la sapiencia, así como de la preservación de nuestra salud y quienes milimétricamente lo calcularon y pensaron todo por nosotros.

Ahora bien, de acuerdo al último reporte que he recibido de ellos, hemos llegado hasta este sistema trisolar múltiple de esta galaxia, la cual se encuentra a cincuenta millones de años luz de distancia de la galaxia de la vía láctea, no siendo el deseo del robot de la nave que ustedes lo supieran, precisamente para que no se les erizara la piel y tampoco se alarmaran, y por

291

tanto, es bueno que mentalmente nos ubiquemos de nuevo, para poder establecer que hemos llegado lo bastante lejos de donde alguna vez nacimos, así como también nos encontramos muy distantes del centro del mismo universo.

Nos perdimos en el espacio sideral, pero gracias a Dios o Alá, aquí estamos y aquí nos quedaremos, ya que no tenemos otra alternativa distinta, que la de hacerle frente a la situación conforme se nos presente y ese debe ser precisamente el reto que cada uno de nosotros debemos asumir si queremos continuar con vida.

Pareciera que hemos llegado demasiado lejos del universo, pero quizá estemos a un paso de lo que fue nuestra propia casa, eso es precisamente lo que no sabemos, ya que me parece que esta desaparición en el espacio sideral, pudo tener mas visos de ficción, que de realidad, pues aunque otros no lo crean, sencillamente hemos traspasado el record de los viajes espaciales, superado la velocidad de la luz en muchas oportunidades y traspasado las barreras de lo impensable para la mente humana, hasta poder llegar a este sitio sin retorno, donde ya nos tocó que buscar emprender un nuevo camino en la historia del género humano, pues a esto nos trajo el destino o las mismas circunstancias de la vida.

Sencillamente desafiamos los rigores de la muerte que conocimos en el planeta tierra, y gracias a que fuimos reprogramados dentro del contexto de un nuevo hombre con tejidos distintos, para que pudiéramos desafiar todas las circunstancias adversas que se nos presentarán, para de esa manera ubicarnos en un plano galáctico bastante distinto del conocido por nosotros, donde precisamente la noción del tiempo desapareció, volviendo a reaparecer en este planeta en forma distinta, vale decir, desconocemos como son los atardeceres, y amaneceres, así como que tampoco sabemos acerca de la misma penumbra de la noche que aquí pueda existir.

Ahora bien, de aquí en adelante podremos salir avante, solo con las fuerzas de los genes que es todo lo que aún nos queda como legado de nuestros ancestros terrícolas y eso es lo que vamos a hacer valer para dominar y poner a nuestro servicio el medio que nos rodea, el que parece ser un buen anfitrión que por ahora no se vuelve en contra de nosotros.

El eterno viaje que ahora culminamos, se constituye en este preciso instante, por una parte, en el final de una gran aventura que nos trajo hasta este planeta, que al parecer no fue diseñado propiamente para albergar a la raza humana, porque aquí todavía no se ven correr los ríos de leche y de miel que alguna vez vieron correr y que saborearon nuestros antepasados en el planeta de donde provenimos, y por otra parte, porque nos toca que afrontar el desafío que ello entraña y que se cierne sobre nosotros, como es el de dar inicio a una nueva vida muy distinta a la que conocimos, y con ella, también a una nueva conquista, como es la de buscar sobrevivir en este suelo colmado de clorofila, que se ve brotar hasta en los volcanes activos que hemos avistado en nuestros giros a través de este inmenso planeta, pero que al fin y al cabo, todo eso es sinónimo de vida, que la venimos buscando para que nos sirva de refugio y también que nos sirva, para poder desarrollar la nuestra.

Hemos llegado hasta aquí, perdidos en el espacio sideral y deseosos ahora, que todos juntos podamos conquistar y hasta se nos permita posesionarnos de este planeta, el cual debe convertirse para nosotros en este preciso momento, en el nuevo hogar, donde no solo sea la salvación de la especie humana en el universo, sino el renacer de una nueva esperanza, que por el agotamiento de nuestras fuerzas y el encierro eterno a que fuimos sometidos, ahora tengamos la oportunidad de descansar en paz, así nuestros cuerpos tengan que morir por segunda vez y venir a alimentar con nuestros huesos, un suelo extraño donde jamás soñamos siquiera llegar.

Somos verdaderos hermanos terrícolas en lo que pareciera sea la mansedumbre de este planeta gigante, en el cual, debemos contar con la genuina colaboración de todos y cada uno de ustedes, para desarrollar un entorno social y familiar que pueda constituirse en el nuevo hogar ideal, que sea armonioso para la convivencia y el desarrollo de todos, así como de las nuevas generaciones que nacerán posteriormente.

La que parecía ser una interminable travesía que hoy concluimos, no es mas que el comienzo de otra faceta muy distinta, en la cual encontraremos múltiples dificultades, desdichas y adversidades por doquier, pues debemos ser concientes que tampoco estábamos preparados para dar inicio a una conquista que jamás hubiéramos querido o deseado realizar, pues todo ello se debió, a que fuimos abruptamente sacados de nuestro entorno planetario y nos convertimos de un momento a otro, en los errabundos del espacio, pudiéndonos convertir ahora mismo, en los primeros simios o primates de este enigmático planeta.

Cuando salgamos por esa puerta en la búsqueda no solo de la libertad que tanto anhelamos, sino de la conquista de este nuevo mundo, quiero recomendarles a todos y cada uno de ustedes, que conservemos los patrones de comportamiento, muy similares o parecidos a los que el género humano implemento y diseño en el planeta tierra de donde provenimos, con el propósito que no vayamos a acabarnos unos a otros, antes de empezar.

Será menester actuar con prudencia y buen juicio, como nos lo recomienda nuestro alienígena "Alquitrán", pues lo único que nos espera allá afuera, son las dificultades a granel, ya que vamos a comenzar de cero, vale decir, no tenemos nada donde afianzarnos, se trata entonces de buscar coecionar y juntar nuestros conocimientos y voluntades, para ver de que manera podemos salir avantes de una encrucijada que apenas va a comenzar.

Es verdad que tenemos unos conocimientos relacionados con la ciencia y la tecnología en el planeta tierra, así como esta nave robótica que mucho nos puede servir en el futuro, no obstante esas ventajas, en estos momentos, carecemos de las herramientas necesarias para transformar la materia prima y ponerlas a nuestro servicio.

Hemos llegado cansados y desgastados hasta aquí, habiéndonos hecho mas mella mas el encierro, que los años que llevamos a cuestas, donde perfectamente se puede seguir agudizado la mutación de nuestra figura humana, la cual no fue hecha para que se desarrollara en un medio raro como este, parecido al conocido en la tierra, pero muy diferente al entorno planetario del cual venimos, por tanto, lo que tenemos que hacer es adaptarnos al medio y no esperar que el medio se adapte a nosotros.

Si fijamos los ojos a los cielos de este hermoso planeta, podemos observar por las escotillas de esta nave, que aquí ellos no fueron pintados de azul claro como el que conocimos en la tierra, por lo menos los mas viejos que hasta aquí llegamos, sino que este es un cielo de un color verde claro, y por tanto, de acuerdo a nuestras creencias, al parecer esto también fue obra de Dios o de Alá, porque ese color verdoso que se muestra ante nuestros ojos, nos hace recordar aún mas al planeta de donde somos oriundos, pues aquí como allá, también todo es hermoso, y los cielos que brillan, lo hacen con una mayor nitidez que en la tierra, ya que los soles y las estrellas que aparecen sobre este planeta, tienen unas sensaciones distintas, vale decir, sencillamente forman parte de un toque cristalino claro de exuberante belleza y esplendor, que enternece a toda mente humana.

Ahora mismo todos nos vamos a dar a la tarea de comenzar la conquista de un mundo nuevo, al que sin duda alguna llegamos por pura suerte, porque si no hubiésemos cruzado por ese famoso agujero negro, que fue el que se constituyó en últimas en el verdadero atajo sideral, que nos ahorró por lo menos unos 100 mega parcecs para llagar tan rápido como lo hicimos, y por tanto, nunca habríamos podido llegar mas rápido y seguro como en últimas lo hicimos hasta esta galaxia, y con ella, a este planeta, ya que hubiéramos tenido que dar una inmensa vuelta cuya curvatura nos hubiese llevado por miles de años luz, para lo cual, tampoco nosotros estábamos física, ni mentalmente preparados, ni menos fuimos concebidos para soportar la enorme presión atmosférica a la que hemos estado sometidos, y mucho menos, para viajar indefinidamente por el espacio sideral como si se tratara de un cometa salido de su ruta cósmica.

Gracias a la providencia divina, así como al buen juicio que tuvieron los creadores de esta nave robótica y de su auxiliar el alienígena "Alquitrán", estamos contándole esta aventura a las nuevas generaciones de fridianos que habrán de sucedernos, pues la travesía para llegar hasta aquí, no fue nada fácil y lo que nos espera allá sobre el suelo de este planeta, seguramente tampoco va a ser tan agradable que digamos.

Ahora bien, eso de tener que venir a colonizar por necesidad este planeta, que deberá tardarnos millones de años en solo analizarlo como para tener un conocimiento superficial sobre su misterio y todas las cosas buenas, regulares y malas que igualmente podrán estar anidando sobre su suelo, así como por la inmensa masa de la que está compuesto, no podemos mas que sentirnos pequeños ante el volumen de todas las dificultades que igualmente habremos de encontrar.

Es que ahora no estamos avocados a conquistar un nuevo territorio dentro de un sistema planetario al cual estábamos ya acostumbrados a vivir, se trata nada menos, de auscultar todo el pro y contra que podamos avistar, dentro de un planeta que querámoslo o no, constituye para nosotros como el de iniciar a dar los primeros pasos como si fuéramos verdaderos niños, en la bastedad del planeta cuyo misterio se cierne ante nuestros ojos.

Este planeta es unas cuatrocientas veces mas grande que el planeta tierra o sea unas ochenta y dos veces mas grande que el planeta Júpiter en el sistema solar del cual provenimos, y por tanto, esa circunstancia constituye un súper reto para todos ustedes, los jóvenes que son precisamente las nuevas generaciones que nos habrán de suceder, quienes son los llamados a colonizar para bien del futuro de este planeta que hemos denominado Fridón, el cual deberá ser el nido donde nazcan los nuevos seres que puedan tener la virtud de aquellos humanos del planeta de donde venimos: que nazcan imperfectos, pero sobretodo inteligentes.

Igualmente es menester que florezcan y den sus frutos, los que aquí están presentes quienes tienen la responsabilidad de venir a diseminar y esparcir sus semillas en esta parte del universo, para demostrar que nuestra inteligencia es la parte fundamental que nos ha elevado y nos hace diferentes a las muchas criaturas, que como la nuestra, pueden encontrarse también poblando otra parte del universo, incluso en este mismo planeta.

Nos encontramos sobre un planeta que por ahora no es hostil, vale decir, que todavía no se ha venido contra nosotros, pero de acuerdo a los análisis, fotografías y mediciones cartográficas que ya fueron tomadas antes de nuestro descenso, pueden haber muchas sorpresas, e incluso en las zonas septentrionales del planeta, pueden existir vida rara para nosotros en este planeta, mas inteligente y desarrollada que la que hasta ahora conocemos en la materia orgánica ya analizada, así como en los mares interiores o grandes lagos del planeta, pero advierto que esa variedad de vida, puede ser muy distinta a la conocida por nosotros hasta ahora, y por tanto, cuando tengamos que enfrentarla, debemos estar preparados para salir ilesos, porque ahora prima nuestra propia supervivencia.

La nueva forma de gobierno que implantaremos aquí, será la de un sistema comunitario de todos para todos, y los patrones de comportamiento que fueron puestos a prueba dentro de la nave, deben continuar sin ninguna variación y cuando todos ustedes estén desarrollando alguna actividad, es necesario estar alerta a cuantos detalles nuevos se puedan observar, los cuales deberán ser comunicados inmediatamente, so pena que caigamos en el descuido y terminemos con esta forma incipiente de vida que es la que deseamos implantar en este planeta.

Es claro que aquí todo comienza de nuevo, vale decir, hasta los relojes que teníamos en el planeta tierra, aquí no sirven para nada, y que todo lo que debemos hacer es comenzar a diseñar unos objetos para adaptarlos a este nuevo medio de vida, con el fin que podamos comprender el sistema de medición del tiempo que ahora nos va a regir y sus implicaciones para nuestras vidas.

Cada uno de nosotros desarrollaremos urgentes tareas en las profesiones de las que somos expertos y esta *nave seguirá siendo por ahora, no solo nuestro hogar, sino la escuela donde permanentemente estarán aprendiendo todos ustedes que son los jóvenes, quienes precisamente encarnan las nuevas generaciones, y porque además son la base donde descansará nuestra propia esperanza, donde podrán prepararse en todos los campos de las ciencias que conocemos y las que habremos de descubrir, en este planeta donde todo está por comenzar.*

Todos estos razonamientos los hago ahora, sin tener el ánimo puesto en yo ser el primer presidente de esta incipiente sociedad que apenas va a comenzar en este mundo diferente, cuya organización y comportamiento social debe estar rodeado de mínimos esquemas, pero que mi deber como capitán de la nave, es continuarlos guiando en la medida como mis conocimientos y mis fuerzas me lo permitan, con el fin que los primeros pasos personales y sociales, salgan bien, en la seguridad que los venideros nos podrán salir mejor.

De esa manera es como podemos estar construyendo los primeros pinitos, relacionados con una sociedad democrática comunitaria organizada, que son precisamente el comienzo de los primeros pasos que daremos, con el fin que se comprenda acerca del comienzo de una sociedad, que por muy incipiente y adelantada que ella sea, debe estar regida por un marco de buen comportamiento, con el propósito de evitar los desbordamientos y con ellos el sobrepasar los limites de los derechos que cada individuo lleva consigo.

Ahora que por fin hemos llegado a este nuevo mundo, pido a los médicos que se dediquen con urgencia a la clonación de los genes que habrán de formar la nueva raza Fridiana, los cuales serán los encargados de poblar, esparcirse y gobernar a este planeta con el devenir de los tiempos.

Esta es una nueva vida y una manera distinta de poder concebir todo lo que ahora somos y lo que seremos, ya que se constituye en todo un reto a lo desconocido, y pienso igualmente, que todo lo pasado es pasado, tenemos que hacer caso omiso a los recuerdos y ponernos a trabajar con entusiasmo, creo que lo de hacer ahora, habrá de constituirse en la simiente de lo que pueda florecer hacia el futuro, y en nuestro caso, ustedes son la cuota inicial de nuestra descendencia para enfrentar con entusiasmo lo que se avecina.

Hagamos que el amor, la paz y la armonía sean las que se impongan y brillen por siempre en este nuevo mundo, así como también, que el odio, la envidia, el egoísmo, la avaricia, la guerra y la mentira, el dolor, la angustia, el calor y el frío, la temeridad, mala fé, la codicia, el engaño, perjurio, falsía, avaricia, ira, temor, hambre y miseria, así como todos los demás "pecados capitales" que se desarrollaron en el planeta tierra, no vayan a nacer y multiplicarse en este nuevo mundo, para bien de los futuros Fridianos.

Roguemos porque si no vamos a encontrar otro "Edén", tampoco nazca sobre este nuevo mundo un "Caín", que pueda hacer alianza con el mal y entorpezca el rumbo sano y bueno que anida en nuestros corazones.

Hagamos de nuestra llegada, el comienzo de un nuevo episodio de vida y supervivencia, muy distinto al que nuestros ancestros vivieron en el planeta tierra, y por tanto, liberémonos y despojémonos de todos los lazos atávicos que nos une a los terrícolas y empecemos un nuevo capítulo en este planeta virgen para la raza humana, que nos pueda prodigar un medio ambiente propicio para acampar y desarrollar nuestra propio ADN que será como una huella mas del ser humano por los confines del universo.

Esta nave por ahora deberá continuar siendo nuestra casa como ya lo afirmé, pero cuando hayamos construido otra, la dejaremos convertida en el primer museo que los futuros hijos de este planeta puedan tener, admirar y conocer, para lo cual usted, joven "Alquitrán", desde ahora y para siempre, lo designo para que cumpla la labor de administrador y custodio de esta prenda científica, así como la de servir de guía, a quienes hacia el futuro deseen consultarlo y enterarse de viva voz, quien es usted, de donde vino, quien lo trajo, para que fue construida esta nave y porqué motivo llegó hasta este lugar entre otros interrogantes que pueda alguien hacerle.

Así mismo, esta nave debe servir para que las generaciones futuras sepan que a esta parte del universo, alguna vez llegó una delegación proveniente de un planeta lejano y desconocido por cierto que se llama planeta tierra, que se encuentra haciendo parte de los miles de sistemas solares que existen en la Galaxia de la Vía Láctea donde se desarrolló la raza humana, que tenía elevados patrones de inteligencia y cuyos genes biológicos se quedaron dentro de los cuerpos de cada uno de nosotros, para no regresar nunca jamás, los cuales compete a ustedes también cuidarlos y perfeccionarlos, para que hagan parte de los futuros individuos de este planeta y se conviertan también en los nuevos seres mas inteligentes, audaces y conspicuos que jamás han existido en esta parte del universo.

Hagamos lo posible porque todas estas pautas, más las que habrán de crearse e implementarse hacia el futuro, sean observadas para bien de todos los nuevos habitantes de este planeta y que también hasta aquí lleguen las bendiciones de Dios o de Alá, para que este suelo también sea puesto al servicio de este puñado de terrícolas que hoy hemos llegado con el ánimo de quedarnos y conquistarlo para bien de las futuras generaciones.

Aquí la vida parece que puede florecer, pero con otra variedad de flores a la conocida por nosotros, porque todo está hecho a su manera, muy distinta de la flora que conocimos, y por ello, la tendremos que enfrentar para poder esquivar muchas sorpresas que se estarán asomando en nuestro camino, para cuando nos avoquemos a esa realidad, no salgamos corriendo como ratas asustadas y acabadas de llegar, sino que podamos salir airosos, conforme lo hicieron los conquistadores sobre el planeta tierra.

Ello quiere decir, que no vinimos a disfrutar de unas agradables vacaciones, sino a sufrir, repitiéndose la misma consigna que precisamente vivimos en el planeta de donde provenimos, en el sentido que, el ser humano nació fue para sufrir, así vivamos donde vivamos, ya que al parecer ese fue nuestro propio designio y castigo que habremos de llevar para siempre sobre nuestras espaldas.

Lo que ahora observamos en este planeta, puede ser parecido, pero en el fondo muy diferente a lo que alguna vez conocimos, al punto que, lo que hoy inauguramos no es tanto el celebrar nuestra llegada, sino el de constituirnos en los nuevos habitantes primitivos en este planeta, seguramente muy parecidos a los que alguna vez se desarrollaron y evolucionaron sobre el planeta tierra y cuyos incipientes genes aún hoy somos los portadores de ellos, en la esperanza que no terminemos aquí como mendigos de este planeta, sino que nos sobrepongamos valientemente a todo lo que encontremos a nuestros paso.

Vamos a salir ahora sin rumbo y sin destino, en la búsqueda de una nueva vida distinta de la que hemos soportado durante estos doscientos noventa y cinco años, aproximadamente, dentro de esta nave, y por esas razones, debemos mantenernos unidos y puestos en guardia, así como tampoco debemos desesperarnos, púes si tenemos en cuenta todas estas advertencias, no es posible que se nos pueda tomar por sorpresa, por tanto, debemos declaramos todos a la defensiva de lo que pueda sucedernos.

Hasta aquí pudimos llegar y estoy seguro, que otros terrícolas quizás mas por necios que por sabios, hayan podido haber hecho lo mismo que nosotros, buscando seguramente en la inmensidad del universo, un lugar donde poder iniciar un nuevo capítulo para que generaciones posteriores aniden y se encarguen de seguir poblando otra parte minúscula de la inmensidad del cosmos, así la evolución se haya puesto al traste con lo que constituyó para nosotros en el planeta tierra, la cual hoy recordamos y con nostalgia añoramos, pero también es cierto que estamos frente a otras realidades, esperando que este planeta se convierta en un nuevo paraíso terrenal que alguna vez se vivió en el planeta de donde provenimos y nos prodigue el resurgir de la vida, así para nosotros los viejos, ella ya no sea tan importante.

Debemos de dedicarnos inmediatamente a construir herramientas de trabajo y hasta la forma de como podernos defender de la misma naturaleza fridiana, al igual que de los posibles habitantes muy extraños y diferentes a nosotros, los cuales puedan existir en este planeta, porque les recuerdo que ahora mismo somos unos intrusos en este suelo, y por eso, si queremos amanecer o anochecer con vida, debemos con urgencia ponernos a la tarea de transformar la materia prima que nos pueda ofrecer esta verde naturaleza y la pongamos al servicio nuestro, eso sí, vigilando que el impacto ambiental no termine por afectar al planeta, conforme lo hicieron nuestros ancestros en el mundo de donde provenimos.

Pienso que si pacientemente persistimos en esta conquista, podremos lograrlo, pues si bien es cierto, que aquí no están corriendo los ríos de leche y de miel que como riqueza, abundancia, y prosperidad hubo en el planeta del cual provenimos, también es verdad, que muchas cosas a nuestro favor podremos encontrar y disfrutar, basta que dediquemos tiempo para descubrirlo y degustarlo, así tengamos verdaderas cumbres de dificultades a las que nos tendremos que enfrentar, pero que entre todos podremos lograrlo.

El pan que aquí amasaremos, no va a ser precisamente el que les saquemos al famoso "árbol del pan" que conocimos en el planeta tierra, tendremos que buscarlo en las raíces o frutos de las plantas y las vestiduras, así como nuestros futuros techos, también lo sacaremos de las hojas y de la madera que no pueda estar en contra de nosotros, lo cual constituye el comienzo de lo que tendremos que hacer si queremos poner a nuestro servicio lo que el planeta nos brinde, mucho antes que empecemos a cavar nuestras propias cavernas, como precisamente lo hicieron los primitivos habitantes del planeta de donde venimos, para poder sobrevivir, y por eso, es que debemos estar concientes que una dura tarea allá afuera es la que nos está esperando, razón por la cual, debemos de sacar el valor y el arrojo necesario, que es lo que les estoy sugiriendo, para que no perdamos de vista el reto que nos espera, si es que en verdad queremos salir adelante, para descubrir un norte que todavía aquí no conocemos de que lado es que se encuentra.

Igualmente podemos indicar, que por el hecho de ser unos intrusos, somos unos seres raros en este mundo colmado también de misterio, pero a través de la tele transportación y la telepatía que como poderes mentales hemos desarrollado, perfectamente podremos remontarnos sobre muchas dificultades que se nos puedan atravesar por el camino que ahora vamos a emprender, que aparte de nuestra inteligencia, se constituyen en las fortalezas humanoides para enfrentarnos a lo desconocido.

Lo que nos está aguardando allá afuera, es posiblemente la desolación y la muerte, pues nada distinto nos puede estar esperando, ya que debemos reconocer que ahora somos unos aparecidos en este mundo que lo desconocemos y lo ignoramos todo, que bien nos puede atacar a través del clima, el medio ambiente y todas las cosas que están por verse y que conoceremos en cualquier momento.

Este mensaje no puede ser tenido como el ágora del terror, sino como una reflexión que me permito hacerles, antes que nos enfrentemos a esa nueva realidad desconocida para nosotros, porque no podemos sino ser precavidos en lo que vamos a desarrollar, y por tanto, será necesario que cada uno de ustedes se ubiquen en lo que son y quieran ser, a partir del momento que dejemos esta nave y nos adentremos como errantes, meditabundos y sin destino, en un mundo que aspiramos conquistar.

Es bueno recordarles, que la filosofía de la ciencia nos enseña, que debemos dedicarnos a estudiar e investigar la naturaleza y posteriormente ponerla en practica para dominio nuestro, debemos entonces hacer esfuerzos para llevar a cabo una verdadera inducción racional, encaminada a que mentalmente podamos describir el nuevo mundo en que ahora nos encontramos, si en verdad queremos llegar mas lejos del sitio donde en este mismo instante nos encontramos.

Ahora mismo las provisiones que traíamos, ya empezaron a escasear y tampoco disponemos de ropas así como de mantas que nos puedan cobijar, por tanto, la travesía que hoy emprendemos, es tan dura, como *áspero el camino que tenemos por recorrer, para poder entender que aquí no llegamos de paseo, hemos llegado hasta aquí y en este inmenso mundo nos quedaremos irremediablemente, habiéndolo hecho, producto de todo lo que precisamente ustedes conocen y han venido participando conmigo, o sea, con el fin de satisfacer una necesidad apremiante como es la de preservar la vida, luego que participáramos de una legendaria travesía, de la cual todos nosotros hemos venido siendo los principales protagonistas.*

Pareciera que sin quererlo, nos metimos en una nave y nos perdimos en un mundo de ficción, donde hoy solo abunda la soledad y el misterio por todas partes, una vez que salgamos a abrazarnos con esa realidad circundante que es la que nos espera con los brazos abiertos, entonces descansaremos de este que parecía ser un eterno encierro, que por fortuna esta entelequia pronto va a concluir.

Ya no hay tiempo de llorar, ni tampoco de echar marcha atrás, tenemos pues que afrontar las vicisitudes que se nos vengan, con valor, y cuando ya estemos lejos de aquí, tampoco debemos mirar hacia atrás, so pena de convertirnos en el nacimiento del mal, en este nuevo mundo donde al parecer solo fue diseñado para construir y albergar el bien.

Es posible que de los seres humanos de donde provenimos y de los rezagos de nuestros ancestros, como son estos demacrados y envejecidos cuerpos, no hayamos heredado sino la inteligencia, ya lo demás que traemos como legado, son nuestros alargados huesos y deformadas figuras ya no va quedando nada, pues la forma física y corporal que poco a poco hemos venido perdiendo a medida como las distintas fuerzas gravitacionales por las que atravesamos durante esa larga correría, nos la quitaron.

Muy seguramente aquí trajimos el dolor, la angustia y los deseos que son propios de la vida humana, pues entonces, hagamos que la amargura, la envidia y la deslealtad, no hayan venido con nosotros a menoscabar la conciencia de unidad y confraternidad que debe prevalecer en este grupo humanoide, para que podamos salir airosos en la difícil tarea que ahora se nos presenta, pero que por mas complicado que él sea, no podrá ser mas complejos e insuperables que los aciagos momentos por los que hemos tenido de atravesar.

Seguramente todos esos factores nos fueron haciendo mella física, y por eso, somos ahora unos seres mutantes, pero de ello no podemos avergonzarnos, pues se trata de una nueva etapa que debemos afrontar, ya que precisamente todos los científicos del planeta tierra, estaban ansiosos por experimentar y conquistar el cosmos o buena parte de su entorno galáctico, pues bien, aquí estamos cumpliendo con ese sollado deseo, así como también constituyéndonos en los primeros "conejillos de indias", en el contexto del universo mismo, como demostración que el género humano si podía sobrepasar las barreras del universo y adentrarse en su profundidad, con miras a encontrar parte de su misterio. ¡Lástima grande que hasta ahora no lo hemos podido encontrar!

Así mismo, es muy importante que para esta células de seres humanoides que acabamos de llegar para conquistar este nuevo mundo, que no perdamos de vista la organización social que habremos de desarrollar a partir de este momento, pues si bien es cierto, no existe hasta ahora autoridad distinta que nos pueda gobernar y dirigir nuestro comportamiento, también lo es, que se constituye en un imperativo que todos ustedes sepan que los bienes y servicios que desarrollemos y conseguiremos, deba ser de todos y para todos, por manera que esta será el comienzo de una incipiente sociedad comunitaria, que a todos nos cobije por igual.

El mismo trabajo individual que llevemos a cabo, este no debe ser a título personal, sino colectivo, vale decir, el trabajo será eminentemente social, la salud y la educación será común para todos, sin privilegios ni mezquindades, por tanto, ninguno en particular seremos dueños de nada, el gran conglomerado social, será el dueño de todo.

En esta nueva sociedad, no habrá servidumbre, todos serviremos a la misma causa común, y ninguno en particular podrá apropiarse de nada, ni construir, dividir, separar o abrir causa aparte, ya que el conglomerado social es quien tiene la última palabra al respecto, por tanto, todos seremos obreros y empresarios a la vez, y trabajaremos en jornadas turnadas, o sea que mientras unos laboran y prestan guardia, otros estarán descansando.

Por tanto, la propiedad será un derecho común que debe beneficiar a todos por igual y todos las riquezas materiales que podamos acumular, serán de todos y para todos, las cuales estarán bajo la custodia y cuidado del humanoide Alquitrán, quien no tiene programadas ninguna actitud sospechosa de apropiarse o de preferir por amor, dolor ni enemistad a ninguna otra persona o máquina robótica que en un momento dado se le presente, con el fin de esgrimir siniestros propósitos, porque él lo sabe casi todo.

El trabajo no será una carga para nadie, sino la satisfacción espiritual y el poder formador de una nueva sociedad igualitaria, digna de todos y para todos, a medida que el individuo se instruya y capacite en las distintas disciplinas del saber, siendo el estudio complementario del trabajo.

Si seguimos estas premisas, nos ubicaremos en unos seres humanoides supracibilizados en una sociedad que hasta ahora comienza, y por tanto, en el tema de la religión, cada uno profesara conforme a su conciencia, lo que a bien quiera, siendo en todo caso la familia el motor fundamental de esta sociedad que en estos momentos estamos inaugurando su llegada a este suelo fridiano.

En esta nueva sociedad fridiana que estoy seguro habrá de formarse, no podrán existir ningún patrón de carácter económico, ni podrán surgir, monedas para el intercambio de bienes y servicios, ya que todo es del conglomerado social, ni se formarán mercados ni contraprestaciones, ya que cada uno de los nuevos habitantes de este planeta trabajaran y colaborarán acorde con su posibilidad personal, consumiendo rigurosamente lo que cada uno pueda necesitar.

No obstante, con la tele transportación y la comunicación telepática que hoy en día dominamos, elementos de comunicación estos que nos servirán de gran ayuda para ubicarnos en este planeta, como una demostración de vida superior a la vida vegetal que es la que abunda sobre este planeta.

Por otra parte, nos duele que nuestros amigos y familiares terrícolas no sepan donde estamos y en la sin salida que finalmente nos metimos, por culpa de la ciencia y la tecnología terrestre, porque se esforzaron en adelantar proyectos científicos en la búsqueda de llegar a la conquista del cosmos, y por eso, aquí estamos, conquistando quizá otra minúscula esquina del universo, muy parecido este planeta a aquel de donde provenimos, pero de distinta formación planetaria, sin podernos comunicar con nuestros ancesestros terrícolas.

Lástima grande que nuestros legendarios creadores, empujaron con su dichosa tecnología esta nave que tiene la forma de una antigua tortuga en el planeta tierra, y ahora no se encuentren aquí para hacerles el reclamo, o sencillamente para que sean testigos presénciales de este suceso que hoy inauguramos, así mismo nos dolemos, porque ninguno de ellos se encuentra aquí para que nos feliciten o se burlen de nuestras deformadas y demacradas figuras humanas.

Nos da igualmente inmensa nostalgia, que en este momento de soledad no podamos comunicarnos con nuestros ancestros terrícolas, para expresarles nuestro mas sentido saludo de despedida, y poderles decir, algo acerca de nuestros temores, angustias y tribulaciones, pero no importa, porque aunque sea mentalmente les comunicamos que de ese rico legado humano, ya no va quedando prácticamente nada, pero que aquí estamos dispuestos a emprender una nueva odisea, para la cual, muy seguramente también se diseñó nuestro destino, así nuestros genes terminen por transformarse en otra clase de humanoides para que pueda proseguir la nueva vida, con distintas figuras, para la cual debemos estar preparados para comenzar de nuevo, pues esa es la evolución del universo en sus distintas esferas.

Porque además es bueno reconocerles a los científicos que elaboraron esta nave en el planeta tierra, sencillamente porque se sobraron en su elaboración y en la tecnología utilizada, para hacer que hasta se hiciera invisible al ojo humano, por virtud de la capa de neutrinos, plasma y taquiones con que fue revestida, porque si no hubiese sido por esos elementos, los robots y la alimentación que ahora mismo se nos está acabando, ahora no estuviésemos contando el cuento.

Ahora bien, si nos preguntamos que hubiese sido de nosotros si esta nave hubiese sido una nave cualquiera, muy distinta de esta que se constituyó en nuestro ángel guardián, de seguro que hubiéramos quedado en el tortuoso camino sideral por el cual nos tocó que atravesar, y por tanto, en este momento fridiano, no podríamos estar celebrando esta llegada, sino que habríamos queda señalados en la historia del planeta tierra, como efímeros recuerdos de unos cosmonautas que los subieron a una nave espacial y que se perdieron para siempre en la penumbra del universo.

¿Que hubiésemos sido de nosotros sin estos aliados como son la nave matriz y alquitrán?. Estoy seguro que sin ellos, nunca jamás estaríamos contando este cuento ni cantando esta victoria, que precisamente en este instante nos invade de alegría y júbilo, y por ello, debemos ahora también rendirles a los creadores de la nave y su auxiliar, un merecido homenaje de reconocimiento, porque fueron ellos los artífices de haber salido ilesos de una muerte segura, a la cual estábamos avocados irremediablemente.

Quiero admitir también, que ahora somos unos seres deformados en tránsito a convertirnos en los nuevos humanoides mutantes del futuro de este planeta fridón, capaces de colonizarlo y de llegar muy lejos, ya que el buscar lo desconocido, es parte de la intriga en que fue moldeada la raza humana, y si cada vez nos alejamos mas de los patrones físicos y de los árboles genealógicos a los que alguna vez pertenecimos, es porque nos estamos transformando en otra especie humanoide, junto con diferentes maneras de pensar y de actuar, a las que ya estamos llegando a base de la comunicación plurisensorial, lo cual es una verdadera novedad en nuestras vidas, pudiendo constituirnos en los otros seres vivientes que puedan estar poblando y hasta reemplazando a la raza humana, en esta parte del insondable universo.

Así mismo, hemos de complacernos con haber encontrado otro pariente planetario en esta parte del cosmos, ya que por lo que hemos visto y analizado, este planeta es bastante parecido al planeta tierra, pues no sólo es rocoso, sino que el oxigeno es abundante y los vientos no superan los diez nudos por hora y si todo esto lo comparáramos con lo que fue para nosotros el mismo planeta tierra, su densidad que no supera los seis grados cúbicos, así como las moléculas de agua que ya fueron analizadas, todo ello es la demostración que aquí existe vida, lo cual es muy alentador para los propósitos de la supervivencia que tanto deseamos, así tengamos todos que transformarnos y que se conviertan nuestros rostros, en verdes seres vivientes, para que nos podamos mimetizar en la orogénesis del planeta y seamos parte integrante de su misma composición geológica.

La suerte esta echada y nada ni nadie por ahora nos la hará cambiar, lo importante es que tengamos claro, que si venimos de un paraíso, aquí también lo podemos descubrir en la medida como pongamos todo nuestro empeño, así como el interés necesario para lograrlo, por lo demás, todas estas buenas intenciones y deseos, podrán quedar en meros sueños, los cuales también es muy importante materializarlos.

Que los tres soles, junto con todas las estrellas que circundan este planeta y que forman parte de este sistema trisolar correspondiente a la galaxia "Iris Denia", así como Alá y el Dios de nuestros antepasados sobre el planeta tierra, sean también los que nos brillen y que por siempre nos iluminen, así como nos inspiren en las mentes y en los corazones de todos nosotros, para que pueda reinar la prosperidad y el éxito que es lo que precisamente estamos esperando.

Finalmente, los invito a que nos encontremos en un histórico abrazo fraternal de hermanos terrícolas en este nuevo mundo, para que luego ordenadamente podamos ir saliendo por esa portezuela al encuentro de *la libertad, que es precisamente la que todos estamos anhelando, y mas temprano que tarde, nos podamos tropezar con los dulces frutos de vida que nos brinde este hermoso, pero misterioso planeta."*

FIN.

WEBGRAFIAS

"Agujero negro". Internet:
(http://es.wikipedia.org/wiki/Agujero_negro)

"Átomo". Internet: (http://es.wikipedia.org/wiki/%C3%81tomo)

"Corán". Internet: (http://es.wikipedia.org/wiki/Cor%C3%A1n)

"Criónica". Internet:
(http://es.wikipedia.org/wiki/Cri%C3%B3nica)

"El ITER se construirá en Francia". Internet:
(http://es.wikinews.org/wiki/El_ITER_se_construir%C3%A1_
en_Francia)

"El sol". Internet: (http://www.solarviews.com/span/sun.htm)

"Electrónica Analógica". Internet:
(http://es.wikipedia.org/wiki/Electr%C3%B3nica_anal%C3%B
3gica)

"Energía". Internet:
(http://es.wikipedia.org/wiki/Energ%C3%ADa)

"Espacio". Internet: (http://es.wikipedia.org/wiki/Espacio)

"Gran colisionador de hadrones". Internet:
(http://es.wikipedia.org/wiki/Gran_colisionador_de_hadrones)

"La vía láctea". Internet:
(http://es.wikipedia.org/wiki/V%C3%ADa_L%C3%A1ctea)

"Medio ambiente". Internet:
(http://es.wikipedia.org/wiki/Medio_ambiente)

"Nanotecnología". Internet:
(http://es.wikipedia.org/wiki/Nanotecnolog%C3%ADa)

"Origen de la vida". Internet:
(http://es.wikipedia.org/wiki/Origen_de_la_vida#Homoquiralid
ad)

"Plasma (estado de la materia)". Internet:
(http://es.wikipedia.org/wiki/Plasma_(estado_de_la_materia))

"Rana sylvatica". Internet:
(http://es.wikipedia.org/wiki/Rana_sylvatica)

"Reactor Nuclear". Internet:
(http://es.wikipedia.org/wiki/Reactor_nuclear)

"Robótica". Internet:
(http://es.wikipedia.org/wiki/Rob%C3%B3tica)

"Sistema solar". Internet:
(http://es.wikipedia.org/wiki/Sistema_Solar)

"Sol". Internet: (http://es.wikipedia.org/wiki/Sol)

"Taquión". Internet:
(http://es.wikipedia.org/wiki/Taqui%C3%B3n)

"Tardigrada". Internet:
(http://es.wikipedia.org/wiki/Tardigrada)

"Telescopio espacial de Hubble". Internet:
(http://es.wikipedia.org/wiki/Telescopio_Espacial_Hubble)

"Telescopio espacial JWST". Internet:
(http://es.wikipedia.org/wiki/Telescopio_Espacial_James_We
bb)

"Teoría de la relatividad". Internet: (http://es.wikipedia.org/wiki/Teor%C3%ADa_de_la_Relatividad)

"Tierra". Internet: (http://es.wikipedia.org/wiki/Tierra)

"Titán (Satélite)". Internet: (http://es.wikipedia.org/wiki/Tit%C3%A1n_(sat%C3%A9lite))

"Universo". Internet: (http://es.wikipedia.org/wiki/Universo)

Aucar, Estefanía Belén. Forbitti, María. Gordo, María José "Teorías sobre el origen de la creación del universo y su desarrollo a través de la historia". Internet: (http://www.monografias.com/trabajos7/creun/creun.shtml)

Cryonics Institute, "La tesis sobre la crionización". Internet: (http://www.cryonics.org/reprisesp.html)

Enciclopedia de la Cultura Española. Editora Nacional, Madrid 1965 tomo 2 páginas 535-537. José Barrio Gutiérrez. "Cosmología". Internet: (http://www.filosofia.org/enc/ece/e20535.htm)

Francisco Armando Dueñas Rodríguez .Universidad La Sallé. Lic. en Informática. Cancún, Quintana Roo México "La robótica". Internet: (http://www.monografias.com/trabajos6/larobo/larobo.shtml)

Hamilton J. , Calvin "vistas del sistema solar". Internet: (http://www.solarviews.com/span/homepage.htm)

Romero Pérez, Elizabeth "Teorías sobre el origen de la tierra". Internet: (http://www.monografias.com/trabajos15/origen-tierra/origen-tierra.shtml)

<u>Space Geodesy Group</u> Harvard-Smithsonian Center for Astrophysics."Introducción al proyecto ATLAS". Internet: (http://www.cfa.harvard.edu/space_geodesy/ATLAS/introd_es.html)

www.ingramcontent.com/pod-product-compliance
Lightning Source LLC
Chambersburg PA
CBHW071534200326

41519CB00021BB/6483